※ 이 모의고사는 전공 교수진과 현직 기술사로 구성된 엔지니어랩 연구소의 연구위원이 총 300만 분의 시간을 연구해서 만들었습니다.

전기기사 실기 조경필 모의고사 정답 및 해설

수험자 유의사항

1. 실제 시험에는 별도의 답안지가 없고 문제지에 직접 답을 작성하면 됩니다.
2. 전기기사 실기 조경필 모의고사 정답 및 해설은 조경필 모의고사와 기출변형 문제에 대한 모범답안, 해설을 별도로 제공합니다.
3. 부분점수 기준은 한국산업인력공단에서 공식적으로 공개하지는 않지만 일반적으로 기사 시험에서 적용되는 기준으로 수록했습니다.

차례

1회 ·· 02
2회 ·· 13
3회 ·· 25
4회 ·· 37
5회 ·· 48
6회 ·· 60

전기기사 실기 조경필 모의고사 — 정답 및 해설 1회

조경필 모의고사

01 서술 암기형 + 단답 암기형 난이도 下

정답

(1) ① 무부하손: 부하의 유무에 관계없이 발생하는 손실로 철손이 대부분이며, 고정손이라고도 한다.
 ② 부하손: 부하전류에 의한 저항손을 말하며 동손이 대부분이며 가변손이라고도 한다.

(2) $\eta = \dfrac{출력}{출력+손실} \times 100[\%]$

(3) 철손과 동손이 같을 때이다.

부분점수

점수	세부기준
3점	(1), (2), (3)번이 모두 정답인 경우
2점~0점	(1), (2), (3)번 중 맞은 개수당 1점씩 획득, (1)번은 핵심 KEYWORD가 포함된 경우에 정답으로 인정됨

서술형 핵심 KEYWORD
① 부하의 유무에 관계없이, 철손, 고정손
② 부하전류, 저항손, 동손, 가변손

접근 POINT

변압기의 손실 중 무부하손과 부하손에 대한 개념과 효율 공식과 최대 효율조건을 알고 있어야 풀 수 있는 문제이다.

해설

고정손=무부하손=철손(히스테리시스손+와류손)
가변손=부하손=동손
철손은 변압기의 권선(구리선)을 감은 틀이 철(Iron, Fe)로 되어 있어서 발생하는 손실이며, 동손은 권선을 많이 감아 저항값이 올라가 구리(Copper, Cu)에서 열이 발생하면서 생기는 손실이다.

$\eta(효율) = \dfrac{출력}{입력} \times 100 = \begin{cases} \dfrac{출력}{출력+손실} \times 100 \text{ (발전기, 변압기)} \\ \dfrac{입력-손실}{입력} \times 100 \text{ (전동기)} \end{cases}$

변압기의 효율(부하율(m)에 따른)

(1) 정격 부하시(전부하, $m=1$)

$\eta = \dfrac{출력}{출력+손실} = \dfrac{P_{2n}}{P_{2n}+(P_i+P_c)}$
$= \dfrac{V_{2n}I_{2n}\cos\theta}{V_{2n}I_{2n}\cos\theta+(P_i+I_{2n}^2 r_2)} \times 100[\%]$

(2) m ($0<m<1$) 부하로 운전 시

$\eta = \dfrac{mP_{2n}}{mP_{2n}+(P_i+m^2 P_c)}$
$= \dfrac{mV_{2n}I_{2n}\cos\theta}{mV_{2n}I_{2n}\cos\theta+(P_i+m^2 I_{2n}^2 r_2)} \times 100[\%]$

02 단순 계산형 난이도 中

정답

계산과정

총 유효전력=전동기 유효전력+전열기 유효전력
$=30[kW]+24[kW]=54[kW]$

총 무효전력=전동기 무효전력=$30[kW] \times \dfrac{0.8}{0.6} = 40[kVar]$

전체 피상전력(P_a)= $\sqrt{54^2+40^2}$ =67.2[kVA]

∴ 표준용량표에서 75[kVA] 선정

정답 75[kVA]

부분점수

점수	세부기준
3점	계산과정과 정답이 모두 맞은 경우
0점	계산과정과 정답 중 오류가 있는 경우

접근 POINT

변압기 용량은 피상전력[VA]으로 표시한다. 따라서 각 부하의 유효전력[W]과 무효전력[Var]을 구하여 벡터합으로 부하 피상전력을 구한다.

해설

전열기의 역률이 주어지지 않는 경우 역률은 1로 계산한다.(순수 저항 부하로 간주)
따라서 전체 무효전력=전동기의 무효전력이다.

무효전력=유효전력$\times \tan\theta$=유효전력$\times \dfrac{\sqrt{1-\cos^2\theta}}{\cos\theta}$ (θ: 역률각)

변압기 용량은 계산값을 초과하는 가장 작은 값으로 표에서 선정한다.

03 복합 계산형 난이도 上

정답

(1) 간선의 굵기 계산

계산과정

전동기 출력 합계[kW]=1.5+(3.7×2)+15=23.9[kW]

총 부하전류[A]=4.21+(9.16×2)+34.21+$\dfrac{3,000}{\sqrt{3} \times 380}$

$=61.298[A]$

전동기 총계, 최대 사용전류, 공사 방법(A1), 전선 종류(PVC)를 고려 → 간선의 굵기 25[mm²] 선정

정답 25[mm²]

(2) 차단기 용량 계산

계산과정

전동기 총계 30[kW] 행과 기동기(15[kW], Y-△ 기동 전동기) 열이 교차하는 과전류 차단기의 용량은 100[A]이다.

정답 100[A]

부분점수

점수	세부기준
4점	문항 (1), (2)의 계산과정 및 정답이 모두 맞은 경우
2점	문항 (1) 또는 (2) 중 하나의 계산과정과 정답이 맞은 경우
0점	두 문항 모두 계산과정 및 답에 오류가 있는 경우

접근 POINT

주어진 조건을 적용하여 표를 해석하여 푸는 문제로 모든 조건을 동시에 만족시키는 지점은 표의 교차점이다.

해설

[표2] 해석을 위해 첫 두 항목, 전동기 출력 총계[kW]와 최대 사용전류[A]를 구한다.
유도전동기 전류는 규약전류표를 활용하고, 전열기는 별도로 주어지지 않았으므로 $I = \dfrac{P}{\sqrt{3}\,V}$를 적용한다.

3상 유도전동기의 기동법은 크게 전전압 기동(직입 기동)과 감전압 기동(Y-△ 기동, 리액터 기동, 기동보상기법)으로 나뉘는데, 5[KW] '기동기 사용 전동기'를 표에서 'Y-△ 기동'으로 해석해야 함에 주의한다. 별도의 역률 조건이 없으므로, 역률은 1로 간주하고 풀이한다.

관련 이론

3상 농형 유도전동기의 기동법
① 전 전압 기동(직입 기동): 정격출력 5[kW] 이하의 소형 전동기에 정격전압을 직접 인가하는 방법이다.
② Y-△ 기동법: 고정자의 권선을 기동시는 Y결선하여 기동하고, 기동 후 운전 시에는 △결선으로 변경하는 기동법이다. 출력 5~15[kW] 정도의 중용량 전동기에 주로 사용된다.
③ 리액터 기동법: 전동기의 1차측에 직렬로 리액터를 접속하여, 기동 시 전압 강하에 의해 기동전류를 제한하는 방법이다.
④ 기동 보상기법: 기동 시 1차측에 단권변압기를 접속하고 기동전압을 감소하므로 기동전류를 제한하는 기동법으로 20[kW] 이상 대용량 전동기에 사용된다.

04 복합 계산형   난이도 中

정답

(1) 전부하 시 역률 100[%]일 때

계산과정

$$\eta = \dfrac{1 \times 2{,}300 \times 43.5 \times 1}{(1 \times 2{,}300 \times 43.5 \times 1) + 1{,}000 + (1^2 \times 43.5^2 \times 0.66)} \times 100$$

$= 97.801[\%]$

전부하 시 역률 80[%]일 때

계산과정

$$\eta = \dfrac{1 \times 2{,}300 \times 43.5 \times 0.8}{(1 \times 2{,}300 \times 43.5 \times 0.8) + 1{,}000 + (1^2 \times 43.5^2 \times 0.66)} \times 100$$

$= 97.267[\%]$

정답 97.8[%], 97.27[%]

(2) 반 부하 시 역률 100[%]일 때

계산과정

$$\eta = \dfrac{\frac{1}{2} \times 2{,}300 \times 43.5 \times 1}{\left(\frac{1}{2} \times 2{,}300 \times 43.5 \times 1\right) + 1{,}000 + \left\{\left(\frac{1}{2}\right)^2 \times 43.5^2 \times 0.66\right\}} \times 100$$

$= 97.443[\%]$

반 부하 시 역률 80[%]일 때

계산과정

$$\eta = \dfrac{\frac{1}{2} \times 2{,}300 \times 43.5 \times 0.8}{\left(\frac{1}{2} \times 2{,}300 \times 43.5 \times 0.8\right) + 1{,}000 + \left\{\left(\frac{1}{2}\right)^2 \times 43.5^2 \times 0.66\right\}} \times 100$$

$= 96.825[\%]$

정답 97.44[%], 96.83[%]

부분점수

점수	세부기준
5점	소문항 (1), (2)의 계산과정과 정답이 모두 맞은 경우
3점	소문항 (1) 또는 (2) 하나의 계산과정과 정답이 맞은 경우
0점	두 소문항 모두 계산과정 및 답에 오류가 있는 경우

접근 POINT

변압기의 효율은 부하량과 역률에 따라 달라지는 것을 기억해야 한다.
출력 P[W]∝부하량 및 역률, 동손 P_c[W]∝부하량² 관계가 있다.

해설

변압기의 효율

$$\eta = \dfrac{출력}{출력 + 손실} \times 100 = \dfrac{\frac{1}{m}VI\cos\theta}{\frac{1}{m}VI\cos\theta + P_i + \left(\frac{1}{m}\right)^2 P_c} \times 100[\%]$$

전부하 동손이 $P_c(=I^2 r)$일 때, $\dfrac{1}{m}$ 부분부하 시 동손은 $\left(\dfrac{1}{m}\right)^2 P_c$가 되고, 철손은 무부하손이다.

응용

$\dfrac{1}{m}$ 부분부하 시, 변압기 최대효율 조건은 $\left(\dfrac{1}{m}\right)^2 P_c = P_i$를 만족할 때이다.

응용문제

용량이 50[kVA] 변압기의 철손이 1[kW]이고 전부하 동손이 2[kW]이다. 이 변압기를 최대효율에서 사용하려면 부하를 약 몇 [kVA] 인가하여야 하는지 계산하시오.

변압기의 $\frac{1}{m}$ 부하 시 최대효율의 조건은 무부하손=부하손이다.

$P_i = \left(\frac{1}{m}\right)^2 P_c$ 에서 $\frac{1}{m} = \sqrt{\frac{P_i}{P_c}} = \sqrt{\frac{1}{2}} = 0.707$

부하용량(P_L)=$50 \times 0.707 = 35.35$[kVA]

05 단답 암기형 난이도 下

정답

(1) 색온도, (2) 연색성

부분점수

점수	세부기준
2~0점	(1), (2) 중 정답 1개 문항당 부분점수 1점 획득

│ 접근 POINT

조명에서 색온도와 연색성에 대한 정의가 어떻게 되는지를 묻는 단답 암기형 문제이다.

해설

조명에서의 온도

일반적으로 온도가 낮은 물체에서 방사하는 빛은 붉고, 온도가 높아질수록 흰색으로, 더욱 온도가 높아질수록 푸른색을 띠게 된다.
색온도: 어떤 광원의 광색이 어느 온도의 흑체의 광색과 같을 때, 그 흑체의 온도를 이 광원의 색온도라 한다.
휘도 온도: 휘도가 같을 때의 흑체의 온도이다.
진온도: 온도 복사체의 실제 온도이다.
복사 온도: 전체 복사속이 같을 때의 흑체의 온도이다.
온도가 높은 순서는 "색온도>진온도>휘도온도>복사온도"이다.

조명의 연색성

물체는 분광분포가 다른 광원을 비추면 각각 다른 색으로 보이는데, 조명에 의한 물체의 색깔을 결정하는 광원의 성질을 연색성이라 한다.
연색성이 우수한 순서는 "크세논등>백색 형광등>형광 수은등>나트륨등"이다.

06 단답 암기형 난이도 下

정답

(1) 리액터 기동법
(2) ① 기동용 리액터, ② 직렬 리액터(SR), ③ 전력용 콘덴서(SC), ④ 서지흡수기(SA)

부분점수

점수	세부기준
5~0점	(1)과 (2)의 소문항 총 5문항 중 정답 1개당 부분점수 1점 획득

│ 접근 POINT

유도전동기의 기동법 중 리액터 기동법에 대한 도면을 보고 기동방법 및 부속품의 명칭을 물어보는 문제로 그림에 실마리가 있다.

해설

농형 유도전동기의 리액터 기동법

전동기의 1차 측에 직렬로 철심이 든 리액터를 설치하고 그 리액턴스 값을 조정하여 전동기에 공급되는 전압을 제어함으로써 기동전류 및 토크를 제어하는 방식이다.

도면 해석

공급되는 전력이 3.3[kV]로 고압임을 알 수 있다. 그리고, 오른쪽 코일 그림에 50, 65, 80[%]의 비율이 적혀 있는 것으로 리액턴스 값을 조정한다는 것을 확인할 수 있다.
그림의 모터의 왼편에는 코일과 콘덴서가 붙어 있으며, 콘덴서는 병렬로, 코일은 콘덴서에 직렬로 연결된 모습으로 명칭을 확인할 수 있다. 여기서 주의할 점은 ④의 기호는 피뢰기(LA)와 서지흡수기(SA) 모두를 의미하는데 수변전설비가 아닌 고압 유도전동기의 기동반 단선도이기 때문에 서지흡수기가 된다. 만약에 수변전설비였다면 피뢰기가 맞다.

07 순차적 문제 해결형 난이도 上

정답

(1) 1동의 상정부하

계산과정

상정부하[VA]
{(50×40)+750}×30=82,500
{(70×40)+750}×40=142,000
{(90×40)+1,000}×50=230,000
{(110×40)+1,000}×30=162,000
세대 합계: 616,500[VA]
공용면적 합계: 1,700×7=11,900[VA]
상정부하 합계 628,400[VA]

정답 628,400[VA]

(2) 2동의 수용부하

계산과정

상정부하[VA]
{(50×40)+750}×50=137,500
{(70×40)+750}×30=106,500
{(90×40)+1,000}×40=184,000
{(110×40)+1,000}×30=162,000
세대 합계: 590,000[VA]
공용면적 합계: 1,700×7=11,900[VA]

아파트 동별 55[%], 공용면적 100[%]인 수용률을 적용한다.
2동 수용부하 합계
=590,000×0.55+11,900×1
=336,400[VA]

  정답 336,400[VA]

(3) 단상변압기의 표준용량

계산과정

단상 변압기 용량[kVA] (동간 부등률=1.4, 여유도=1.1, 3상)
$$= \frac{[(616,500 \times 0.55) + 11,900] + 336,400}{1.4 \times 3} \times 1.1 \times 10^{-3}$$
=180.026[kVA]

표준용량 200[kVA] 선정

  정답 200[kVA]

(4) 총 변압기 용량

계산과정

200[kVA]×3=600[kVA]

  정답 600[kW]

(5) 계약전력

계산과정

설비용량=(616,500+590,000+11,900×2)×10⁻³
=1,230.3[kVA]

계약전력=75+75×0.85+75×0.75+75×0.65
+(1,230.3-300)×0.6=801.93[kW]

  정답 802[kW] (소수점 이하 첫째 자리에서 반올림)

부분점수

점수	세부기준
10~0점	소문항 1개당 2점씩 부분점수 획득 각 소문항은 계산과정과 답이 모두 맞아야 2점 획득, 오류가 있으면 0점 처리

접근 POINT

장문의 지문을 꼼꼼히 해석해서 풀어야 하는 난이도가 높은 문제이다.

한전과 계약 ① 변압기 용량에 의한 계약은 수용률을 고려하여, 수용 부하로부터 구한다. ② 사용설비에 의한 계약은 수용률을 고려하지 않고, 상정부하로부터 구한다.

해설

변압기 용량 = $\frac{설비용량 \times 수용률}{부등률} \times (1 + 여유율)$

수용 부하=상정부하×수용률

계약전력은 [kW]로 표기한다.

08 단순 계산형 난이도 中

정답

(1) 영상분 전압

계산과정

$$V_0 = \frac{1}{3}(V_a + V_b + V_c)$$
$$= \frac{1}{3} \times (7.3 \angle 12.5° + 0.4 \angle -100° + 4.4 \angle 154°)$$
$$= 1.03 + j1.04[V] = 1.47 \angle 45.11°[V]$$

  정답 1.47∠45.11°[V]

(2) 정상분 전압

계산과정

$$V_1 = \frac{1}{3}(V_a + aV_b + a^2V_c)$$
$$= \frac{1}{3} \times (7.3 \angle 12.5° + 1 \angle 120° \times 0.4 \angle -100°$$
$$+ 1 \angle 240° \times 4.4 \angle 154°)$$
$$= 3.72 + j1.39[V] = 3.97 \angle 20.54°[V]$$

  정답 3.97∠20.54°[V]

(3) 역상분 전압

계산과정

$$V_2 = \frac{1}{3}(V_a + a^2V_b + aV_c)$$
$$= \frac{1}{3} \times (7.3 \angle 12.5° + 1 \angle 240° \times 0.4 \angle -100°$$
$$+ 1 \angle 120° \times 4.4 \angle 154°)$$
$$= 2.38 - j0.85[V] = 2.52 \angle -19.7°[V]$$

  정답 2.52∠-19.7°[V]

부분점수

점수	세부기준
6~0점	소문항 1개당 2점씩 부분점수 부여 각 소문항은 계산과정과 답이 모두 맞아야 2점 획득, 오류가 있으면 0점 처리

접근 POINT

필기 유형이지만 최근 5년간 2회 출제되었으므로 대칭분의 공식을 정확히 암기하고, 대칭분의 의미도 이해해야 한다.

해설

• 상전압(V_a, V_b, V_c)과 영상전압(V_0), 정상전압(V_1), 역상전압(V_2)의 관계 행렬

$$\begin{pmatrix} V_a \\ V_b \\ V_c \end{pmatrix} = \begin{pmatrix} 1 & 1 & 1 \\ 1 & a^2 & a \\ 1 & a & a^2 \end{pmatrix} \begin{pmatrix} V_0 \\ V_1 \\ V_2 \end{pmatrix}$$

$$\begin{pmatrix} V_0 \\ V_1 \\ V_2 \end{pmatrix} = \frac{1}{3}\begin{pmatrix} 1 & 1 & 1 \\ 1 & a & a^2 \\ 1 & a^2 & a \end{pmatrix} \begin{pmatrix} V_a \\ V_b \\ V_c \end{pmatrix}$$

(여기서, $1 + a + a^2 = 0$, $a^3 = 1$,
$a = 1 \angle 120° = -\frac{1}{2} + j\frac{\sqrt{3}}{2}$,
$a^2 = 1 \angle 240° = -\frac{1}{2} - j\frac{\sqrt{3}}{2}$)

09 논리회로 난이도 中

정답

(1) 논리식으로 나타내기

   정답
   $$X = A \cdot \overline{B} \cdot \overline{C} + A \cdot B \cdot C = A(\overline{B} \cdot \overline{C} + B \cdot C)$$

(2) 무접점 회로로 나타내기

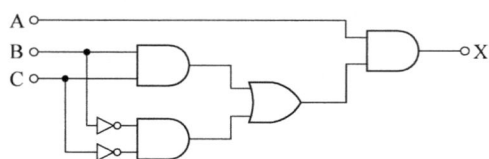

(3) 유접점 회로로 나타내기

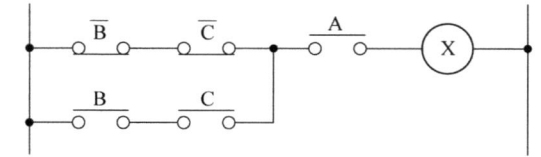

부분점수

점수	세부기준
6점	문항 (1), (2), (3)이 모두 맞은 경우 6점 획득
2점~0점	문항 (1), (2), (3)은 각 문항당 2점씩 획득

접근 POINT

논리식, 무접점 회로, 유접점 회로, 진리표는 서로 상호 변환해서 작성할 수 있어야 한다.

해설

3입력 논리식은 부울 대수, 카르노 맵을 이용해서 간소화할 수 있는데 문제처럼 간단한 논리식은 부울 대수를 활용하여 나타낼 수 있다.

진리표로부터 논리식을 만들 때는 출력이 '1'인 항목만 출력으로 표현한다.

10 순차적 문제 해결형 난이도 中

정답

(1) ① 우리 말의 명칭

   정답 피뢰기

② 기능과 역할

   정답
   - 기능: 이상전압의 내습 시 즉시 대지로 방전하고 속류는 차단한다.
   - 역할: 뇌전류 및 이상전압으로부터 설비를 보호한다.

③ 요구되는 성능조건

   정답
   - 충격 방전 개시전압이 낮을 것
   - 제한전압이 낮을 것
   - 상용 주파 방전 개시전압이 높을 것
   - 속류의 차단 능력이 충분할 것
   - 방전 내량이 클 것

(2) 부하집계 및 입력환산표(소수점 둘째 자리에서 반올림)

설비용량[kW]	효율[%]	역률[%]	입력환산[kVA]
350	100	80	$\dfrac{350}{0.8 \times 1} = 437.5$
635	85	90	$\dfrac{635}{0.9 \times 0.85} = 830.1$
7.5×2	85	90	$\dfrac{7.5 \times 2}{0.9 \times 0.85} = 19.6$
11	85	90	$\dfrac{11}{0.9 \times 0.85} = 14.4$
15	85	90	$\dfrac{15}{0.9 \times 0.85} = 19.6$
8	100	90	$\dfrac{8}{0.9 \times 1} = 8.9$
-	-	-	62.5

(3) TR-2의 적정용량

   계산과정
   $$P_a = \frac{830.1 \times 0.45 + (19.6 + 14.4 + 19.6 + 8.9) \times 1}{1.3} \times 1.15$$
   $$= 385.732 [kVA]$$

   표준 규격 400[kVA]를 선정한다.

   정답 400[kVA]

(4) TR-2의 2차측 중성점의 접지선 굵기

   계산과정
   $$S = \frac{20 \times \dfrac{400 \times 10^3}{\sqrt{3} \times 380} \times \sqrt{0.1}}{143} = 26.878 [mm^2]$$

   $26.878[mm^2]$를 초과하는 값 중 표준규격 $35[mm^2]$ 선정

   정답 $35[mm^2]$

(5) 도면 작성

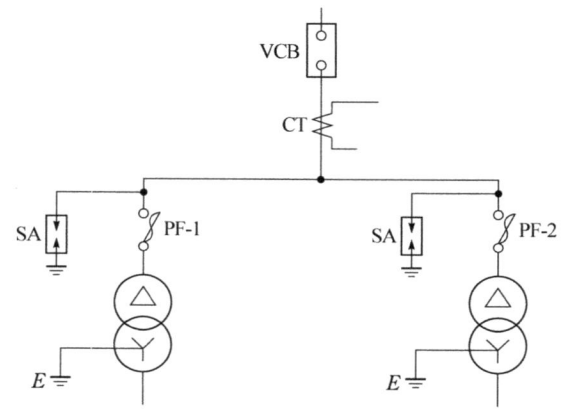

부분점수

점수	세부기준
12점	(1), (2), (3), (4), (5)번이 모두 정답인 경우
3점	문항 (1)의 소문항 당 1점씩 부분 점수 부여
3점	문항 (2)의 입력환산값 2개당 1점씩 획득 (0~1개 0점, 2~3개 1점, 4~6개 2점, 7개 3점)
2점	문항 (3)의 계산과정과 답이 모두 맞은 경우 2점, 오류가 있으면 0점
2점	문항 (4)의 계산과정과 답이 모두 맞은 경우 2점, 오류가 있으면 0점
2점	문항 (5)의 SA 기호, 위치가 모두 맞으면 2점, 하나만 맞으면 1점, 모두 틀리면 0점

정답 및 해설

서술형 핵심 KEYWORD

문항 (1)은 다음 핵심 KEYWORD가 포함되어야 정답 처리된다.

② 이상전압(뇌 서지), 방전, 속류 차단
③ 충격 방전 개시전압, 제한전압, 상용 주파 방전 개시전압, 속류, 방전 내량

접근 POINT

피뢰기는 종류(갭 타입, 갭리스 타입), 구비조건, 용어, 설치 장소, 절연협조 등과 연관되어 다양하게 출제되므로 폭넓게 공부해야 한다.

해설

변압기 용량 $= \dfrac{\text{설비용량} \times \text{수용률} \times \text{여유도}}{\text{효율} \times \text{역률} \times \text{부등률}} \times 10^{-3} [kVA]$

22.9kV 배전선로용으로 사용하는 VCB는 개폐 시에 전류 영점 이전에 강제 차단하는 현상이 발생한다. 이때 차단 시 서지가 발생하므로 VCB 2차와 보호기기 1차측에 서지흡수기(SA)를 설치한다.

11 단순 계산형   난이도 下

(1) 변압기(T_2)의 각각의 %리액턴스를 100[MVA] 출력으로 환산하여 계산

계산과정

1차~2차 간 $\%X_{PS} = 12 \times \dfrac{100}{25} = 48[\%]$

2차~3차 간 $\%X_{ST} = 15 \times \dfrac{100}{25} = 60[\%]$

3차~1차 간 $\%X_{TP} = 10.8 \times \dfrac{100}{10} = 108[\%]$

정답

$\%X_{PS} = 48[\%]$, $\%X_{ST} = 60[\%]$, $\%X_{TP} = 108[\%]$

(2) 변압기(T_2)의 1차, 2차, 3차 %리액턴스

계산과정

1차 $\%X_P = \dfrac{48 + 108 - 60}{2} = 48[\%]$

2차 $\%X_S = \dfrac{48 + 60 - 108}{2} = 0[\%]$

3차 $\%X_T = \dfrac{60 + 108 - 48}{2} = 60[\%]$

정답 $\%X_P = 48[\%]$, $\%X_S = 0[\%]$, $\%X_T = 60[\%]$

부분점수

점수	세부기준
5점	문항 (1), (2)의 계산과정과 답이 모두 맞은 경우
3점	문항 (1) 또는 (2) 하나의 계산과정과 답이 맞은 경우
0점	두 소문항 모두 계산과정 및 답에 오류가 있는 경우

접근 POINT

자주 출제되는 문제 중 하나로 다양한 형태로 변형되어 출제되고 있으므로 3권선 변압기의 등가회로와 임피던스 변환을 이해해야 한다.

해설

$\%Z = \%Z_{\text{자기용량}} \times \dfrac{\text{기준용량}(P_n)}{\text{자기용량}}$

3권선 변압기

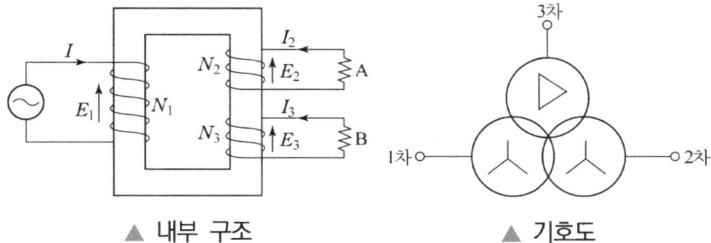

▲ 내부 구조   ▲ 기호도

등가회로

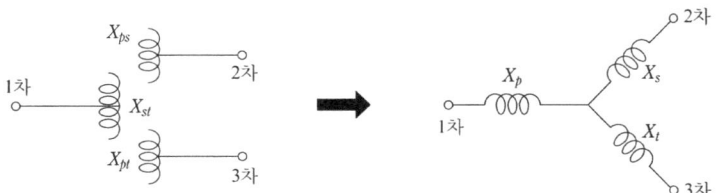

$X_p = \dfrac{1}{2}(X_{ps} + X_{pt} - X_{st})$, $X_s = \dfrac{1}{2}(X_{ps} + X_{st} - X_{pt})$

$X_t = \dfrac{1}{2}(X_{st} + X_{pt} - X_{ps})$

응용

고장점(S점)의 단락전류와 차단기(CB)의 단락전류[A]를 구하고, 차단기 용량[MVA]을 구하시오.   난이도 上

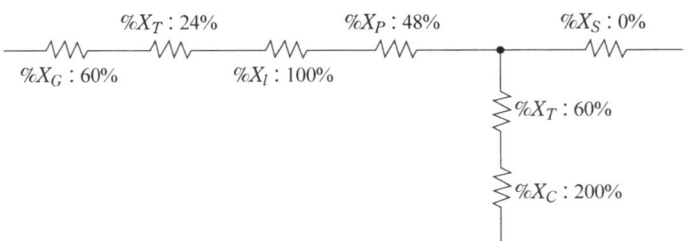

- 발전기(G)-T_2변압기(1차)까지의 %리액턴스

  $\%X_1 = 60 + 24 + 100 + 48 = 232[\%]$

- 조상기(c)-T_2변압기(3차)까지의 %리액턴스

  $\%X_2 = 200 + 60 = 260[\%]$

- 고장점에서 바라본 합성 %리액턴스(2개 병렬+1개 직렬)

  $\%X_T = \dfrac{\%X_1 \times \%X_2}{\%X_1 + \%X_2} + X_S = \dfrac{232 \times 260}{232 + 260} + 0 = 122.6[\%]$

- 고장점의 단락전류

  $I_s = \dfrac{100}{\%X_T} I_n = \dfrac{100}{122.6} \times \dfrac{100 \times 10^6}{\sqrt{3} \times 77 \times 10^3} = 611.59[A]$

- 차단기에 흐르는 단락전류(병렬의 전류 분배법칙)

  $I_{s1} = I_s \times \dfrac{\%X_2}{\%X_1 + \%X_2} = 611.59 \times \dfrac{260}{232 + 260} = 323.2[A]$

  154[kV]로 환산: $I_{s1-CB} = 323.2 \times \dfrac{77}{154} = 161.6[A]$

- 차단기(CB) 용량(공칭 154[kV]의 정격 170[kV] 적용)

  $P_s = \sqrt{3} \, V_n I_{s1-CB}$
  $= \sqrt{3} \times 170 \times 161.6 \times 10^{-3} = 47.58[MVA]$

12 단순 계산형   난이도 上

정답

(1) 급전선에 흐르는 전류[A]

계산과정

$I = 10 + 20(0.8 - j0.6) + 20(0.9 - j\sqrt{1-0.9^2})$
$= 44 - j20.72$
$= 48.63 \angle -25.21°$

정답 48.63[A]

(2) 전체 선로손실[kW]

계산과정

$P_\ell = 3 \times 48.63^2 \times (0.5 \times 3.6) + 3 \times 10^2$
$\quad \times (0.5 \times 1) + 3 \times 20^2 \times (0.5 \times 2)$
$= 14,120.34[W] = 14.12[kW]$

정답 14.12[kW]

부분점수

점수	세부기준
4점	문항 (1), (2)의 계산과정과 답이 모두 맞은 경우
2점	문항 (1) 또는 (2) 하나의 계산과정과 답이 맞은 경우
0점	두 문항 모두 계산과정 및 답에 오류가 있는 경우

접근 POINT

역률이 다른 전류나 전력을 합성할 때는 유효분과 무효분으로 나누어서 합성해야 한다.

해설

급전선에는 세 전류의 합성전류가 흐른다.
역률 $\cos\theta$인 지상전류 표현식은 다음과 같다.
$\dot{I} = I(\cos\theta - j\sin\theta) = I(\cos\theta - j\sqrt{1-\cos^2\theta})[A]$
선로 손실식은 다음과 같다.
$P_l = 3I^2R = 3\left(\dfrac{P_r}{\sqrt{3}V\cos\theta}\right)^2 R = 3\dfrac{P^2R}{3V^2\cos^2\theta} = \dfrac{P^2R}{V^2\cos^2\theta}$

13 단순 암기형   난이도 中

정답

(1) 농형: 극수 변환법, 주파수 변환법, 전원(1차)전압 제어법
(2) 권선형: 2차 저항 제어법, 종속 접속제어, 2차 여자 제어법

부분점수

점수	세부기준
6~0점	총 답안 6개 중 1개당 1점씩 부분점수 부여

서술형 핵심 KEYWORD

문항 (1), (2)는 다음 핵심 KEYWORD가 포함되어야 정답 처리된다.

(1) 극수 변환, 주파수 변환, 전압 제어
(2) 2차 저항, 종속 접속, 2차 여자

접근 POINT

단순히 암기해서 풀이하는 단답형 문제로 유도전동기의 속도 제어법과 기동법은 농형과 권선형으로 구분하여 암기해야 한다.

해설

농형 유도전동기의 속도 제어법
① 극수 변환법: 단계적인 속도 조정법이다.
② 주파수 변환법
  - 역률이 양호하며 연속적인 속도제어가 되지만, 전용 전원이 필요하다.
  - 인견·방직 공장의 포트 모터, 선박의 전기 추진기에 적용한다.
③ 1차전압 제어법: 전원 전압을 조정하고, $s \propto \dfrac{1}{V^2}$ 특성을 이용한다.

권선형 유도전동기의 속도 제어법
① 2차 저항법: 토크의 비례추이를 이용한 것으로 2차 회로에 저항을 삽입 토크에 대한 슬립 S를 바꾸어 속도를 제어한다.
② 2차 여자법: 회전자 기전력과 같은 주파수 전압(슬립주파수 전압)을 인가하여 속도를 제어하는 방법으로 고효율로 광범위한 속도를 제어한다.
③ 종속접속법
  - 직렬 종속법: $N = \dfrac{120f}{p_1 + p_2}$
  - 차동 종속법: $N = \dfrac{120f}{p_1 - p_2}$
  - 병렬 종속법: $N = \dfrac{2 \times 120f}{p_1 + p_2}$

14 단순 암기형   난이도 中

정답

① 고 임피던스 기기 채택
② 한류리액터 설치
③ 모선 계통의 분리 및 운용
④ 계통 전압의 격상
⑤ 직류 연계
이 외에 ⑥ 고장전류 제한기 사용

부분점수

점수	세부기준
5~0점	소문항 총 5개 중 정답 1개 당 부분점수 1점 획득

접근 POINT

전력계통에서 자주 발생할 수 있는 단락 전류에 대응하는 단락 용량의 경감 대책 및 단락 전류의 억제 대책을 함께 연관지어 암기하여야 한다.

해설

전력계통의 발전기, 변압기 등의 증설이나 송전선의 신규 설치 및 증설로 인하여 %임피던스는 감소하고 지락전류는 증가하게 된다.

지락전류가 증가하면 단락 및 지락전류가 증가하여 송변전기에 의한 손상이 증대되며 근접한 통신선에 유도장해가 증가하는 등의 문제점이 예상되므로 단락전류의 억제 대책 및 단락용량의 경감대책을 세워야 한다.

(1) 고 임피던스 기기를 채택

단락비 $K_s = \dfrac{I_s}{I_n} = \dfrac{100}{\%Z} = \dfrac{P_s}{P_n}$

단락용량 $P_s = \dfrac{100}{\%Z} \times P_n$

위의 수식에서 임피던스를 증가시키면 함께 %임피던스가 증가되어 단락용량이 감소하게 된다.

(2) 한류리액터를 설치

한류리액터(CLR: Current Limiting Reactor)는 전기회로의 단락시 회로에 흐르는 대전류를 제한하는 목적으로 사용하는 리액터로 단락으로 인한 기기의 장해를 방지하고 하고, 차단기의 차단전류를 제한하여 차단기의 부하를 경감하는 데에도 사용된다.

(3) 모선 계통의 분리 및 운용

발전기 및 변압기를 증설하게 되면 병렬연결로 인하여 %임피던스가 감소하게 되어 단락용량이 증가하게 되는데 분리 운영하게 되면 %임피던스의 감소를 줄일 수 있다.

(4) 계통 전압의 격상

단락용량 $P_s = \sqrt{3}\, V_n I_s$

단락용량 구하는 수식에서 V_n을 격상하게 되면 단락용량이 증대되게 된다.

15 도면 작성 난이도 下

정답

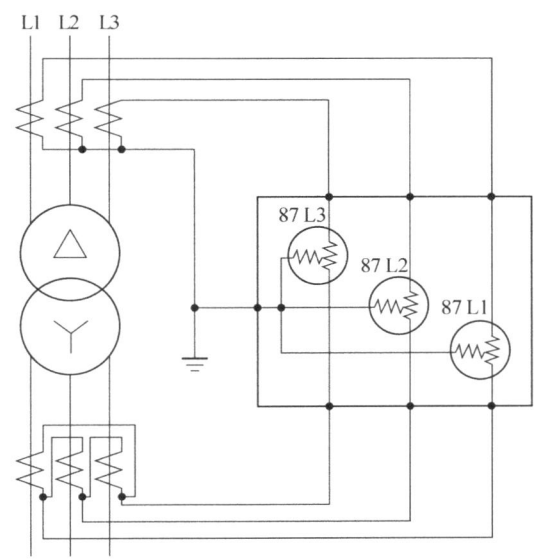

부분점수

점수	세부기준
4점~0점	도면작성 문제는 동작 또는 오동작으로 정답일 때만 4점 획득

접근 POINT

변압기에 사용되는 비율차동기의 결선방식에 대한 도면을 완성할 수 있는지를 확인하는 문제이다. 여기서는 변압기의 결선방법과 비율차동기의 결선방법이 다르다는 것을 알고, 결선방법에 맞게 CT를 연결할 수 있어야 한다.

해설

비율차동계전기

① 용도: 발전기나 변압기의 내부 고장에 대한 보호 목적으로 사용한다.

② 동작원리: 정상 상태에서는 1, 2차측 변류기의 2차 전류의 크기가 같아서 동작코일에 전류가 흐르지 않게 된다. 하지만, 내부고장 발생으로 변류기의 2차 전류의 크기가 달라지면 동작코일에 전류가 흐르게 되어 보호계전기가 동작하여 발전기나 변압기의 동작이 정지된다.

③ 비율차동계전기의 결선방법: 변압기의 결선이 $Y-\Delta$면 비율차동계전기의 결선은 $\Delta-Y$로, 변압기의 결선이 $\Delta-Y$면 비율차동계전기의 결선은 $Y-\Delta$로 결선한다. 변압기의 결선방법과 반대로 바꾸어서 결선한다.

④ 차동계전기 고유번호 정리
 - 87: 전류차동계전기(비율차동계전기)
 - 87B: 모선보호 차동계전기
 - 87G: 발전기용 차동계전기
 - 87T: 주변압기 차동계전기

16 복합 계산형 난이도 中

정답

(1) 발전기의 단락비 계산

계산과정

정격전류 $I_n = \dfrac{10{,}000}{\sqrt{3} \times 6.6} = 874.773\,[A]$

단락전류 $I_s = \dfrac{E}{Z_s} = \dfrac{\dfrac{6{,}600}{\sqrt{3}}}{4} = 952.627\,[A]$

단락비 $K_s = \dfrac{I_s}{I_n} = \dfrac{952.63}{874.77} = 1.089$

정답 1.09

(2) 괄호 넣기

정답

① 작고, ② 작고, ③ 크고, ④ 낮고, ⑤ 작고, ⑥ 크다

(3) 병렬운전 조건

정답

① 기전력의 크기가 같을 것
② 기전력의 위상이 같을 것
③ 기전력의 주파수가 같을 것
④ 기전력의 파형이 같을 것

부분점수

점수	세부기준
8점	(1), (2), (3)이 모두 정답인 경우 8점 획득
3점	문항 (1)의 계산과정과 답이 모두 맞은 경우 3점, 오류가 있으면 0점
3점	문항 (2)의 소문항 2개당 1점씩 획득 (0~1개 0점, 2~3개 1점, 4~5개 2점, 6개 3점)
2점	문항 (3)의 소문항 2개당 1점씩 획득 (0~1개 0점, 2~3개 1점, 4개 2점)

서술형 핵심 KEYWORD

(3)번 문항은 다음 핵심 KEYWORD가 포함되어야 정답 처리된다.

> 기전력의 크기, 기전력의 위상, 기전력의 주파수, 기전력의 파형

접근 POINT

동기발전기의 단락비 관련 문제는 서술형과 계산형 모두 자주 출제되는 문제로 동기 임피던스를 이용하여 단락전류를 구할 때 반드시 상전압을 적용해야 한다.

해설

단락비 정의식

$$K_s = \frac{\text{무부하시 정격전압을 유기하는데 필요한 계자전류}}{\text{3상단락시 정격전류를 흘리는데 필요한 계자전류}}$$

단락비(K_s)와 동기 임피던스(Z_s)와의 관계

$$K_s = \frac{I_{f1}}{I_{f2}} = \frac{I_s}{I_n} = \frac{\left(\frac{100}{\%Z}\right)I_n}{I_n} = \frac{100}{\%Z} = \frac{1}{z_s[pu]}$$

단락비가 발전기 구조와 성능에 미치는 영향

구분	단락비가 큰 경우	단락비가 작은 경우
발전기 구조 영향	철기계	동기계
%동기임피던스	작다.($\%Z \propto \frac{1}{K_s}$)	크다.
계자 기자력	크다.	작다.
전기자 기자력	작다.	크다.
전기자 반작용	작다.	크다.
전압변동률	작다.	크다.
공극	크다.	작다.
중량 및 가격	무겁고 비싸다.	가볍고 싸다.
단락용량	크다.	작다.
적용	수력	화력
과부하 내량	크다.	작다.
안정도	좋다.	나쁘다.

응용

단락비를 크게 하면 발전기 자기여자 현상을 억제할 수 있다. 발전기 자기여자현상 억제를 위한 발전기 용량 식은 다음과 같다.

$Q \geq \frac{Q'}{K_s}\left(\frac{V}{V'}\right)^2(1+\sigma)$에서 단락비 K_s를 크게 하면 우변 값이 작아져서 발전기 용량을 크게 한 효과가 발생한다.

17 복합 계산형 난이도 上

정답

(1) 설비 불평형률 계산

계산과정

설비 불평형률 $= \frac{400 - 100}{(400 + 100) \times \frac{1}{2}} \times 100[\%] = 120[\%]$

정답 120[%]

(2) 부하에 걸리는 전압 계산

계산과정

$R_1 = \frac{100^2}{100} = 100[\Omega]$, $R_2 = \frac{100^2}{400} = 25[\Omega]$

$V_1 = \frac{100}{100 + 25} \times 200 = 160[V]$

$V_2 = \frac{25}{100 + 25} \times 200 = 40[V]$

정답 A: 160[V], B: 40[V]

(3) 단상 3선식의 장점

정답

① 1선당 전력 공급량이 크다.
② 소요 전선량이 적다.
③ 2종의 전원을 사용할 수 있다.

부분점수

점수	세부기준
6점	(1), (2), (3)번이 모두 정답인 경우 6점 획득
2점	문항 (1)의 계산과정과 답안이 모두 맞으면 2점, 오류가 있으면 0점
2점	문항 (2)의 계산과정과 답안이 모두 맞으면 2점, 오류가 있으면 0점
2점	문항 (3)의 답안이 모두 정답이면 2점, 1~2개가 정답이면 1점

서술형 핵심 KEYWORD

소문항 (3)은 다음 핵심 KEYWORD가 포함되어야 정답 처리된다.

> 전력 공급량, 전선량, 2종 전원

접근 POINT

단상 3선식의 설비 불평형률은 자주 출제되는 문제로 확실히 이해해야 한다.

해설

단상 3선식의 장·단점

① 1선당 전력 공급량이 크다.(단상 2선식 대비 133[%])
② 소요 전선량이 적다.(동일전력 공급기준, 단상 2선식 대비 37.5[%])
③ 2종의 전원인 110[V]와 220[V]를 모두 사용할 수 있다.
④ 중성선이 단선하면 불평형 부하일 경우 부하전압에 심한 불평형이 발생한다(중성선 퓨즈사용 금지) → 전압 불평형을 줄이기 위한 대책: 저압선의 말단에 밸런서(Balancer) 설치

전기방식의 특성 비교표
단상 2선식을 기준(100[%])로 하여 비교한 수치를 암기한다.

종류	총 공급전력	1선당 전력	
$1\emptyset 2W$	$P = EI$	$P_{12} = \dfrac{1}{2}EI = 100[\%]$	$(\therefore EI = 2P_{12})$
$1\emptyset 3W$	$P = 2EI$	$P_{13} = \dfrac{2}{3}EI = \dfrac{2}{3} \times 2P_{12} = 133[\%]$	
$3\emptyset 3W$	$P = \sqrt{3}EI$	$P_{33} = \dfrac{\sqrt{3}}{3}EI = \dfrac{\sqrt{3}}{3} \times 2P_{12}$ $= 115[\%]$	
$3\emptyset 4W$	$P = 3EI$	$P_{34} = \dfrac{3}{4}EI = \dfrac{3}{4} \times 2P_{12} = 150[\%]$	

전압분배 법칙
직렬 회로에서 각 저항에 걸리는 전압은 저항에 비례해서 분배된다. 각 저항에서 전압분배는 다음과 같다.

$$V_1 = R_1 I = \dfrac{R_1}{R_1 + R_2} V [\text{V}]$$

$$V_2 = R_2 I = \dfrac{R_2}{R_1 + R_2} V [\text{V}]$$

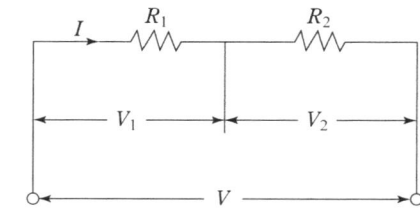

18 복합 계산형 난이도 上

정답

(1) 발전단 열효율 계산

계산과정

$$\eta = \dfrac{860 \times 500{,}000}{107 \times 10^3 \times 10{,}000} \times 100 = 40.186 \, [\%]$$

정답 40.19[%]

(2) 송전단 효율 계산

계산과정

$$\eta' = 0.4019 \times (1 - 0.035) \times 100 = 38.783 \, [\%]$$

정답 38.78[%]

(3) 화력발전소의 열효율을 향상할 수 있는 방법

정답

① 사용 증기의 고온·고압화
② 재열·재생사이클 채용
③ 여열 회수장치(절탄기, 공기 예열기) 사용
④ 복수기의 진공도 향상
⑤ 복합사이클 발전의 채용

부분점수

점수	세부기준
6점	(1), (2), (3)번이 모두 정답인 경우 6점 획득
2점	문항 (1)의 계산과정과 답안이 모두 맞으면 2점, 오류가 있으면 0점
2점	문항 (2)의 계산과정과 답안이 모두 맞으면 2점, 오류가 있으면 0점
2점	문항 (3)은 모두 정답일 때 2점, 1~2개가 정답일 때 1점

서술형 핵심 KEYWORD
문항 (3)은 다음 핵심 KEYWORD가 포함되어야 정답 처리된다.

증기, 고온·고압, 재열·재생 사이클, 여열 회수장치

접근 POINT

발전소 소내전력은 발전소 자체에서 소비하는 전력이다. 전력을 생산하기 위해 각 종 모터 및 펌프 등 부대설비가 많이 있는데 이들 부대설비를 가동하기 위해서는 전력이 소비된다.
소내전력을 무시한 효율을 발전단 열효율, 소내전력을 고려한 효율을 송전단 효율이라고 한다.

해설
화력발전기 발전단 열효율

$$\eta = \dfrac{860 P_G}{BH} \times 100 \, [\%]$$

P_G: 발전기 출력[kW], B: 연료소비량[kg/h],
H: 연료의 발열량[kcal/kg]

화력발전기 송전단 효율

$$\eta' = \eta \times (1 - \ell) = \dfrac{860(P_G - P_L)}{BH} \times 100$$

$$= \dfrac{860 P_G}{BH} \left(1 - \dfrac{P_L}{P_G}\right) \times 100 \, [\%]$$

열효율 향상 방안

① 사용 증기의 고온·고압화: 고온·고압의 과열증기의 사용으로 열효율을 향상한다.
② 복수기의 진공도 향상: 열낙차의 증가로 인한 열효율을 향상한다.
③ 재열사이클 채용: 마찰손실 경감에 따른 열효율이 향상되고, 재열기에 의한 증기의 습도감소로 인하여 터빈날개의 부식이 감소한다.
④ 재생사이클 채용: 복수기에서 잃어버릴 열량의 일부를 유효하게 사용함으로써 열효율이 향상된다.
⑤ 여열 회수장치: 연도로 빠져나가는 고온의 배기가스를 열교환기를 통해 그 폐열을 이용하여 보일러의 열효율을 향상한다.
⑥ 복합 사이클 발전의 채용: 증기터빈에 의한 기력 발전방식에 다른 발전방식을 조합시켜 종합적인 열효율 향상을 도모하는 방식이며, 가장 많이 사용되는 것이 가스터빈의 고온의 배기가스를 이용한 증기터빈 방식이다.

기출변형 문제 대비

01 논리회로 난이도 中

[정답]

(1) 논리식으로 나타내기

$$X = A \cdot \overline{B} \cdot \overline{C} + A \cdot B \cdot C = A(\overline{B} \cdot \overline{C} + B \cdot C)$$

(2) 무접점 회로로 나타내기

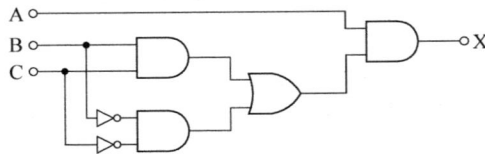

▎접근 POINT

논리식, 무접점 회로, 유접점 회로, 진리표는 어떤 것이 주어지든 서로 상호 변환해서 작성할 수 있어야 한다.

[해설]

논리회로(시퀀스) 문제는 이와 같이 항상 변형되어 출제가 가능하다는 것을 생각하고 학습해야 한다.

02 단순 계산형 난이도 中

[정답]

(계산과정)

$$I_A = \frac{2{,}000}{100 \times 0.6}(0.6 - j0.8) = 33.33 \angle -53.13° \text{ [A]}$$

$$I_B = \frac{2{,}000}{100 \times 0.8}(0.8 - j0.6) = 25 \angle -36.87° \text{ [A]}$$

중성선에 흐르는 전류

$$I_N = |I_A - I_B| = 33.33 \angle -53.13° - 25 \angle -36.87°$$

$$= 11.66 \angle -90° \text{ [A]}$$

[정답] 11.66[A]

[해설]

단상 3선식의 중성선에는 각 상 전류의 차가 흐른다. 이때, 주의할 점은 역률이 다르므로 벡터적으로 합성전류를 구해야 한다.

만약 A, B 부하의 역률이 동일 하다면(0.8 동일) 중성선에 흐르는 전류는 각 A, B상 전류의 크기의 차이와 같다.

$$I_N = |I_A - I_B| = |I_A| - |I_B|$$

전기기사 실기 조경필 모의고사

정답 및 해설 2회

조경필 모의고사

01 단답 암기형
난이도 下

정답

① 250, ② 0.5, ③ 500, ④ 1.0, ⑤ 1,000, ⑥ 1.0

부분점수

점수	세부기준
2~0점	소문항 총 6개 중 정답 3개 당 부분점수 1점 획득

접근 POINT

전기설비기술기준 제52조 저압전로의 절연성능 규정에서 전로의 사용전압별 DC시험전압과 절연저항을 묻는 문제로 규정을 암기하여 표의 빈칸을 채우는 문제이다.

해설

전기설비기술기준 제52조 (저압전로의 절연성능)

전기사용 장소의 사용전압이 저압인 전로의 전선 상호간 및 전로와 대지 사이의 절연저항은 개폐기 또는 과전류차단기로 구분할 수 있는 전로마다 다음 표에서 정한 값 이상이어야 한다. 다만, 전선 상호간의 절연저항은 기계기구를 쉽게 분리가 곤란한 분기회로의 경우 기기 접속 전에 측정할 수 있다. 또한, 측정 시 영향을 주거나 손상을 받을 수 있는 SPD 또는 기타 기기 등은 측정 전에 분리시켜야 하고, 부득이하게 분리가 어려운 경우에는 시험전압을 250V DC로 낮추어 측정할 수 있지만 절연저항 값은 1MΩ 이상이어야 한다.

전로의 사용전압[V]	DC시험전압[V]	절연저항[MΩ]
SELV 및 PELV	250	0.5
FELV, 500V 이하	500	1.0
500V 초과	1,000	1.0

[주] 특별저압(Extra low voltage: 2차전압이 AC 50V, DC 120V 이하)으로 SELV(비접지회로 구성) 및 PELV(접지회로 구성)은 1차와 2차가 전기적으로 절연된 회로, FELV는 1차와 2차가 전기적으로 절연되지 않은 회로

02 단순 계산형
난이도 下

정답

계산과정

$$F = \frac{\frac{1}{2} \times 30 \times 30 \times 6 \times \frac{1}{0.8}}{0.32 \times 1} = 10,546.875 [\text{lm}]$$

전광속 10,000~11,000[lm]에 해당하는 300[W] 선정

정답 300[W]

부분점수

점수	세부기준
4점	계산과정과 답이 모두 맞으면 4점 획득
0점	계산과정과 답에 오류가 있으면 0점

접근 POINT

도로 조명설계를 위하여 FUN=AED를 적용하여 풀이할 때, 조명의 배열상태에 유의하여 면적 A를 계산해야 한다.

해설

조명방정식 FUN=AED

F(광속), U(조명률), N(등기구 수), E(조도), A(면적), D(감광보상률)이다.

유지율, 보수율 $M = \frac{1}{D}$ (D : 감광보상률)

도로 조명 각 타입별 면적의 적용 방법

① 도로 양쪽 지그재그 배열 조명면적 $A = \frac{1}{2}BS[\text{m}^2]$

② 도로 양쪽 대칭 배열 조명면적 $A = \frac{1}{2}BS[\text{m}^2]$

③ 도로 중앙 배열 조명면적 $A = BS[\text{m}^2]$

④ 도로 편도 배열 조명면적 $A = BS[\text{m}^2]$

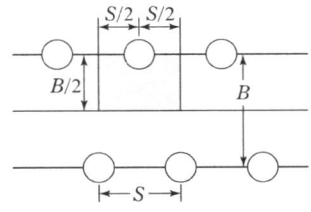
▲ 지그재그 배열

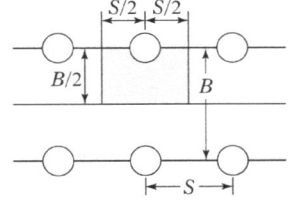
▲ 도로 양쪽 대칭 배열

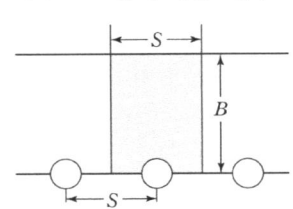
▲ 도로 중앙 배열 ▲ 도로 편도 배열

03 복합 계산형
난이도 上

정답

(1) 개선되는 역률 계산

계산과정

부하의 유효전력 P=5,000×0.75=3,750[kW]

무효전력 $Q = 5,000 \times \sqrt{1 - 0.75^2} = 3,307.189 [\text{kVar}]$

1,000[kVA] 콘덴서 설치 후 무효전력

Q'=3,307.189-1,000=2,307.189[kVar]

∴ 역률 $\cos\theta = \frac{3,750}{\sqrt{3,750^2 + 2,307.19^2}} \times 100 = 85.170[\%]$

정답 85.17[%]

(2) 증가시킬 수 있는 유효전력

[계산과정]

추가 설치할 수 있는 부하를 P[kW]라고 한다.

$\sqrt{(3,750+P)^2 + (2,307.19+0.75P)^2} = 5,000$

$P = 479.454[kW]$

∴ 추가할 수 있는 최대 부하용량은 479.45[kW]이다.

[정답] 479.45[kW]

(3) 종합역률 계산

[계산과정]

추가 부하 설치 후 유효전력
=3,750+479.45=4,229.45[kW]

무효전력=2,307.19+0.75×479.45=2,666.777[kVar]

∴ 역률 $\cos\theta = \dfrac{4,229.45}{\sqrt{4,229.45^2 + 2,666.777^2}} \times 100$

$= 84.589[\%]$

[정답] 84.59[%]

[부분점수]

점수	세부기준
6점	문항 (1), (2), (3)이 모두 맞은 경우 6점 획득
2점	문항 (1)의 계산과정과 답안이 모두 맞으면 2점, 오류가 있으면 0점
2점	문항 (2)의 계산과정과 답안이 모두 맞으면 2점, 오류가 있으면 0점
2점	문항 (3)의 계산과정과 답안이 모두 맞으면 2점, 오류가 있으면 0점

| 접근 POINT

역률 개선용 콘덴서는 진상 무효전력을 통해 지상 무효전력의 크기를 줄여서 역률을 개선하는 원리이다.

이 문제처럼 추가 부하를 통하여 유효전력 P가 변하는 경우에는 공식 $Q_c = P(\tan\theta_1 - \tan\theta_2)$를 적용할 수 없음에 유의해야 한다. 이 공식은 유효전력 P가 일정한 조건에서만 적용가능하다.

| 해설

유효전력 $P = P_a \times \cos\theta$, 무효전력 $Q = P_a \times \sin\theta$

유효전력을 P, 역률을 $\cos\theta$일 때

피상전력 $P_a = \dfrac{P}{\cos\theta}$, 무효전력 $Q = P \times \tan\theta = P \times \dfrac{\sin\theta}{\cos\theta}$

역률의 개념

교류계통에는 인덕턴스 L, 정전용량 C가 존재하여 전압과 전류 사이에 위상차가 발생하는데 이 때의 위상차에 대한 인수(Factor)를 회로의 역률(Power factor)이라 하며 $\cos\theta$로 표현한다.

$\cos\theta = \dfrac{\text{유효전력}[W]}{\text{피상전력}[VA]} = \dfrac{P}{VI}$

역률 개선 원리

수전단에 콘덴서 Q_c 설치 시 유도성 무효전력을 보상하여 역률각 $\theta_1 \to \theta_2$이 되어 역률이 개선된다.

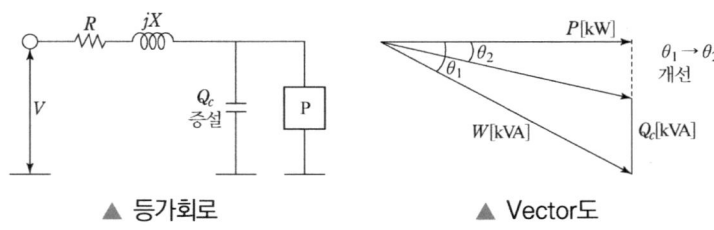

▲ 등가회로   ▲ Vector도

설치효과

① 전력 손실의 감소: 선로전류 감소로 전력손실(I^2R)이 저감된다.

$P_l = 3I^2R, \quad P_l \propto \dfrac{1}{\cos^2\theta}$

전력 손실비: $\dfrac{P_{\ell 1}}{P_{\ell 2}} = \dfrac{I_2^2 R}{I_1^2 R} = \left(\dfrac{\cos\theta_1}{\cos\theta_2}\right)^2$

전력손실 감소율: $1 - \left(\dfrac{\cos\theta_1}{\cos\theta_2}\right)^2$

② 전압강하의 감소

전압 강하식: $\Delta V = \dfrac{P_r}{V_r}(R + X\tan\theta)$

$\Delta V_1 - \Delta V_2$

$= \dfrac{P_r \cdot R + P_r \tan\theta_1 \cdot X}{V_r} - \dfrac{P_r \cdot R + P_r \tan\theta_1 \cdot X}{V_r}$

$= \dfrac{P_r X}{V_r}(\tan\theta_1 - \tan\theta_2)$

$[\tan\theta_1 - \tan\theta_2] > 0$이므로, $\Delta V_1 > \Delta V_2$가 된다.

∴ 전압강하 감소

③ 설비용량의 여유 증가

동일한 100[kVA]의 변압기에 대하여 부하역률이 0.8에서 0.9로 증가하면, 변압기가 공급할 수 있는 유효전력은 80[kW]에서 90[kW]로 증가되어 설비의 여유도가 증가된다.

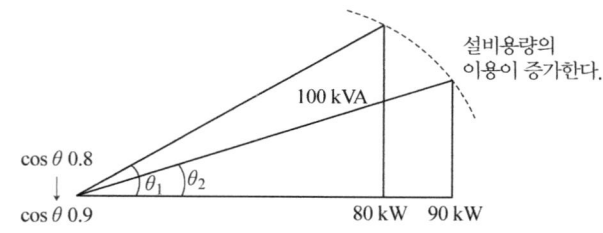

④ 전기요금 경감: 역률이 90~95[%]까지일 경우 기본요금이 0.5[%] 할인된다.

04 단답 암기형

난이도 下

[정답]

(1) 분상 기동형: (③)
(2) 반발 기동형: (②)
(3) 셰이딩 코일형: (①)

[부분점수]

점수	세부기준
3~0점	소문항 총 3개 중 정답 1개 당 부분점수 1점 획득

접근 POINT

단상 유도전동기의 역회전 방법을 물어보는 문제이다. 이런 짝맞추기 유형의 문제는 1개만 확실히 알고 있다면 나머지 2개는 확률 50[%]의 문제다. 필기시험 준비를 할 때 정리했던 단상 유도전동기의 특성이나 구조에 대해 다시 정리를 해 보면 충분히 점수 획득이 가능하다.

해설

문제의 보기에서 역회전 불가는 셰이딩 코일형, 구조에 해당하는 브러시가 있는 것은 반발기동형, 주권선과 보조권선의 방향을 반대로 해야 하는 것이 단상 유도전동기의 일반적인 방법이며 이것이 분상기동형이라 볼 수 있다.

- 반발 기동형: 직류전동기와 같이 브러시가 있다. 큰 기동전류로 기동토크가 가장 크다.
- 반발 유도형: 기동토크가 두 번째로 크다.
- 콘덴서 기동형: 원심력 스위치 대신 콘덴서가 들어가 있다. 효율과 역률이 좋고 토크의 진동이 작으며 소음이 적다.
- 분상 기동형: 단상 유도전동기의 대표적인 방법으로 주권선에 대하여 보조권선의 접속을 반대로 하여 역회전이 가능하다.
- 셰이딩 코일형: 효율과 역률이 나쁘고 역회전이 불가하며 구조가 간단하고 가격이 싸다.

05 단답 암기형 + 단순 계산형   난이도 下

정답

(1) 계기 및 측정방법의 명칭

정답

측정계기: 어스테스터(접지저항 측정기)

측정방법의 명칭: 콜라우시 브리지에 의한 3극 접지저항 측정법

(2) 본 접지 E의 접지저항[Ω]

계산과정

$$R_E = \frac{1}{2} \times (86 + 92 - 160) = 9[\Omega]$$

정답 $9[\Omega]$

부분점수

점수	세부기준
5점	(1), (2)가 모두 정답인 경우 5점 획득
2점	문항 (1)의 답안 한 개당 1점씩 부여
3점	문항 (2)의 계산과정과 답안이 모두 맞으면 3점, 오류가 있으면 0점

접근 POINT

응용되어 출제되지는 않으므로 기본개념과 공식을 숙지하면 쉽게 풀 수 있는 문제이다.

해설

콜라우시 브리지법(접지저항 측정법)

접지저항을 측정하고자 할 경우 두 개의 10[m] 이상 이격된 보조 전극을 활용하여 측정하는 방법이다.

$R_a + R_b = R_{ab}$ ········· ①

$R_b + R_c = R_{bc}$ ········· ②

$R_c + R_a = R_{ca}$ ········· ③

①+②+③을 한다.

$2(R_a + R_b + R_c) = (R_{ab} + R_{bc} + R_{ca})$

$2(R_a + R_{bc}) = (R_{ab} + R_{bc} + R_{ca})$

$R_a = \frac{1}{2}(R_{ab} + R_{ca} - R_{bc})$

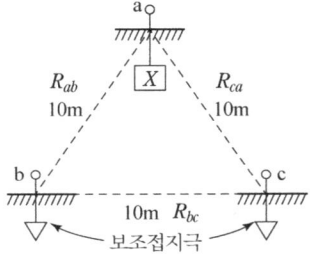

06 단순 계산형 + 단답 암기형   난이도 中

정답

(1) 변압기 용량 계산

계산과정

$$변압기 용량 = 51 \times \frac{0.7}{0.9} = 39.666 \cdots \fallingdotseq 39.67[MVA]$$

정답 $39.67[MVA]$

(2) 변압기 1차측 DS의 정격전압

정답 $170[kV]$

(3) CT_1비 계산 및 선정

계산과정

$$CT_1의\ 1차\ 전류 = \frac{39.67 \times 10^6}{\sqrt{3} \times 154 \times 10^3} \times (1.25 \sim 1.5)$$

$$= 185.904 \sim 223.085[A]$$

정답 CT의 정격 표에서 계산 결과의 범위 사이에 있는 200/5 선정

(4) GCB에 사용되는 가스의 명칭

정답 SF_6(육불화황)

(5) 차단기의 차단용량 계산

계산과정

$$P_s = \sqrt{3} \times 25.8 \times 23 = 1,027.798 \cdots \fallingdotseq 1,027.80[MVA]$$

정답 $1,027.80[MVA]$

(6) 계전기 임피던스 계산

계산과정

$$Z = \frac{9}{5^2} = 0.36[\Omega]$$

정답 $0.36[\Omega]$

(7) 2차 비율차동기 단자에 흐르는 전류 계산

계산과정

$$전류계\ 지시값 = 600 \times \frac{5}{1,200} \times \sqrt{3} = 4.330 \cdots \fallingdotseq 4.33[A]$$

정답 $4.33[A]$

부분점수

점수	세부기준
13점	(1)~(7)번이 모두 맞은 경우 13점 획득
2점~0점	(2), (4) 문항 2개 중 정답 1개당 부분점수 1점 획득
3점~0점	(7) 문항은 계산과정과 정답이 맞은 경우 3점 획득
8점~0점	(1), (3), (5), (6) 문항 4개 중 계산과정과 정답이 모두 맞은 1개당 부분점수 2점 획득

접근 POINT

수변전설비에서 사용되는 변압기의 용량, 차단기의 용량, 정격부담 시 임피던스, CT비, 차동기에 흐르는 전류를 계산할 수 있는지와 공칭전압별 정격전압 및 차단기의 특성을 암기하고 있는지를 물어보는 문제이다.

공식 CHECK

변압기 용량

변압기 용량 × 역률 = 설비용량 × 수용률,

$$변압기\ 용량 = \frac{설비용량 \times 수용률}{역률}$$

3상 전력으로부터 정격전류 계산

(피상) $P_{a,n} = \sqrt{3}\,V_n I_n\,[VA]$,

(유효) $P_n = \sqrt{3}\,V_n I_n \cos\theta\,[W]$,

(무효) $Q = \sqrt{3}\,V_n I_n \sin\theta\,[Var]$

$$I_n = \frac{P_{a,n}[VA]}{\sqrt{3}\,V_n}[A],\ I_n = \frac{P_a[W]}{\sqrt{3}\,V_n \cos\theta}[A]$$

계기용 변류기의 변류비(CT비) 선정

① 변압기, 수전설비

변류기 1차 전류 $I_1 = \dfrac{P_1}{\sqrt{3}\,V_1 \cos\theta} \times k$

$= \dfrac{P_1}{\sqrt{3}\,V_1 \cos\theta} \times (1.25 \sim 1.5)\,[A]$

(단, $k = 1.25 \sim 1.5$: 변압기의 여자 돌입전류를 감안한 여유도)

변류비 = $\dfrac{I_1}{I_2}$ (단, 정격 2차 전류 $I_2 = 5[A]$)

② 전동기 부하

변류기 1차 전류 $I_1 = \dfrac{P_1}{\sqrt{3}\,V_1 \cos\theta} \times k$

$= \dfrac{P_1}{\sqrt{3}\,V_1 \cos\theta} \times (2.0 \sim 2.5)\,[A]$

(단, $k = 2.0 \sim 2.5$: 전동기의 기동전류를 감안한 여유도)

변류비 = $\dfrac{I_1}{I_2}$ (단, 정격 2차 전류 $I_2 = 5[A]$)

③ 계기용 변성기(PCT, MOF)

변류기 1차 전류 $I_1 = \dfrac{P_1}{\sqrt{3}\,V_1 \cos\theta} \times k$

$= \dfrac{P_1}{\sqrt{3}\,V_1 \cos\theta} \times 1\,[A]$

(단, $k = 1$: MOF에서 충분한 절연설계가 되어 있어서 여유도를 두지 않음)

변류비 = $\dfrac{I_1}{I_2}$ (단, 정격 2차 전류 $I_2 = 5[A]$)

차단기의 차단용량: $P_s = \sqrt{3}\,V_n I_s\,[VA]$ (단, P_s: 차단용량, V_n: 정격전압, I_s: 차단전류)

과전류 계전기의 정격부담: $P = I^2 Z\,[VA]$, $Z = \dfrac{P}{I^2}[\Omega]$

차동(접속) 계전기의 부하전류

$I_1 = I_2 \times CT비 = \dfrac{전류계\ 지시값}{\sqrt{3}} \times CT비$

2차 비율차동기 단자에 흐르는 전류

전류계 지시값 = $I_1 \times \dfrac{1}{CT비} \times \sqrt{3}$

해설

(1) 변압기 용량 계산

$$변압기\ 용량 = 설비용량[MW] \times \frac{수용률}{역률} = 51 \times \frac{0.7}{0.9}$$
$= 39.666 \cdots \fallingdotseq 39.67[MVA]$

(2) 변압기 1차측 DS의 정격전압: 공칭전압 154[kV]의 정격전압은 170[kV]

(3) CT_1비 계산 및 선정

$$CT_1의\ 1차\ 전류 = \frac{P_{T,n}}{\sqrt{3}\,V_n} = \frac{39.67 \times 10^6}{\sqrt{3} \times 154 \times 10^3}$$
$= 148.723 \cdots \fallingdotseq 148.72[A]$

여유도를 적용한다.

$148.72 \times (1.25 \sim 1.5) = 185.9 \sim 223.08[A]$

(단, $k = 1.25 \sim 1.5$: 변압기의 여자 돌입전류를 감안한 여유도)

CT의 정격 표에서 200/5 선정

(4) GCB에 사용되는 가스의 명칭: SF_6(육불화황)

(5) 차단기의 차단용량 계산

차단기의 정격전압은 변압기 2차측의 공칭전압 22.9[kV]의 정격전압 25.8[kV]을 사용한다.

$P_s = \sqrt{3}\,V_n I_s\,[MVA] = \sqrt{3} \times 25.8 \times 23$
$= 1,027.798 \cdots \fallingdotseq 1027.80[MVA]$

(6) 계전기 임피던스 계산

$P = I^2 Z$에서 $Z = \dfrac{P}{I^2} = \dfrac{9}{5^2} = 0.36[\Omega]$

(7) 2차 비율차동기 단자에 흐르는 전류 계산

2차 비율차동기 단자에 흐르는 전류는 전류계로 흘러 들어가 전류계가 지시하는 값과 같다.

전류계 지시값 = $I_1 \times \dfrac{1}{CT비} \times \sqrt{3}$

$= 600 \times \dfrac{5}{1,200} \times \sqrt{3} = 4.330 \cdots \fallingdotseq 4.33[A]$

07 단순 계산형   난이도 下

정답

[계산과정]

$$t = \frac{0.344 \times 250 \times 10,000}{860 \times 500 \times \frac{1}{2}} = 4[h]$$

[정답] 4시간

정답 및 해설

부분점수

점수	세부기준
4점	계산과정과 답이 모두 맞으면 4점 획득
0점	계산과정과 답에 오류가 있으면 0점

| 접근 POINT

화력 발전에서 연료의 열효율에 관한 문제로 효율 공식으로부터 소요시간을 구할 수 있다.

줄의 법칙($1[J] = 0.24[cal]$)에 의한 에너지와 열량의 변환 공식 $1[kWh] = 860[kcal]$를 적용한다.

해설

발전기 열효율

$$\eta = \frac{출력}{입력} = \frac{860Pt}{BH} \times 100[\%]$$

B : 연료량[L/h], H : 열량[kcal/L], P : 출력[kW],
t : 시간[h]

발전기 입력=투입 연료량[kcal],
발전기 출력=발생 전력량[kW]

이때 $1[kWh] \simeq 860[kcal]$ 적용한다.

∵ $1[kWh] = 1[kW] \times 3,600[s] = 3,600[kJ] = 864[kcal]$,
 ($[W \cdot s] = [J]$, $1[J] = 0.24[cal]$)

08 단순 계산형   난이도 下

정답

(1) 부하전력[W] 계산

[계산과정]

$$P = \frac{25}{2}(10^2 - 4^2 - 7^2) = 437.5[W]$$

[정답] 437.5[W]

(2) 부하역률 계산

[계산과정]

$$\cos\theta = \frac{10^2 - 4^2 - 7^2}{2 \times 4 \times 7} = 0.625$$

[정답] 62.5[%]

부분점수

점수	세부기준
4점	문항 (1), (2)가 모두 맞은 경우 4점 획득
2점	문항 (1)의 계산과정과 답안이 모두 맞으면 2점, 오류가 있으면 0점
2점	문항 (2)의 계산과정과 답안이 모두 맞으면 2점, 오류가 있으면 0점

| 접근 POINT

단상전력 측정법인 3전류계법을 이용해서 풀이하는 문제로 또 다른 단상전력 측정법인 3전압계법과 삼상전력 측정법인 2전력계법 공식을 함께 정리해야 한다.

해설

단상전력 측정법

① 3전류계법: 전류계 3대로 단상 전력 및 역률을 측정하는 방법이다.

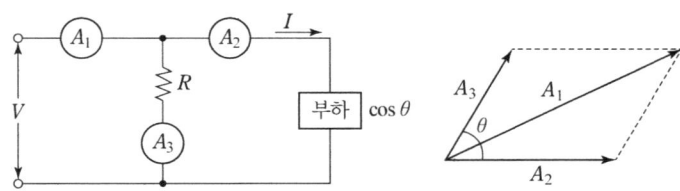

$A_1 = \sqrt{A_2^2 + A_3^2 + 2A_2A_3\cos\theta}$ 이므로 양변을 제곱한다.

$A_1^2 = A_2^2 + A_3^2 + 2A_2A_3\cos\theta$ 이므로 $\cos\theta$를 구한다.

$$\cos\theta = \frac{A_1^2 - A_2^2 - A_3^2}{2A_2A_3}$$ 가 된다.

이 경우 부하에 걸리는 전력 P는 다음과 같다.

$$P = VI\cos\theta = RA_3 \times A_2 \times \frac{A_1^2 - A_2^2 - A_3^2}{2A_2A_3}$$
$$= \frac{R}{2}(A_1^2 - A_2^2 - A_3^2)[W]$$

② 3전압계법: 전압계 3대로 단상전력 및 역률을 측정하는 방법이다.

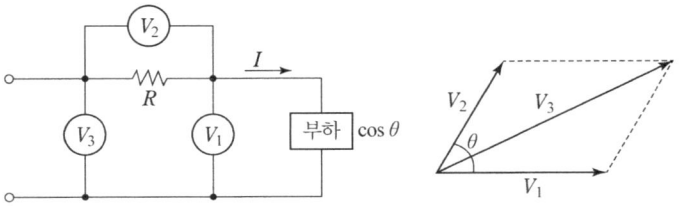

$V_3 = \sqrt{V_1^2 + V_2^2 + 2V_1V_2\cos\theta}$ 이므로 양변을 제곱한다.

$V_3^2 = V_1^2 + V_2^2 + 2V_1V_2\cos\theta$ 이므로 $\cos\theta$를 구한다.

$$\cos\theta = \frac{V_3^2 - V_1^2 - V_2^2}{2V_1V_2}$$ 가 된다.

이 경우 부하에 걸리는 전력 P는 다음과 같다.

$$P = V_1I\cos\theta = V_1 \times \frac{V_2}{R} \times \frac{V_3^2 - V_1^2 - V_2^2}{2V_1V_2}$$
$$= \frac{1}{2R}(V_3^2 - V_1^2 - V_2^2)[W]$$

삼상전력 측정(2전력계법)

단상 전력계 2대로 삼상전력과 역률을 측정하는 방법이다.
전력계의 지시값을 P_1, P_2라고 한다.

$P = P_1 + P_2[W]$, $P_r = \sqrt{3}(P_1 - P_2)[Var]$
$P_a = 2\sqrt{P_1^2 + P_2^2 - P_1P_2}[VA]$

$$\cos\theta = \frac{P_1 + P_2}{2\sqrt{P_1^2 + P_2^2 - P_1P_2}}$$

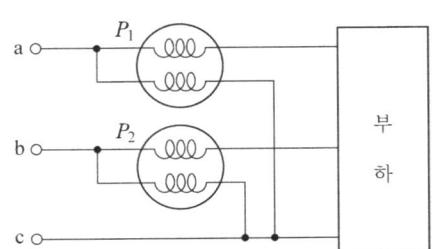

09 서술 암기형   난이도 下

정답

(1) 장점 (4가지)

> 정답
> ① 선로의 실효저항 감소로 허용전류가 증가한다.
> ② 선로의 송전용량이 증대된다.
> ③ 선로의 코로나 발생이 억제된다.
> ④ 계통 안정도가 향상된다.

(2) 단점 (2가지)

> 정답
> ① 페란티 효과에 의한 수전단 전압이 상승한다.
> ② 단락사고 시 각 소도체 사이에 충돌 우려가 있다.

부분점수

점수	세부기준
4~0점	(1), (2)번 중 한 문항이 맞을 때마다 2점 획득

서술형 핵심 KEYWORD

다음 핵심 KEYWORD가 포함되어야 정답 처리된다.

> 장점: 허용전류 증가(실효저항 감소), 송전용량 증가, 코로나 억제, 안정도 향상
> 단점: 페란티, 소도체 충돌

접근 POINT

복도체 관련 문제는 서술형 문제와 계산 문제가 골고루 출제된다. 서술형 문제는 평상시 KEYWORD를 포함하여 답안을 작성하는 연습을 하고, 계산 문제 대비해서는 코로나 손실식(Peek식)과 코로나 임계전압 공식을 암기하여 대비한다.

10 KEC   난이도 中

정답

> 계산과정
> 단수 = $\frac{360-60}{10} = 30$
> 이격거리 = $2 + 30 \times 0.12 = 5.6[m]$
> 정답 5.6[m]

부분점수

점수	세부기준
3점	계산 과정과 답이 모두 맞으면 3점 획득
0점	계산 과정이나 답에 오류가 있으면 0점

접근 POINT

KEC 333.27 특고압 가공전선 상호 간의 접근 또는 교차에 관한 내용이다.

해설

KEC 333.27 특고압 가공전선 상호간의 접근 또는 교차

사용전압의 구분	이격거리
60kV 이하	2m
60kV 초과	2m에 사용전압이 60kV를 초과하는 10kV 또는 그 단수마다 0.12m를 더한 값

단수 = $\frac{전압[kV]-60}{10}$

단수 계산에서 소수점 이하는 절상한다.

11 순차적 문제 해결형   난이도 中

정답

(1) 부하용량 계산

부하의 종류	출력 [kW]	극수	전부하 특성 역률 [%]	전부하 특성 효율 [%]	전부하 특성 입력 [kVA]	수용률 [%]	수용률 적용 용량 [kVA]
전동기	37×1	6	78.5	90	52.37	100	41.11+j32.44
전동기	22×2	6	77.0	88.5	64.57	80	39.78+j32.96
전동기	11×2	6	74.5	86.5	34.14	80	20.35+j18.22
전동기	5.5×1	4	77.0	85	8.4	100	6.47+j5.36
전등기타	50	-	100	100	50	100	50
합계	-	-	-	-	-	-	157.71+j88.98

(2) 부하의 유효, 무효, 피상전력 계산 및 발전기 용량 산정

> 계산과정
> 유효전력 합계
> $P = 41.11 + 39.78 + 20.35 + 6.47 + 50 = 157.71[kW]$
> 무효전력 합계
> $Q = 32.44 + 32.96 + 18.22 + 5.36 = 88.98[kVar]$
> ∴ 피상전력 $P_a = \sqrt{157.71^2 + 88.98^2} = 181.08[kVA]$
> 조건에서 표준용량 200[kVA]를 선정한다.
> 정답 200[kVA]

부분점수

점수	세부기준
6점	문항 (1), (2)가 모두 정답인 경우 6점 획득
3점	문항 (1)의 표에서 '수용률 적용값' 6개 중 정답의 개수가 0~1개는 0점, 2~3개는 1점, 4~5개는 2점, 6개는 3점 부여
3점	문항 (2)의 계산과정과 답이 모두 맞으면 3점, 계산 과정과 답에 오류가 있으면 0점

접근 POINT

꼼꼼한 분석이 요구되는 자료해석형 문제이다.
문제의 조건에서 "발전기 용량은 유효분과 무효분을 고려하여 산정하라."고 하였으므로, 유효분과 무효분을 각각 구한 후 피상전력을 구한다. 유사한 문제 중 위의 조건이 없는 문제는 유효분과 무효분으로 나눠서 풀지 않아도 무방하다.

해설

효율 = $\dfrac{출력[kVA]}{입력[kVA]}$ = $\dfrac{출력[kW]}{역률} \times \dfrac{1}{입력[kVA]}$ 이므로,

입력$[kVA]$ = $\dfrac{출력[kW]}{역률 \times 효율}$

수용률을 적용한 용량$[kVA]$ = 설비용량$[kVA]$ × 수용률

피상전력 $P_a = \sqrt{P^2 + Q^2}\,[kVA]$

유효전력 $P = P_a \times \cos\theta$

무효전력 $Q = P_a \times \sin\theta = P_a \times \sqrt{1 - \cos^2\theta}$

12 단답 암기형   난이도 下

정답

(1) 논리회로의 명칭: Ex-NOR(배타적 부정 논리합)

(2) 논리식: $X = A \odot B = \overline{A \oplus B} = \overline{A} \cdot \overline{B} + A \cdot B$

부분점수

점수	세부기준
4점	(1), (2)번이 모두 정답인 경우 4점 획득
2점	(1), (2)번 중 하나만 정답인 경우 2점 획득

접근 POINT

기본적인 논리회로에 대한 명칭, 기호, 논리식, 진리표를 알고 있는지를 물어보는 단답 암기 유형의 문제다. 주로 Ex-OR(배타적 논리합), Ex-NOR(배타적 부정 논리합)에 대한 것을 물어본다.

해설

기본적인 논리회로에 대한 명칭, 기호, 논리식

게이트	논리기호	논리식
AND		$F = AB$
OR		$F = A + B$
NOT		$F = \overline{A}$
NAND		$F = \overline{AB}$
NOR		$F = \overline{A + B}$
XOR		$F = A \oplus B$ $= \overline{A}B + A\overline{B}$
XNOR		$F = A \odot B$ $= \overline{A}\,\overline{B} + AB$
Buffer		$F = A$

13 단답 암기형 + 도면 작성   난이도 中

정답

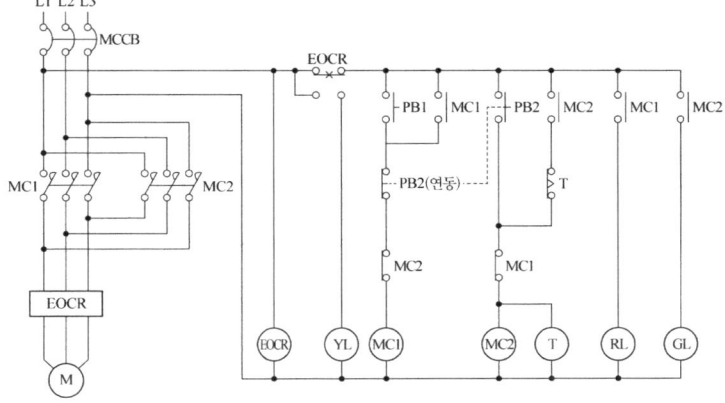

부분점수

점수	세부기준
8점	주회로와 보조회로 부분을 모두 정확하게 작성했을 경우 8점 획득
4~0점	주회로 측 MC1, MC2의 연결이 정답일 경우만 부분점수 4점 획득
4~0점	보조회로 측의 연결이 모두 정답일 경우만 부분점수 4점 획득

접근 POINT

이 문제는 시퀀스 회로도의 요구 동작사항을 순차적으로 따라가면서 필요한 접점이 무엇인지를 찾아서 풀어야 하는 문제이다. 여기서는 전동기의 정역운전 제어회로이며, 주회로 연결방법과 보조회로 접점사용에 대한 개념을 알고 있어야 하고, 추가로 인터록회로의 개념도 사용됨을 알고 있어야 한다.

해설

동작사항을 이해하기 위한 용어 정리

① 여자: 자기장이 여기된다는 의미다. 정확하게는 전기기기에 전원이 공급되면서 기기 안의 전자석이 동작하면서 접점이 동작되는 것이다. 접점이 동작한다는 것은 전자석이 자석이 되면서 금속접점을 잡아당겨서 붙어있는 접점은 떨어지고, 떨어져 있는 접점은 붙게 되는 것을 말한다.

② 소자: 자기장이 소멸된다는 의미이다. 전원의 공급이 중단되면 전류가 흐르지 못해 자기장이 소멸되면서 원래의 상태로 돌아가는 것을 말한다. '점등'은 램프가 켜지는 것을, '소등'은 램프가 꺼지는 것을 말한다.

③ (정)한시 동작: 타이머의 접점은 전원이 연속적으로 공급되는 조건에서 설정한 시간이 지나면 접점이 동작하게 되는 것이다.

④ 순시동작: 접점이 전원이 공급되는 즉시 동작하는 것을 말한다.

⑤ 자기유지: 자신의 a접점으로 자기의 전원을 유지하여 지속적으로 공급하게 되는 상태를 말하며, 자기유지회로를 사용하면 반드시 전원을 차단하여 초기화시키는 버튼이나 접점이 필요하다.

⑥ 인터록(Inter-lock) 회로: 전동기를 운전하는데 MC$_1$은 정방향으로 MC$_2$는 역방향으로 운전하는 정역운전회로에서 MC$_1$과 MC$_2$의 스위치가 동시에 동작하여 상간단락이 일어나 전동기가 손상되는 것을 방지하기 위해 MC$_1$의 b접점을 MC$_2$ 전원 앞에, MC$_2$의 b접점을 MC$_1$ 전원 앞에 위치하도록 설계한 회로를 말한다.

동작사항 해설
① 전원스위치 MCCB를 투입하면 주회로 및 제어회로에 전원이 공급된다.
② 누름버튼스위치(PB_1)를 누르면(전원이 공급되면서 전류가 흐름) MC_1이 여자되고 MC_1의 보조접점에 의하여 RL이 점등되며, 전동기는 정회전한다. → MC_1 여자(전원이 공급되면서 MC_1 접점들이 동작, MC_1 자기유지), RL 점등, 전동기 정회전 동작
③ 누름버튼스위치(PB_1)를 누른 후 손을 떼어도 MC_1은 자기유지되어 전동기는 계속 정회전한다.
④ 전동기 운전 중 누름버튼스위치(PB_2)를 누른다. → 연동(푸쉬버튼이 물리적으로 동시에 동작함)에 의하여 MC_1이 소자(전원공급 차단으로 모든 접점이 원래상태로 돌아감)되어 전동기가 정지되고, RL은 소등된다. 이때 MC_2가 여자(전원이 공급되면서 MC_2 접점들이 동작)되고, 자기유지되어 전동기는 역회전(역상제동을 함)하고 MC_2의 보조접점에 의하여 GL이 점등된다. → 타이머가 여자(타이머 T에 전원이 공급되어 한시 접점이 동작준비)
⑤ 타이머 설정시간 후 (타이머의 한시 접점이 동작) → 역회전 중인 전동기는 정지(MC_2 전원공급 차단, 자기유지 풀림)하고 GL도 소등된다.(MC_2 접점들이 원래상태로 돌아감)
⑥ MC_1과 MC_2의 보조접점에 의하여 상호 인터록(상대방의 b접점이 자신의 전원 앞에 놓임)이 되어 동시에 동작되지 않는다.
⑦ 전동기 운전 중 과전류가 감지되어 EOCR이 동작되면, 모든 제어회로의 전원은 차단되고 YL이 점등된다.
⑧ EOCR을 리셋(RESET)하면 초기상태로 복귀된다.

14 복합 계산형   난이도 中

정답

(1) 차동계전기의 결선

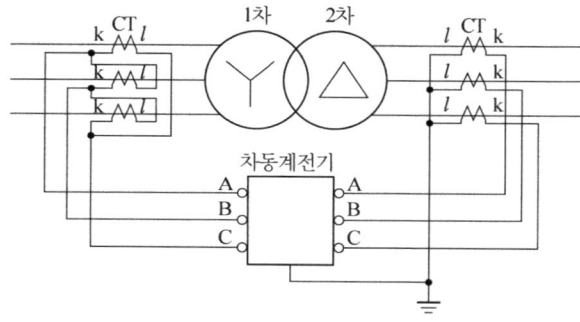

(2) ① 2차측 CT의 권수비: 600/5

변압기 권수비 $a = \dfrac{66}{22} = 3$으로 1차가 2차보다 3배 크다.
따라서 CT비는 2차가 1차보다 3배 커야 한다.

2차 CT비 $= \dfrac{200}{5} \times 3 = \dfrac{600}{5}$ 따라서 CT비는 $\dfrac{600}{5}$ 선정

② 이유: 정상상태에서 변압기 1차, 2차 CT의 2차측 전류의 크기를 같게 하기 위해서이다.

(3) 제 2고조파
(4) 고조파 억제법, 감도 저하법, 비대칭파 저지법
(5) 감극성

부분점수

점수	세부기준
7점	(1)~(5)번이 모두 정답인 경우 7점 획득
1점	문항 (1)의 결선이 맞으면 1점, 오류가 있으면 0점
2점	문항 (2)의 소문항 2개 중 1개당 1점
1점	문항 (3)의 답이 맞으면 1점, 오류가 있으면 0점
2점	문항 (4)의 답안의 맞은 개수가 0개면 0점, 1~2개면 1점, 3개면 2점 부여
1점	문항 (5)의 답이 맞으면 1점, 오류가 있으면 0점

접근 POINT

비율차동 계전기의 1, 2차 CT를 결선할 때는 변압기의 결선에서 발생하는 위상차 30°를 고려하여 변압기와 반대로 결선해야 한다.

해설

변압기 1, 2차 CT 결선 시 주의점
변압기는 Y-△ 결선 시 1, 2차간에 위상차가 30°가 생기는데 만약 CT를 Y-Y로 결선하면 CT 2차 회로에 흐르는 전류 간의 벡터차에 해당하는 전류가 흘러서 오동작할 우려가 있다. 따라서 양 CT의 결선은 주변압기와 반대로 △-Y 결선을 하여 위상차를 보정해야 한다.
CT Y결선 시에 중성점은 반드시 접지 처리한다.

변압기 여자 돌입전류
변압기 정상운전 시 여자전류는 전부하전류의 3~5%로 문제가 없으나, 무부하시 1차측 전원을 투입할 때 특정 전압 위상과 철심의 잔류자속에 따라 정격전류의 8~12배의 돌입전류가 발생한다. 이 전류는 변압기 1차측에만 흐르므로 비율차동계전기의 동작 코일에 차전류가 흘러 오동작의 원인이 되므로 대책이 필요하다.

여자 돌입전류 대책
여자 돌입전류에 제 2고조파가 가장 많다는 점에 착안하여 ① 고조파 억제법(제 2고조파 필터 사용), ② 감도 저하법(돌입전류는 시간에 따라 빠르게 감쇄하는 특징을 이용하여 무부하 가압 후 일정시간 계전기 감도를 저하시킴), ③ 비대칭파 저지법(여자 돌입전류는 비대칭파로서 강한 비대칭파가 유입되면 계전기 Trip을 억제)를 사용한다.

CT의 감극성
1차측 전류에 대한 2차측 전류의 방향을 나타내는 것으로 우리나라는 감극성을 표준으로 사용한다.
감극성 기준으로 CT 1차 측에는 전류가 유입되는 단자(K)에, 2차 측에는 전류가 유출되는 단자(l)에 극성 기호를 표시한다.

15 서술 암기형   난이도 中

정답

(1) 부하율을 구하는 식

정답

$$부하율 = \dfrac{평균수용전력}{최대수용전력} \times 100 [\%]$$

(2) 부하율이 적다는 것의 의미

[정답]
① 설비를 효율적으로 사용하지 못한다.
② 설비의 가동률이 저하된다.

(3) 부하율의 관계식

[정답]

$$부하율 = \frac{평균전력}{수용\,설비용량} \times \frac{부등률}{수용률}$$

부분점수

점수	세부기준
6점	(1), (2), (3)번이 모두 맞은 경우 6점 획득
2~0점	(1), (2), (3)번 중 1문항이 맞을 때마다 2점 획득

접근 POINT

부하율, 수용률, 부등률은 배전설비 신·증설시 기초가 되는 factor로서, 배전선로 건설, 변압기 용량 결정의 기초가 된다.

해설

수용률 의미 및 공식

수용률은 부하가 동시에 사용되는 정도이다.

수용가의 부하설비는 전부가 동시에 사용되는 경우는 거의 없기 때문에 수용가 부하설비 용량의 합계와 실제 어떤 시점에서의 최대 부하전력은 일치하지 않는다. 즉 수용가의 최대 수용전력은 부하설비의 정격용량의 합계보다 작은 것이 보통이다.

$$수용률 = \frac{최대\,수용\,전력}{수용\,설비\,용량}$$

최대 수용 전력 = 수용 설비 용량 × 수용률

부등률 의미 및 공식

최대수용 전력의 발생 시기의 분산이다.

$$부등률 = \frac{최대\,수용\,전력}{합성\,최대\,전력}$$

$$합성\,최대\,전력 = \frac{최대\,수용\,전력}{부등률} = \frac{수용\,설비\,용량 \times 수용률}{부등률}$$

부하율 의미 및 공식

어느 기간 중 부하 변동의 정도로 부하율이 높을수록 설비의 "효율적 사용"을 의미한다.

$$부하율 = \frac{평균\,전력}{최대\,전력} = 평균\,전력 \times \frac{1}{최대\,전력}$$

$$= 평균\,전력 \times \frac{부등률}{수용\,설비\,용량 \times 수용률}$$

$$= \frac{평균\,전력}{수용\,설비\,용량} \times \frac{부등률}{수용률}$$

16 단순 계산형   난이도 下

[정답]

(1) 실효값 계산

[계산과정]

$$\sqrt{\left(\frac{30}{\sqrt{2}}\right)^2 + \left(\frac{10}{\sqrt{2}}\right)^2 + \left(\frac{5}{\sqrt{2}}\right)^2} = 22.638[A]$$

[정답] 22.64[A]

(2) 왜형률 계산

[계산과정]

$$\frac{\sqrt{\left(\frac{10}{\sqrt{2}}\right)^2 + \left(\frac{5}{\sqrt{2}}\right)^2}}{\frac{30}{\sqrt{2}}} = 0.372$$

[정답] 0.37

부분점수

점수	세부기준
4점	문항 (1), (2)가 모두 맞은 경우 4점 획득
2점	문항 (1)의 계산과정과 답안이 모두 맞으면 2점, 오류가 있으면 0점
2점	문항 (2)의 계산과정과 답안이 모두 맞으면 2점, 오류가 있으면 0점

접근 POINT

비정현파의 실효값과 왜형률의 공식을 적용하는 단순 계산 문제이다.

해설

비정현파의 실효값

비정현파의 실효값은 각 파의 실효값의 제곱의 합의 제곱근으로 정의된다.

$$V = \sqrt{V_o^2 + \left(\frac{V_{m1}}{\sqrt{2}}\right)^2 + \left(\frac{V_{m2}}{\sqrt{2}}\right)^2 + \left(\frac{V_{m3}}{\sqrt{2}}\right)^2 + \cdots}$$
$$= \sqrt{V_o^2 + V_1^2 + V_2^2 + \cdots V_n^2}\,[V]$$

비정현파의 왜형률

파형의 일그러진 정도를 나타낸다.

$$왜형률(\epsilon) = \frac{전\,고조파의\,실효값}{기본파의\,실효값} = \frac{\sqrt{V_2^2 + V_3^2 + \cdots V_n^2}}{V_1}$$

17 복합 계산형 + 개념 이해형   난이도 上

[정답]

(1) 송전선의 인덕턴스와 커패시터 계산

[계산과정]

특성임피던스 $Z_0 ≒ 138\log_{10}\frac{D}{r} = 600[\Omega]$에서

$\log_{10}\frac{D}{r} = \frac{600}{138} ≒ 4.3478$이다.

인덕턴스

$$L = 0.05 + 0.4605\log_{10}\frac{D}{r}$$

$$= 0.05 + 0.4605 \times \frac{600}{138}$$

$$= 2.052 \cdots ≒ 2.05[mH/km]$$

$$= 2.05 \times 10^{-3}[H/km]$$

커패시턴스

$$C = \frac{0.02413}{\log_{10}\frac{D}{r}} = \frac{0.02413}{\frac{600}{138}}$$

$$= 5.5499 \times 10^{-3} [\mu F/km]$$

$$≒ 5.55 \times 10^{-9} [F/km]$$

[정답] ① 인덕턴스: $L = 2.05 \times 10^{-3} [H/km]$

② 커패시턴스: $C = 5.55 \times 10^{-9} [F/km]$

(2) 전파의 파장 길이

[계산과정]

전파의 파장 길이

$$\lambda = \frac{v}{f} = \frac{3 \times 10^5}{60} = 5 \times 10^3 [km] = 5,000 [km]$$

[정답] 파장 길이: 5,000[km]

(3) 송전단에서 부하측으로 본 합성 임피던스

[계산과정]

무손실 장거리 송전선로라는 조건을 만족하기 위해 최대 전력이 전달될 수 있는 조건을 적용하면 $Z_0 = Z_L$가 된다.

[정답] 부하측 합성 임피던스: 600[Ω]

부분점수

점수	세부기준
9점	(1), (2), (3)이 모두 맞은 경우 9점 획득
4점	문항 (1)의 소문항 2개 중 계산과정과 답안이 모두 맞은 소문항 1개당 2점, 오류가 있으면 0점
3점	문항 (2)의 계산과정과 답안이 모두 맞으면 3점, 오류가 있으면 0점
2점	문항 (3)의 계산과정과 답안이 모두 맞으면 3점, 오류가 있으면 0점

접근 POINT

가공전선의 특성 임피던스의 관계식으로부터 인덕턴스, 커패시턴스, 전파속도를 계산하는 문제와 송전단에서 부하측으로 최대 전력을 전달할 수 있는 합성 임피던스를 구하는 문제이다. 특히, 인덕턴스와 커패시턴스의 값을 구할 때는 단위에 주의해야 한다.

해설

(1) 전송선로의 일반적 특성임피던스 $Z_0 = \sqrt{\frac{R+j\omega L}{G+j\omega C}} [\Omega]$에서 무손실 장거리 송전선로의 조건 $R = G = 0$를 적용하면 다음과 같다.

$$Z_0 = \sqrt{\frac{j\omega L}{j\omega C}} = \sqrt{\frac{L}{C}}$$

$$Z_0 = \sqrt{\frac{0.4605 \log_{10} \frac{D}{r} \times 10^{-3}}{\frac{0.02413}{\log_{10} \frac{D}{r}} \times 10^{-6}}} = \sqrt{\frac{0.4605 \times 10^3}{0.02413}} \log_{10} \frac{D}{r}$$

$$= 138.145 \log_{10} \frac{D}{r} ≒ 138 \log_{10} \frac{D}{r}$$

특성임피던스

$Z_0 = 138 \log_{10} \frac{D}{r} = 600 [\Omega]$에서

$\log_{10} \frac{D}{r} = \frac{600}{138} ≒ 4.3478$이며, 이를 이용하여 계산하면 인덕

턴스는 다음과 같다.

$$L = 0.05 + 0.4605 \log_{10} \frac{D}{r}$$

$$= 0.05 + 0.4605 \times \frac{600}{138}$$

$$= 2.052 \cdots ≒ 2.05 [mH/km]$$

$$= 2.05 \times 10^{-3} [H/km]$$

또는 근사값으로 0.05를 제외하고 계산하면 다음도 가능하다.

$$L = 0.4605 \log_{10} \frac{D}{r}$$

$$= 0.4605 \times \frac{600}{138} = 2.002 \cdots ≒ 2.00 [mH/km]$$

$$= 2.00 \times 10^{-3} [H/km]$$

커패시턴스

$$C = \frac{0.02413}{\log_{10} \frac{D}{r}} = \frac{0.02413}{\frac{600}{138}}$$

$$= 5.5499 \times 10^{-3} [\mu F/km]$$

$$≒ 5.55 \times 10^{-9} [F/km]$$

(2) 전파의 파장 길이는 파장의 속도 $v = \lambda f [m/s]$로 부터 다음과 같이 구한다.

$$\lambda = \frac{v}{f} = \frac{3 \times 10^5}{60} = 5 \times 10^3 [km] = 5,000 [km]$$

(3) 송전선로의 특성 임피던스와 같은 합성 임피던스를 가지는 부하를 수전단에 연결하면 임피던스가 매칭(Matching, 정합)되어 변이점이 없는 선로조건으로 무한장 선로와 같은 역할을 하게 된다. 곧, 최대 전력이 전달될 수 있는 조건은 $Z_0 = Z_L$가 된다. 따라서, 송전단에서 부하측을 바라본 합성 임피던스는 다음과 같다.

$$Z_L = 600 [\Omega]$$

18 서술 암기형 난이도 上

[정답]

(1) 명칭 작성

[정답]

① 특성요소, ② 직렬 갭, ③ 측로 갭, ④ 분로저항,
⑤ 소호코일, ⑥ 특성요소, ⑦ 특성요소

(2) 갭리스형 피뢰기의 장점

[정답]

① 소형, 경량이다.
② 누설전류가 적고 제한전압이 낮다.
③ 속류가 없어 다빈도 차단에 강하다.
④ 온도 특성이 우수하다.

(3) 갭리스형 피뢰기의 단점

[정답]

① 열화 가능성이 높다.
② 열폭주 현상이 발생할 가능성이 크다.

부분점수

점수	세부기준
8점	(1), (2), (3)번이 모두 정답인 경우 8점 획득
4점~0점	(1)번은 소문항마다 점수 획득(2개 정답: 1점, 4개 정답: 3점, 7개 정답: 4점)
4점~0점	(2), (3)번은 소문항 1개마다 1점씩 획득

서술형 핵심 KEYWORD

문항 (2), (3)번은 다음 핵심 KEYWORD가 포함되어야 정답 처리 된다.

> 장점: 소형, 속류 없다, 제한전압 낮다, 온도 특성
> 단점: 열화, 열폭주

│ 접근 POINT

갭형 피뢰기와 갭리스 피뢰기를 비교하는 문제와 응용 문제 이다.

│ 해 설

피뢰기의 종류별 구조
갭형: 직렬갭 + 특성요소(SiC) + 기타
갭레스형: 특성요소로(ZnO)로만 구성

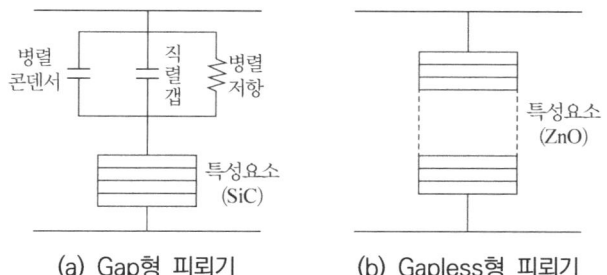

(a) Gap형 피뢰기   (b) Gapless형 피뢰기

기출변형 문제 대비

01 단순 계산형   난이도 中

│ 정답

[계산과정]

처음 부하의 무효전력

$$Q_1 = 60 \times \frac{0.6}{0.8} = 45 [\text{kVar}]$$

추가된 부하의 무효전력

$$Q_2 = 40 \times \frac{0.8}{0.6} = 53.33 [\text{kVar}]$$

합성역률 90[%] 부하의 무효전력

$$Q_3 = P_3 \times \tan\theta_3 = 100 \times \frac{\sqrt{1-0.9^2}}{0.9} = 48.432 [\text{kVar}]$$

콘덴서 용량 $Q_c = 45 + 53.33 - 48.432 = 49.898 [\text{kVA}]$

[정답] 49.9[kVA]

│ 접근 POINT

역률 개선용 콘덴서는 진상 무효전력을 통해 지상 무효전력의 크기를 줄여서 역률을 개선하는 원리이다. 문제처럼 추가 부하를 통하여 유효전력 P가 변하는 경우에는 공식 $Q_c = P(\tan\theta_1 - \tan\theta_2)$를 적용할 수 없음에 유의한다. 이 공식은 유효전력 P가 일정한 조건에서만 적용 가능하다.

│ 해 설

유효전력 $P = P_a \times \cos\theta$, 무효전력 $Q = P_a \times \sin\theta$

유효전력 P, 역률 $\cos\theta$일 때 → 피상전력 $P_a = \frac{P}{\cos\theta}$,

무효전력 $Q = P \times \tan\theta = P \times \frac{\sin\theta}{\cos\theta}$

부하 벡터도에서 $Q_1 + Q_2 = Q_3 + Q_C$를 만족해야 하므로 콘덴서 용량은 $Q_c = Q_1 + Q_2 - Q_3$가 된다.

02 논리회로   난이도 下

│ 정답

(1) 논리식 작성

[정답] $X = A\overline{B} + \overline{A}B$

(2) 유접점 회로 작성

[정답]

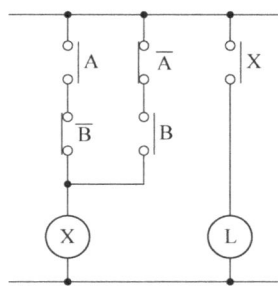

(3) 타임차트 완성

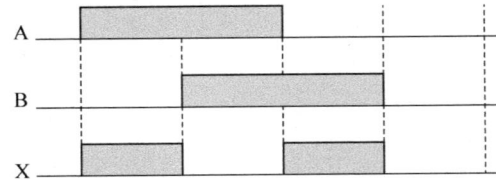

▎접근 POINT

논리식, 무접점 회로, 유접점 회로, 진리표는 서로 상호 변환해서 작성할 수 있어야 한다.

해설

논리회로(시퀀스) 문제는 이와 같이 항상 변형되어 출제 가능한 점을 염두 하면서 평소 문제를 분석한다.

전기기사 실기 조경필 모의고사 — 정답 및 해설 3회

조경필 모의고사

01 단순 계산형 난이도 下

정답

[계산과정]

$$E = \frac{8{,}000 \times 0.45}{\frac{1}{2} \times 20 \times 15 \times 1} = 24\,[\text{lx}]$$

[정답] 24[lx]

부분점수

점수	세부기준
3점	계산과정과 답이 모두 맞으면 3점 획득
0점	계산과정과 답에 오류가 있으면 0점

│접근 POINT

도로 조명 설계를 위하여 FUN=AED를 적용하여 풀이할 때, 조명의 배열 상태에 유의하여 면적 A를 구한다.

해설

조명 공식 FUN=AED
F(광속, lm), U(조명률, %), N(등기구 수), E(조도, lx), A(면적), D(감광보상률)

문제의 조건은 도로 양쪽 대칭 배열이므로 면적 $A = \frac{1}{2}BS$를 적용한다.

02 단순 계산형 난이도 中

정답

[계산과정]

총 유효전력P=형광등 유효전력+백열등 유효전력
=60×50+100×60=9,000[W]

총 무효전력Q= 형광등 무효전력

$$= 60 \times \tan\theta \times 50 = 60 \times \frac{\sqrt{1-0.9^2}}{0.9} \times 50$$

$$= 1{,}452.966\,[\text{Var}]$$

∵ 백열등의 무효전력=0

전체 피상전력

$$P_a = \sqrt{9{,}000^2 + 1{,}452.966^2} = 9{,}116.529\,[\text{VA}]$$

∴ 분기회로 수= $\dfrac{9{,}116.529\,[\text{VA}]}{220\,[\text{V}] \times 16\,[\text{A}]} = 2.589$

[정답] 분기회로 3회로

부분점수

점수	세부기준
3점	계산과정과 답이 모두 맞으면 3점 획득
0점	계산과정과 답 중 오류가 있는 경우

│접근 POINT

총 부하용량은 피상전력[VA]을 의미하고 각 부하의 유효전력과 무효전력을 구하여 벡터합으로 계산한다.

해설

백열등의 역률이 문제에 주어지지 않는 경우 역률은 1로 계산한다.
(∵ 순수 저항 부하로 간주)

따라서 **"전체 무효전력=형광등의 무효전력"**이 된다.
무효전력Q=유효전력P×tanθ

분기회로 수 = $\dfrac{\text{총 부하용량}\,[\text{VA}]}{\text{전압}\,[\text{V}] \times \text{전류}\,[\text{A}]}$

분기회로의 수는 계산값에서 절상한다.

응용

건물 내의 수용 부하량에 따른 분기회로 수 설계

분기회로 수 = $\dfrac{\text{표준부하 밀도}\,[\text{VA/m}^2] \times \text{바닥면적}\,[\text{m}^2]}{\text{전압}\,[\text{V}] \times \text{분기회로 전류}\,[\text{A}]}$

1개의 등기구 전류[A]와 등기구 수가 주어질 때 분기회로 설계

분기회로 수 = $\dfrac{\text{등기구 수}\,[\text{N}] \times \text{등기구 전류}\,[\text{A}]}{\text{분기회로 당 전류}\,[\text{A}]}$

03 단답 암기형 난이도 下

정답

(1) OCR: 과전류 계전기
(2) OVR: 과전압 계전기
(3) UVR: 부족전압 계전기
(4) GR: 지락 계전기

부분점수

점수	세부기준
4점~0점	(1)~(4) 문항 4개 중 정답 1개당 부분점수 1점 획득

│접근 POINT

계전기의 종류별로 명칭과 약어를 정리하여 암기해야 한다.

해설

- OCR: Over Current Relay (과전류 계전기)
- OVR: Over Voltage Relay (과전압 계전기)
- UVR: Under Voltage Relay (부족전압 계전기)
- GR: Ground Relay (지락 계전기)
- CLR: Current Limiting Relay (한류 계전기)
- DFR: Differential Relay (차동 계전기)

- RCR: Reclosing Relay (재폐로 계전기)
- SR: Short-circuit Relay (단락 계전기)
- THR: Thermal Relay (열동 계전기)
- TR: Temperature Relay (온도 계전기)

04 복합 계산형   난이도 中

정답

(1) 부하용량이 60[kVA]일 때 변압기가 분담하는 전력

계산과정

$P_a = 60 \times \dfrac{1}{4} = 15[kVA]$, $P_b = 60 \times \dfrac{3}{4} = 45[kVA]$

정답 A 변압기: 15[kVA], B 변압기: 45[kVA]

(2) 부하용량이 120[kVA]일 때 변압기가 분담하는 전력

계산과정

$P_a = 120 \times \dfrac{1}{4} = 30[kVA]$, $P_b = 120 \times \dfrac{3}{4} = 90[kVA]$

정답 A 변압기: 30[kVA], B 변압기: 90[kVA]

(3) 2차측 최대 부하용량

계산과정

① A 변압기가 정격 운전일 때

$P_a = 20[kVA]$, $P_b = 3 \times 20 = 60[kVA]$

→ B 변압기는 정격을 초과하지 않는다. → 정답

② B 변압기가 정격 운전일 때

$P_b = 75[kVA]$, $P_a = \dfrac{75}{3} = 25[kVA]$

→ A 변압기는 정격을 초과하여 답 채택 불가

정답 A변압기: 20[kVA], B변압기: 60[kVA]

부분점수

점수	세부기준
6점	문항 (1), (2), (3)이 모두 맞은 경우 6점 획득
2점	문항 (1)의 계산과정과 답안이 모두 맞으면 2점, 오류가 있으면 0점
2점	문항 (2)의 계산과정과 답안이 모두 맞으면 2점, 오류가 있으면 0점
2점	문항 (3)의 계산과정과 답안이 모두 맞으면 2점, 오류가 있으면 0점

접근 POINT

변압기 병렬운전 시 각 변압기 분담 부하를 계산하는 문제이다. 변압기 병렬운전은 ① 병렬운전 조건, ② 부하분담 조건이 서술형 문제나 계산 문제로 자주 출제된다. 관련 개념으로 변압기 퍼센트 임피던스(%Z), 임피던스 전압, 임피던스 와트 등의 개념도 함께 공부해야 한다.

해설

변압기 병렬운전 시 부하분담 조건

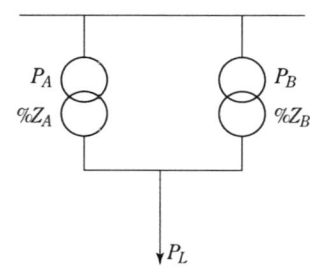

$\%Z_A = \dfrac{P_A Z_A}{10 V^2} \rightarrow Z_A = \dfrac{10 V^2 \times \%Z_A}{P_A}$

$\%Z_B = \dfrac{P_B Z_B}{10 V^2} \rightarrow Z_B = \dfrac{10 V^2 \times \%Z_B}{P_B}$

A변압기 부하분담의 비 $P_{LA} = \dfrac{Z_B}{Z_A + Z_B}$

B변압기 부하분담의 비 $P_{LB} = \dfrac{Z_A}{Z_A + Z_B}$

변압기 부하 분담식

$\dfrac{P_{LA}}{P_{LB}} = \dfrac{Z_B}{Z_A} = \dfrac{P_A}{P_B} \times \dfrac{\%Z_B}{\%Z_A}$

05 복합 계산형   난이도 上

정답

(1) 승압된 전압[V] 계산

계산과정

승압된 전압 $= 6,300 \times \left(1 + \dfrac{210}{6,600}\right) = 6,500.454[V]$

정답 6,500.45[V]

(2) 결선도 완성

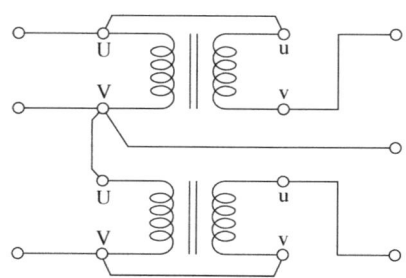

부분점수

점수	세부기준
4점	(1), (2)번이 모두 정답인 경우 4점 획득
2점	문항 (1)의 계산과정과 답안이 모두 맞으면 2점, 오류가 있으면 0점
2점	문항 (2)의 결선도가 모두 맞으면 2점, 오류가 있으면 0점

접근 POINT

단권 변압기는 강압용과 승압용으로 사용하는데, 주로 승압용이 출제된다. 또한, 배전선로의 유도전압 조정기의 원리로도 단권변압기가 이용되므로 결선법, 자기용량과 부하용량 관계, 승압된 전압 공식을 잘 숙지해야 한다.

정답 및 해설

해설

권수비가 a인 단상 변압기를 단권 변압기로 결선하여 승압기로 사용할 경우 승압된 전압

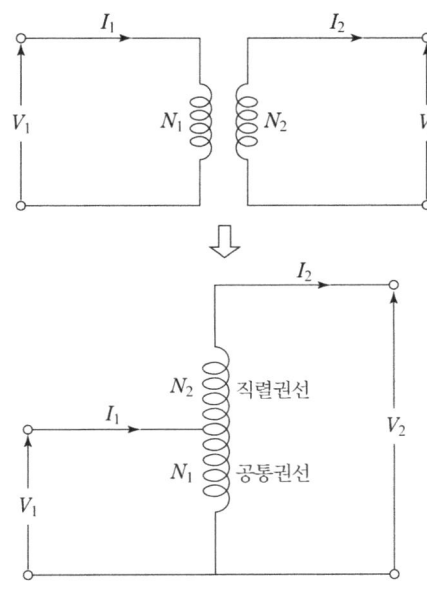

2권선 단권변압기의 권수비 $a = \dfrac{N_1}{N_2}$

단권 변압기의 전압비 $a' = \dfrac{V_1}{V_2'} = \dfrac{N_1}{N_1+N_2}$

→ 승압된 전압 $V_2' = V_1\left(1+\dfrac{1}{a}\right)$가 된다.

문제 (1)의 V결선된 승압기 회로도

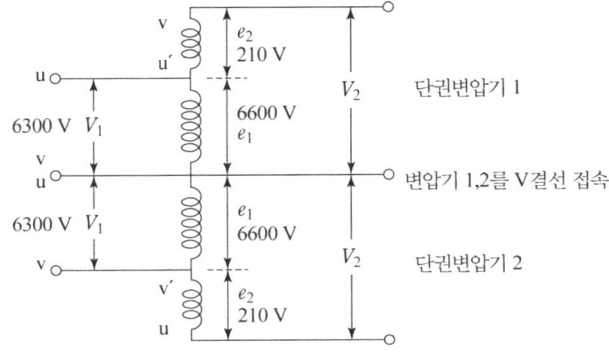

06 단순 계산형　　　　　　　　　　　　　　난이도 下

정답

계산과정

$R = \dfrac{400}{2\pi \times 2.4} \times \ln\dfrac{2 \times 2.4}{\dfrac{0.019}{2}} = 165.125\,[\Omega]$

정답　$165.13\,[\Omega]$

부분점수

점수	세부기준
3점	계산과정과 답이 모두 맞은 경우 3점 획득
0점	계산과정과 답 중 오류가 있는 경우

접근 POINT

3전극법에 의한 대지저항 측정 공식을 적용하는 단순 암기형 문제이다.

해설

대지저항률 측정법(Wenner의 4전극법)
① 개념도

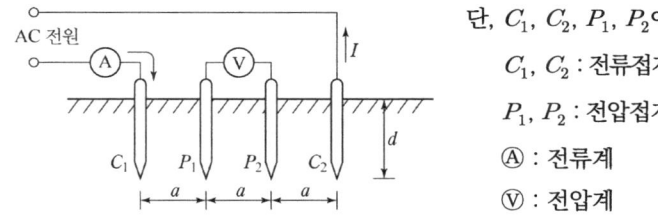

단, C_1, C_2, P_1, P_2에서
C_1, C_2 : 전류접지극
P_1, P_2 : 전압접지극
Ⓐ : 전류계
Ⓥ : 전압계

C(전류 보조전극) 단자에 교류전원을 인가하여 전류를 측정한다.
P(전위 보조전극) 단자 사이의 전위차를 측정한다.
a값을 변경하면서 대지저항을 측정한다.
② 대지 저항률 계산

$\rho = 2\pi a R = 40\pi d R = 40\pi d \dfrac{V}{I}\,[\Omega\!\cdot\! m]$, $R = \dfrac{V}{I}$

3전극법에 의한 접지봉의 저항 계산

$R = \dfrac{\rho}{2\pi \ell}\ln\dfrac{2\ell}{r}$

07 단답 암기형 + 도면작성　　　　　　　　난이도 中

정답

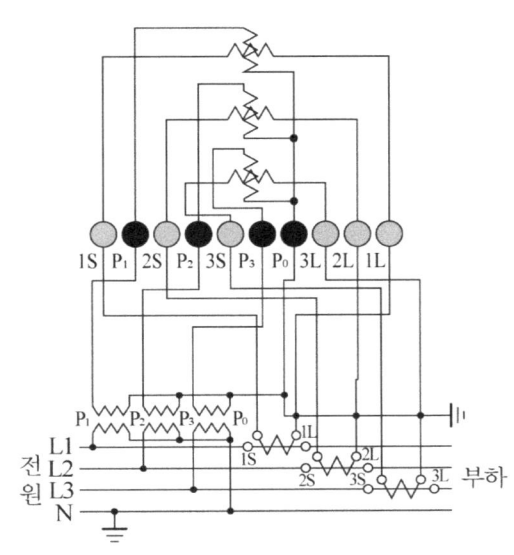

부분점수

점수	세부기준
4점	결선도를 정확하게 작성한 경우 4점 획득
2점	PT(왼쪽) 부분의 연결이 정답일 경우 부분점수 2점 획득
2점	CT(오른쪽) 부분의 연결이 정답일 경우 부분점수 2점 획득

접근 POINT

이 문제는 3상 4선식 전력량계의 결선도에서 PT와 CT를 사용하기 위한 결선도를 완성하는 문제이다. PT와 CT의 연결 방법을 단계별로 수행하면 된다.

해설

왼쪽 PT(계기용 변압기)부분의 연결 수행

① 1단계: PT의 경우 전원 쪽 단자는 변압기의 왼쪽 단자들을 각각 전원의 L_1, L_2, L_3에 연결하고, 오른쪽 단자를 전원의 중성선 N(접지) 단자에 연결한다.

② 2단계: PT의 경우 전력량계 쪽 단자는 $P_0 \sim P_3$를 사용하며, 변압기의 왼쪽 단자를 P_1은 전원의 L_1, P_2는 전원의 L_2, P_3는 전원의 L_3 관련 단자에 연결하고, 오른쪽 단자를 P_0는 전원의 중성선 N(접지) 관련 단자에 연결한다.

③ 3단계: 변압기의 전원 측은 Y 결선으로 각 선간전압 변압기 오른편이 중성점이 되도록 중성선 N과 모두 연결하고, 변압기의 PT 측도 Y 결선으로 각 선간전압 변압기 오른편이 중성점이 되도록 P_0와 모두 연결한다.

오른쪽 CT(계기용 변류기)부분의 연결 수행

① 1단계: CT의 경우 전원 쪽 L_1과 연결된 변류기의 왼편은 전력량계의 1S와 오른편은 전력량계의 1L과 연결한다. 마찬가지로 전원 쪽 L_2과 연결된 변류기의 왼편은 전력량계의 2S와 오른편은 전력량계의 2L과 연결하고, 전원 쪽 L_3과 연결된 변류기의 왼편은 전력량계의 3S와 오른편은 전력량계의 3L과 연결한다.

② 2단계: CT의 1L, 2L, 3L을 모두 연결하여 기준점을 잡는다.

③ 3단계: PT의 P_0와 CT의 기준점(1L, 2L, 3L이 모두 연결)과 연결하고 접지를 한다.

08 단답 암기형   난이도 下

정답

① 단락, ② 화재, ③ 3

부분점수

점수	세부기준
3~0점	소문항 총 3개 중 정답 1개당 1점씩 부여

접근 POINT

단락보호장치의 설치 위치에 대한 KEC 규정을 그림과 함께 물어보는 문제로 이전 기출문제를 변형한 유형이다. 기본적인 차단기의 설치 위치가 분기점에서 3[m] 이내에 설치되어야 함을 암기하고 있다면 쉽게 해결할 수 있는 문제이다. 관련 규정에 대한 세부 내용을 함께 숙지하여 변형문제에 대비해야 한다.

해설

KEC 212.5.2 단락보호장치의 설치위치

단락전류 보호장치는 분기점(O)에 설치해야 한다. 다만, 아래 그림과 같이 분기회로의 단락보호장치 설치점(B)과 분기점(O) 사이에 다른 분기회로 또는 콘센트의 접속이 없고 (① 단락), (② 화재) 및 인체에 대한 위험이 최소화될 경우, 분기회로의 단락보호장치 P_2는 분기점(O)으로부터 (③ 3)m까지 이동하여 설치할 수 있다.

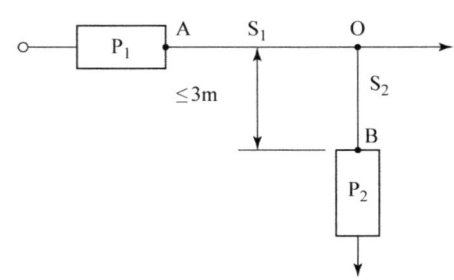

▲ 분기회로 단락보호장치(P_2)의 제한된 위치 변경

보충 학습

KEC 212.5.3 단락보호장치의 생략

배선의 단락위험이 최소화할 수 있는 방법과 가연성 물질 근처에 설치하지 않는 조건이 모두 충족되면 다음과 같은 경우에는 단락보호장치를 생략할 수 있다.

가. 발전기, 변압기, 정류기, 축전지와 보호장치가 설치된 제어반을 연결하는 도체

나. 전원차단이 설비의 운전에 위험을 가져올 수 있는 회로

다. 특정 측정회로

KEC 212.5.4 병렬도체의 단락보호

1. 여러 개의 병렬도체를 사용하는 회로의 전원 측에 1개의 단락보호장치가 설치되어 있는 조건에서, 어느 하나의 도체에서 발생한 단락고장이라도 효과적인 동작이 보증되는 경우, 해당 보호장치 1개를 이용하여 그 병렬도체 전체의 단락보호장치로 사용할 수 있다.

2. 1개의 보호장치에 의한 단락보호가 효과적이지 못하면, 다음 중 1가지 이상의 조치를 취해야 한다.

가. 배선은 기계적인 손상 보호와 같은 방법으로 병렬도체에서의 단락위험을 최소화 할 수 있는 방법으로 설치하고, 화재 또는 인체에 대한 위험을 최소화 할 수 있는 방법으로 설치하여야 한다.

나. 병렬도체가 2가닥인 경우 단락보호장치를 각 병렬도체의 전원 측에 설치해야 한다.

다. 병렬도체가 3가닥 이상인 경우 단락보호장치는 각 병렬도체의 전원 측과 부하 측에 설치해야 한다.

09 자료 해석형   난이도 中

정답

(1) 실지수 계산 및 실지수 분류기호 선정

계산과정

$RI = \dfrac{20 \times 32}{6 \times (20+32)} = 2.051$

표에서 범위 2.25~1.74에 해당하는 E 선정

정답 E

(2) 실지수 그림을 이용하여 실지수 선정

정답 E

$\dfrac{Y}{H} = \dfrac{32}{6} = 5.33$, $\dfrac{X}{H} = \dfrac{20}{6} = 3.33$ 두 점을 직선으로 연결하여 가장 가까운 기호를 실지수 분류기호로 선정한다.

(3) 조명률 표를 이용하여 조명률 구하기

[정답] 표에서 직접조명 방식, 천장 반사율 75[%], 벽면 반사율이 50[%], 실지수 E에 해당하는 조명률 63[%]를 선택한다.

(4) 필요한 등수 계산

[계산과정]
문제 조건에서 직접조명, 형광등, 보수상태 양호에 해당하는 감광보상률을 표에서 D=1.4 선택

$$N = \frac{500 \times (32 \times 20) \times 1.4}{(123 \times 160) \times 0.63} = 36.133$$

[정답] 37등

(5) 분기회로 수 계산

[계산과정]
분기회로 수 = $\frac{160 \times 37}{220 \times 16} = 1.681$

[정답] 2회로

(6) 벽 사이의 최대 거리

[정답] ① $S \leq 1.3 \times 6 = 7.8[m]$
② $S_0 \leq 0.5 \times 6 = 3[m]$

(7) 그림의 명칭

[정답] 형광등

부분점수

점수	세부기준
10점	(1)~(7)이 모두 정답인 경우 10점 획득
2점	문항 (1)의 계산과정과 답이 모두 맞은 경우 2점, 오류가 있으면 0점
1점	문항 (2)의 답이 맞으면 1점, 오답이면 0점
1점	문항 (3)의 답이 맞으면 1점, 오답이면 0점
2점	문항 (4)의 계산과정과 답이 모두 맞은 경우 2점, 오류가 있으면 0점
2점	문항 (5)의 계산과정과 답이 모두 맞은 경우 2점, 오류가 있으면 0점
1점	문항 (6)이 정답이면 1점, 오답이면 0점
1점	문항 (7)이 정답이면 1점, 오답이면 0점

접근 POINT

실지수와 조명 방정식을 이용해 조명을 설계하는 자료 해석형 문제이다. 실지수 공식은 반드시 암기하고, 조명 방정식 FUN=EAD를 통해 조명률을 구한다.

해설

실지수(RI: Room Index)
① 조명률을 구하기 위해 알아야 할 하나의 지표이다.
② 공식

$$실지수(RI) = \frac{방의\ 가로길이 \times 방의\ 세로길이}{등\ 높이(방의\ 가로길이 + 방의\ 세로길이)}$$
$$= \frac{X \times Y}{H(X+Y)}$$

③ 실지수를 통하여 표에서 조명률(U)을 구한다.
④ 등기구 수를 구한다.

등기구 수 $N = \frac{EAD}{FU}$

⑤ 구한 N값을 이용하여 전체 등기구의 전력[W]=[VA]을 구한 후, 분기회로 수를 구한다.

분기회로 수 $N = \frac{P[VA]}{전압[V] \times 전류[A]}$

⑥ 등 간격을 구한다
- 등기구 간의 간격: $S \leq 1.5H$
- 벽과 등기구 간의 간격
  - 벽면을 사용하지 않을 경우: $S \leq \frac{H}{2}$
  - 벽면을 사용할 경우: $S \leq \frac{H}{3}$

응용

가로 10[m], 세로 16[m], 천장높이 3.85[m], 작업면 높이 0.85[m]인 사무실에 천장 직부 형광등 F40×2를 설치하려고 한다.

(1) 이 사무실의 실지수는 얼마인지 계산하시오.

[계산과정]
$$RI = \frac{XY}{H(X+Y)} = \frac{10 \times 16}{(3.85-0.85) \times (10+16)} = 2.051$$

[정답] 2.05

(2) 이 사무실의 작업면 조도를 300[lx], 천장 반사율 70[%], 벽 반사율 50[%], 바닥 반사율 10[%], 40[W] 형광등 1 등의 광속 3,150[lm], 보수율 70[%], 조명률 61[%]로 한다면 이 사무실에 필요한 소요되는 등기구 수를 계산하시오.

[계산과정]
$$N = \frac{EAD}{FU} = \frac{300 \times (10 \times 16) \times \frac{1}{0.7}}{(3,150 \times 2) \times 0.61} = 17.843$$

[정답] 18등

10 단답 암기형   난이도 下

[정답]
① 7.5, ② 15.5, ③ 23, ④ 72.5, ⑤ 161

부분점수

점수	세부기준
5점~0점	소문항 총 5개 중 정답 1개당 부분점수 1점 획득

접근 POINT

전력퓨즈(PF)의 계통 전압별 정격 전압과 최대 설계전압을 물어보는 문제로 암기 위주로 접근해야 한다.

해설

공칭전압과 정격전압 정리표

공칭전압 [kV]	차단기, 개폐기, 단로기 정격전압 [kV]	파워퓨즈(PF) [kV]		피뢰기 정격전압[kV]	
		정격 전압	최대 설계	변전소	배전 선로
3.3	3.6				
6.6	7.2	6.9 또는 7.5	8.25		
13.2			15	15.5	
22	24	23	25.8	24	
22.9	25.8			21	18
66	72.5	69	72.5	72	
154	170	161	169	144	

11 도면작성 난이도 中

정답

(1) 미완성 PLC 래더 다이어그램 완성

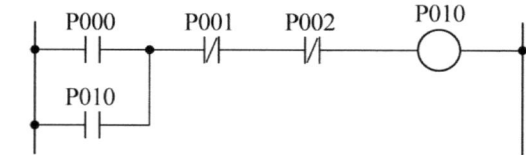

(2) 무접점 논리회로

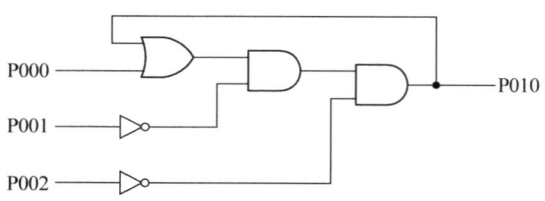

부분점수

점수	세부기준
4점	(1), (2) 문항이 모두 정답인 경우 4점 획득
2점	(1) 문항이 정답일 경우 부분점수 2점 획득
2점	(2) 문항이 정답일 경우 부분점수 2점 획득

접근 POINT

시퀀스 제어회로 관련 PLC 프로그램 언어와 래더 다이어그램을 이용하여 무접점 논리회로로 변환하는 문제이다. 반대로 무접점 논리회로를 PLC 래더 다이어그램이나 프로그램 언어로도 변환이 가능하도록 연습해야 한다.

해설

PLC(Programmable Logic Controller) 프로그램을 "래더 다이어그램"으로 변환

- LOAD P000: 처음 입력으로 P000의 a접점을 연결한다.
- OR P010: 앞의 입력에 병렬로 P010의 a접점을 연결한다.
- AND NOT P001: 앞의 입력에 직렬로 P001의 b접점을 연결한다.
- AND NOT P002: 앞의 입력에 직렬로 P002의 b접점을 연결한다.
- OUT P010: 앞의 입력에 직렬로 출력 P010을 연결한다.

PLC(Programmable Logic Controller) 프로그램을 "무접점 논리회로"로 변환

1단계: (1)에서 구한 PLC 래더도를 논리식으로 변환

$P010 = (P000 + P010) \cdot \overline{P001} \cdot \overline{P002}$

2단계: 1단계에서 구한 논리식을 논리회로로 변환한다. 여기서 주의할 점은 출력 P010이 입력으로도 사용되었는데 이것은 출력이 다시 입력으로 피드백(Feedback)된 것이다.

12 복합 계산형 난이도 上

정답

(1) 허용 전압강하 계산

계산과정

$e = 380 \times 0.055 = 20.9[V]$

정답 20.9[V]

(2) 케이블의 굵기 계산

계산과정

부하전류 I 계산

$I = \dfrac{50 \times 10^3}{\sqrt{3} \times 380} = 75.967[A]$

전선 굵기 A 계산

$A = \dfrac{17.8 \times 270 \times 75.967}{1,000 \times 220 \times 0.055} = 30.173[mm^2]$

→ 35[mm²] 선정

정답 35[mm²]

부분점수

점수	세부기준
4점	(1), (2)번이 모두 정답인 경우 4점 획득
2점	문항 (1)의 계산과정과 답이 모두 맞은 경우 2점, 오류가 있으면 0점
2점	문항 (2)의 계산과정과 답이 모두 맞은 경우 2점, 오류가 있으면 0점

접근 POINT

전기 방식에 맞는 전압강하 계산식을 적용해야 한다. 이때 주의해야 할 점은 3상 4선식이나 단상 3선식에서 전압강하를 고려할 때는 상전압($e = 220[V]$)을 적용해야 한다.

해설

송·수전단 전압강하식

$\triangle e = E_s - E_r = K_D I(R\cos\theta + X\sin\theta) \times L [V]$

K_D : 배전방식에 따른 계수(단상 2선식: 2, 3상 3선식: $\sqrt{3}$, 단상 3선식, 3상 4선식: 1)

L : 전선 1본의 길이[m], I : 부하전류[A],

A : 전선의 단면적[mm²]

정답 및 해설

저압 배선 전압강하 약산식

$\triangle e = \dfrac{K \times I \times L}{1{,}000 \times A}$ [V]

K : 전압강하 계수(단상 2선식: 35.6, 3상 3선식: 30.8,
　　단상 3선식, 3상 4선식: 17.8)
L : 전선 1본의 길이[m], I : 부하전류[A],
A : 전선의 단면적[mm²]

전압강하 약산식은 저압 배선에서 쓰이는 식이다.

원식 $E_s - E_r = \sqrt{3}\,I(R\cos\theta + X\sin\theta)$에서 저압 배선은 구리선을 사용하고 역률은 1이라고 생각한다. 따라서 전압강하식은 $E_s - E_r = \sqrt{3}\,IR$이 된다.

$R = \rho \dfrac{\ell}{A}$에서 $\rho = \dfrac{1}{55} \times \dfrac{100}{97} = \dfrac{17.8}{1{,}000}$ [Ω/mm²]

즉 $R = \dfrac{17.8}{1{,}000} \times \dfrac{\ell}{A}$가 된다.

전기 방식별로 표로 정리하면 아래와 같다.

전기방식	전압강하[V]	전선단면적
단상 3선식 3상 4선식	$e = \dfrac{17.8LI}{1{,}000A}$	$A = \dfrac{17.8LI}{1{,}000e}$
단상 2선식 직류 2선식	$e = \dfrac{35.6LI}{1{,}000A}$	$A = \dfrac{35.6LI}{1{,}000e}$
3상 3선식	$e = \dfrac{30.8LI}{1{,}000A}$	$A = \dfrac{30.8LI}{1{,}000e}$

※ 3상 4선식의 전선 굵기 계산 시 유의점은 다음과 같다.

$A = \dfrac{17.8LI}{1{,}000e}$에서 e는 항상 상전압(220[V])을 적용한다.

수용가 설비의 전압강하(KEC 232.3.9)

380[V] 저압으로 수전하므로 전압강하 5[%]를 적용한다.
100[m]를 넘는 전압강하 증가분은 다음과 같다.
$\triangle e = 170 \times 0.005 = 0.85$[%]로서, 0.5[%]를 초과하므로 증가분은 0.5[%]를 적용한다.
∴ 총 전압강하 = 5[%] + 0.5[%] = 5.5[%]

설비의 유형	조명[%]	기타[%]
A-저압으로 수전하는 경우	3	5
B-고압 이상으로 수전하는 경우	6	8

가능한 한 최종회로 내의 전압강하가 A 유형의 값을 넘지 않도록 하는 것이 바람직하다.
사용자의 배선설비가 100m를 넘는 부분의 전압강하는 미터 당 0.005%를 증가할 수 있으나 이러한 증거분은 0.5%를 넘지 않아야 한다.

---

13 복합 계산형　　　　　　　　　　　　　　난이도 上

【정답】

(1) 전압강하 계산

〔계산과정〕

선로 임피던스 $Z = 5(0.3 + j0.4) = 1.5 + j2$ [Ω]

역률 개선 전 전압강하 계산

$e = \dfrac{1{,}000 \times 10^3}{6{,}000} \times \left(1.5 + 2 \times \dfrac{0.6}{0.8}\right) = 500$ [V]

역률 개선 후 전압강하 계산

$e = \dfrac{1{,}000 \times 10^3}{6{,}000} \times \left(1.5 + 2 \times \dfrac{\sqrt{1 - 0.95^2}}{0.95}\right) = 359.561$ [V]

∴ 역률 개선 후 전압강하는 $\dfrac{359.561}{500} \times 100 = 71.912$ [%]

【정답】 71.91[%]

(2) 전력손실 계산

〔계산과정〕

$P_\ell = 3I^2 R = 3\left(\dfrac{P}{\sqrt{3}\,V\cos\theta}\right)^2 R = \dfrac{P^2 R}{V^2 \cos^2\theta} \propto \dfrac{1}{\cos^2\theta}$

∴ 역률 개선 후 전력손실은 $\left(\dfrac{0.8}{0.95}\right)^2 \times 100 = 70.914$ [%]

【정답】 70.91[%]

부분점수

점수	세부기준
4점	(1), (2)번이 모두 정답인 경우 4점 획득
2점	문항 (1)의 계산과정과 답이 모두 맞은 경우 2점, 오류가 있으면 0점
2점	문항 (2)의 계산과정과 답이 모두 맞은 경우 2점, 오류가 있으면 0점

【해설】

병렬 콘덴서(역률 개선용 콘덴서) 설치 효과

전력 손실의 감소: 선로전류 감소로 전력손실(I^2R)이 저감

$P_l = 3I^2 R = \dfrac{P^2 R}{V^2 \cos^2\theta}$, $P_l \propto \dfrac{1}{\cos^2\theta}$

전력 손실비: $\dfrac{P_{\ell 2}}{P_{\ell 1}} = \dfrac{I_2^2 R}{I_1^2 R} = \left(\dfrac{\cos\theta_1}{\cos\theta_2}\right)^2$

전력손실 감소율: $1 - \left(\dfrac{\cos\theta_1}{\cos\theta_2}\right)^2$

전압강하의 감소

전압 강하 $\Delta V = \dfrac{P_r}{V_r}(R + X\tan\theta)$에서

$\Delta V_1 - \Delta V_2 = \dfrac{P_r \cdot R + P_r \tan\theta_1 \cdot X}{V_r}$

$\qquad\qquad\quad - \dfrac{P_r \cdot R + P_r \tan\theta_1 \cdot X}{V_r}$

$\qquad\quad = \dfrac{P_r X}{V_r}(\tan\theta_1 - \tan\theta_2)$

$[\tan\theta_1 - \tan\theta_2] > 0$이므로, $\Delta V_1 > \Delta V_2$가 된다.

∴ 전압강하 감소

설비 용량의 여유 증가

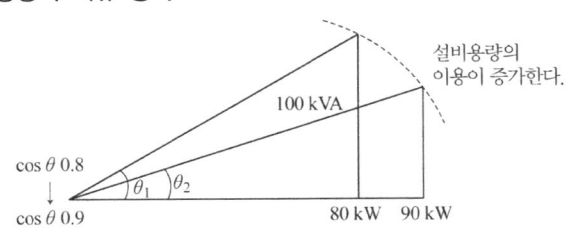

동일한 100[kVA]의 변압기에 대하여 부하역률이 0.8에서 0.9로 증가하면, 변압기가 공급할 수 있는 유효전력은 80[kW]에서 90[kW]로 증가되어 설비의 여유도가 증가된다.

전기요금 경감

역률 90~95[%]까지일 경우 기본요금이 0.5[%] 할인된다.

14 자료 해석형　　　　　　　　　　　　　난이도 中

정답

(1) 과전류 차단기와 계폐기의 최소용량

계산과정

전동기의 총합=3.7+7.5+22=33.2[kW]

표에서 전동기의 총계 37.5[kW] 열과 기동기 사용 22[kW] 열의 교차점에서 과전류 차단기 150[A], 개폐기 200[A] 채택

정답

과전류 차단기 용량 150[A], 개폐기 용량 200[A]

(2) 간선의 최소 굵기

계산과정

전동기의 총합=3.7+7.5+22=33.2[kW]

표에서 전동기의 총계 37.5[kW], 공사방법 Bl, XLPE 절연전선 열이 교차하는 전선 50[mm²] 채택

정답　50[mm²]

부분점수

점수	세부기준
6점	문항 (1), (2)가 모두 정답인 경우 6점 획득
3점	문항 (1)의 계산과정과 답이 모두 맞은 경우 3점, 오류가 있으면 0점
3점	문항 (2)의 계산과정과 답이 모두 맞은 경우 3점, 오류가 있으면 0점

▌접근 POINT

주어진 자료를 해석하여 과전류 보호장치와 전선의 굵기를 선정하는 문제로서, 문제의 조건을 빠짐없이 체크해서 답을 찾을 수 있어야 한다.

해설

표에서 전동기 수의 총계가 주어지면, 전동기의 총합을 구한 후 문제의 조건과 표의 공사 방법 등을 활용한다.

15 복합 이론형　　　　　　　　　　　　　난이도 中

정답

(1) 계통도 완성

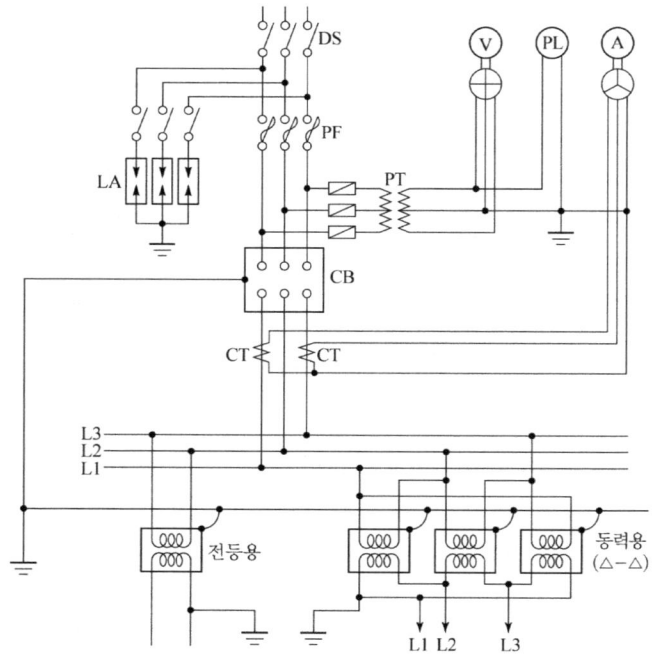

(2) 취해야 할 조치

조치: 변류기 2차측 단락

이유: 변류기 2차측을 개방하면 2차측에 고전압이 유기되어 절연이 파괴될 수 있다.

(3) CT 1차 전류값

계산과정

$$I_1 = 2.5 \times \frac{60}{5} = 30[A]$$

정답　30[A]

(4) 명칭과 약호 작성

명칭: 자동 고장구분 개폐기

약호: ASS

(5) 보호기기의 명칭과 설치위치

명칭: 서지 흡수기

설치 위치: VCB 2차측과 몰드 변압기 1차측 사이

(6) 명칭과 용도 작성

명칭: 전력퓨즈

용도: 부하전류는 안전하게 통전하고, 단락전류는 차단

부분점수

점수	세부기준
12점	문항 (1)~(6)이 모두 정답일 경우 12점 획득
2점	문항 (1)~(6)번 중 한 개가 정답일 때마다 2점씩 획득

서술형 핵심 KEYWORD

문항 (2), (5), (6)번은 다음 핵심 KEYWORD가 포함되어야 정답 처리된다.

(2)번 : 2차, 고전압, 절연 파괴
(5)번 : VCB, 2차, 변압기 1차
(6)번 : 단락전류, 차단

▌접근 POINT

가장 기본적인 22.9kV 배전선로 수전설비의 단선도이다. 실제 국내 22.9kV 배전선로용 차단기는 VCB를 많이 사용하고 있고 특고압용 차단기 중 GCB와 더불어 가장 출제 비중이 높다. VCB 뿐만 아니라 주변기기의 기호, 명칭, 용도, 정격, 법규, 매질 특성, 결선까지 평소 폭넓은 공부가 필요하다.

해설

CT 및 PT의 V결선

3상 결선에 적용되나, 영상전류, 영상전압은 얻을 수 없는 특징이 있다.

① CT
　- CT 2개, OCR 2개로 3상 회로의 단락고장을 보호한다.
　- 영상전류는 얻을 수 없다.
　- 비접지 계통의 단락 보호용으로 많이 사용된다.

② PT: PT 2개를 사용하여 1차에 선간전압을 접속한다.
　- 선간전압만을 필요로 하는 곳에 사용된다.
　- 3대의 PT로 3상 전압을 얻을 수 있다.
　- 영상전압을 얻을 수 없다.

운전 중 CT 2차 개방 시 현상

① 등가회로 및 벡터도

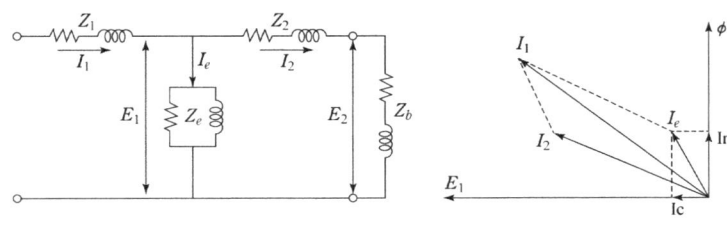

▲ 등가회로　　　　　　▲ Vector도

② 2차 개방시 현상
- 1차 전류가 모두 여자전류가 되어 철손 급증에 따른 과열·소손
- 2차 개방시 $Z_b = \infty$ 가 되어 $I_2 \simeq 0$이므로 권수비 $a = \dfrac{I_2}{I_1}$
$= \dfrac{V_1}{V_2} = 0$에서 이론적으로 $V_2 = \infty$ 가 되어 2차 기전력은 첨두전압이 되어 절연이 파괴된다.

서지 흡수기(Surge Absorber)

① 개념: 개폐서지 등 내부 이상전압으로부터 기기를 보호하기 위해 보호기기 앞단에 설치하여 Surge를 대지로 방전하는 기기로 피뢰기와 동일한 구조를 갖는다.

② 설치 위치
- 보호 대상 기기(절연내력 약한 건식 및 몰드 변압기) 전단
- 개폐서지 발생시키는 차단기 후단에 설치

CT 결선법

① 가동 접속(정상 접속)
- I_1은 부하전류이며 I_a, I_b, I_c는 CT 2차 전류이다.
- $\dot{I_a} + \dot{I_c}$는 전류계 지시값으로, CT 2차측 전류와 같은 크기의 값을 나타낸다.

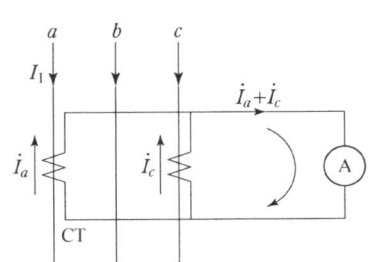 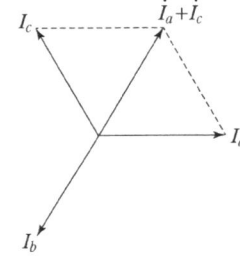

② 차동 접속(교차 접속)
- $\dot{I_c} - \dot{I_a}$는 전류계의 지시값으로, 전류계는 CT 2차측 전류 (I_a 또는 I_c)의 $\sqrt{3}$배를 나타낸다.

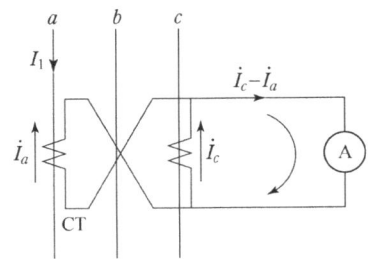 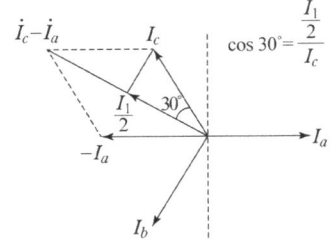

- I_1은 다음과 같이 구할 수 있다.

$$I_1 = 전류계\ 지시값 \times \dfrac{1}{\sqrt{3}} \times CT비$$

16 단답 계산형　　　　　　　　난이도 中

정답

(1) 측정점에서 사고지점까지의 거리계산

계산과정

$$l = \dfrac{2 \times 20 \times 3.6}{20 + 100} = 1.2[\text{km}]$$

정답 1.2[km]

(2) 머레이 루프법의 특징

정답

① 정밀도가 높다.
② 측정기의 조작 및 운반이 용이하다.
③ 1선 지락사고에만 적용이 가능하다.
④ 지락지점의 저항값이 높을 경우 정밀도가 떨어진다.

부분점수

점수	세부기준
4점	(1), (2)번이 모두 맞은 경우 4점 획득
2점	(1), (2)번 중 하나만 맞은 경우 2점 획득

서술형 핵심 KEYWORD

문항 (2)번은 다음 핵심 KEYWORD가 포함되어야 정답 처리된다.

> 정밀도, 조작 및 운반, 1선 지락

접근 POINT

머레이 루프법은 케이블의 저항을 통해 휘트스톤 브리지의 원리를 이용하여 사고점까지 거리를 측정하는 방법으로서, 저항을 통하여 측정하므로 정밀도가 매우 높다.(오차 1[%] 내외)

해설

머레이 루프법의 원리(휘트스톤 브리지)

"브리지 회로가 평형이다=검류계 G에 전류가 흐르지 않는다." 이고 아래 조건을 만족할 때이다.

$$R_1 \times R_4 = R_2 \times R_3$$

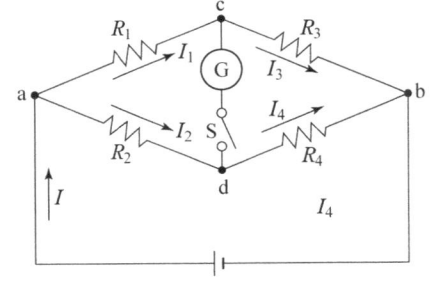

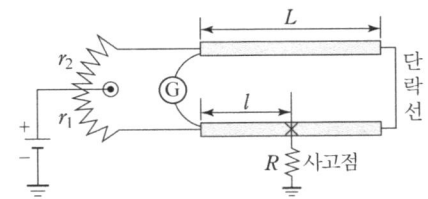 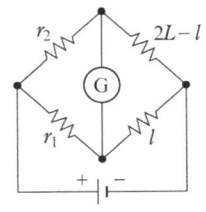

▲ 머레이루프 측정법　　▲ 브릿지 회로도

$r_2 \times l = r_1 \times (2L - l)$이 성립된다.

$$\therefore l = \dfrac{2r_1}{r_1 + r_2} \times L$$

17 복합 계산형 난이도 上

정답

(1) 모선 방식의 종류

정답) 2중 모선 방식

(2) ①번 기기의 설치 목적

정답) 페란티 현상 방지

(3) △결선의 용도

정답)
① 제3고조파 제거
② 3차측 △결선에 소내전원과 조상설비 접속

(4) 등가 %임피던스 및 차단용량 계산

① 등가 %임피던스 계산

계산과정
100[MVA] 기준으로 환산한다.

$$Z_{HM} = 10 \times \frac{100}{500} = 2[\%]$$

$$Z_{LH} = 78 \times \frac{100}{500} = 15.6[\%]$$

$$Z_{ML} = 67 \times \frac{100}{500} = 13.4[\%]$$

각각의 %임피던스 값을 계산한다.

$$Z_H = \frac{1}{2}(Z_{HM} + Z_{LH} - Z_{ML}) = \frac{1}{2} \times (2 + 15.6 - 13.4) = 2.1[\%]$$

$$Z_M = \frac{1}{2}(Z_{HM} + Z_{ML} - Z_{LH}) = \frac{1}{2} \times (2 + 13.4 - 15.6)$$
$$= -0.1[\%]$$

$$Z_L = \frac{1}{2}(Z_{LH} + Z_{ML} - Z_{HM}) = \frac{1}{2} \times (15.6 + 13.4 - 2)$$
$$= 13.5[\%]$$

정답) $Z_H = 2.1[\%], Z_M = -0.1[\%], Z_L = 13.5[\%]$

② 차단용량 계산

계산과정) 등가회로를 그려보고 간략화한다.

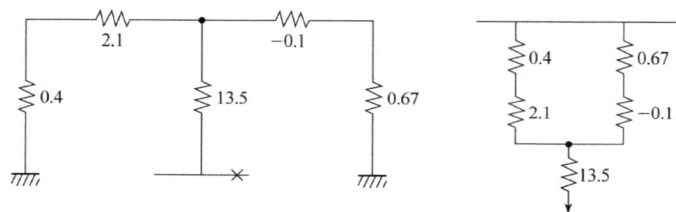

23[kV] VCB 설치지점까지 전체 임피던스는

$$\%Z = 13.5 + \frac{(0.4 + 2.1) \times \{0.67 + (-0.1)\}}{(0.4 + 2.1) + \{0.67 + (-0.1)\}} = 13.96[\%]$$

차단용량 $P_s = \frac{100}{\%Z} \times P_n = \frac{100}{13.96} \times 100 = 716.33[MVA]$

정답) $P_s = 716.33[MVA]$

(5) VCB의 장단점

정답)
(장점) ① 절연내력이 커서 소형, 경량이다.
② 밀폐형으로 소음이 작다.
③ 화재 염려가 없다.(난연성)
(단점) ① 개폐서지가 발생한다.
② 몰드, 건식 변압기와 사용시 서지흡수기(SA)설치가 필요하다.

(6) ③번 차단기의 설치 목적

정답)
모선 절체 또는 휴전 시 무정전 부하공급을 위함이다.

서술형 핵심 KEYWORD

다음 핵심 KEYWORD가 포함되어야 정답 처리된다.

문항 (3): 3고조파, 소내전원 및 조상설비
문항 (5): 소형(경량), 소음, 화재(난연성), 개폐서지, 서지흡수기(SA)
문항 (6): 무정전

부분점수

점수	세부기준
14점	(1)~(6) 문항이 모두 정답인 경우 14점 획득
3점	(1), (2), (6)번은 정답일 경우 1점씩 획득
2점	(3)번은 답안 1개당 1점씩 부분점수 획득
5점	(4)번은 4개가 모두 정답일 때 5점, 3개가 정답일 때 3점, 1~2개가 정답일 때 2점 획득
4점	(5)번은 답안 1개당 1점씩 부분점수 획득

접근 POINT

실제 345kV 변전소 도면을 문제화하여 출제하였고, 재출제 가능성이 높으므로 출제되지 않은 주변기기들도 특징을 공부하는 것이 좋다.
초고압 변압기(345kV, 154kV)는 Y-Y-△ 결선을 사용하는데 Y-Y결선과 △-△결선의 장점을 가진다.
2중모선 방식, Y-Y-△ 3권선 변압기의 특징, △결선의 특징, 안정권선(3차 △결선), VCB의 장단점, CT 정격 등을 잘 정리해 두어야 한다.

해설

단락용량 $P_S = \frac{100}{\%Z} P_n$

단락전류 $I_S = \frac{100}{\%Z} I_n = \frac{100}{\%Z} \times \frac{P_n}{\sqrt{3} V}$

페란티 현상
① 정의: 장거리 선로에서 심야 경부하시 계통의 충전전류에 의하여 수전단 전압이 송전단 전압보다 높아지는 현상이다.
② 대책
 - 동기조상기 부족여자 운전
 - 분로리액터 투입
 - 고압 송전선로(케이블 선로) 개방

VCB의 장단점
① 장점
 - 차단시간이 짧음: 전류차단 후의 절연회복 능력이 크다.
 - 소형, 경량: 절연내력이 커서 접점 간격을 작게 할 수 있다.
 - 소음이 작음: 진공 유지를 위해 밀폐형으로 제작한다.
 - 난연성: 화재 염려가 없다.

② 단점
- 소호력이 강하여 전류 영점 이전에 강제로 차단하여 개폐서지가 발생한다. → 건식, 몰드 변압기에 사용 시 서지흡수기(SA) 설치
- PT의 정격부담[VA]: 2차 정격전류(5A, 1A)가 부하
- 임피던스에 흐를 때의 부담=$I^2 Z$

18 서술 암기형 + 단답 암기형   난이도 中

[정답]

(1) 절연내력 시험전압 계산 및 가하는 시간

① 절연내력 시험전압 계산

[계산과정]

$V = 6{,}900 \times 1.5 = 10{,}350 [\text{V}]$

[정답] 10,350[V]

② 절연내력 시험전압으로 가하는 시간

[정답] 10[분]

(2) 시험시 전압계로 측정되는 전압

[계산과정]

$V_1 = 10{,}350 \times \dfrac{105}{6{,}300} \times \dfrac{1}{2} = 86.25 [\text{V}]$

[정답] 86.25[V]

(3) 전류계의 설치목적

[정답] 누설전류를 측정한다.

[부분점수]

점수	세부기준
7점	(1)~(3) 문항이 모두 정답인 경우 7점 획득
3점	(1) 문항의 ①의 계산과정과 답이 맞은 경우 2점, ②의 답이 맞은 경우 1점씩 획득
2점	(2)의 계산과정과 답이 맞은 경우 2점 획득
2점	(3)의 답이 맞은 경우 2점 획득

┃접근 POINT

변압기의 절연내력 시험을 할 때 권선의 종류에 따른 시험전압 계산, 시험방법과 전압계 및 전류계의 측정 전압 또는 사용 목적을 물어보는 문제로 KEC를 암기하여 적용하면 되는 문제이다. 이와 더불어 연료전지 및 태양전지 모듈의 절연내력 시험전압에 대해서도 함께 암기하는 것이 좋다.

[해설]

KEC 135 변압기 전로의 절연내력

변압기[방전등용 변압기·엑스선관용 변압기·흡상 변압기·시험용 변압기·계기용변성기와 241.9에 규정(241.9.1의 2 제외)하는 전기집진 응용장치용의 변압기 기타 특수 용도에 사용되는 것을 제외]의 전로는 표 135-1에서 정하는 시험전압 및 시험방법으로 절연내력을 시험하였을 때에 이에 견디어야 한다.

[표 135-1 변압기 전로의 시험전압]

(1) 권선의 종류: 최대 사용전압 7[kV] 이하

(2) 시험전압

최대 사용전압의 1.5배의 전압(500[V] 미만으로 되는 경우에는 500[V]). (다만, 중성점이 접지되고 다중접지된 중성선을 가지는 전로에 접속하는 것은 0.92배의 전압(500[V] 미만으로 되는 경우에는 500[V]))

(3) 시험방법

시험되는 권선과 다른 권선, 철심 및 외함 간에 시험전압을 연속하여 10분간 가한다.

수 저항기: 소금물을 넣은 수조 안에 전극을 통하여 염분 수용액이 저항으로 작용하도록 만든 장치로 발전기의 부하 시험에 쓰인다.

[보충 학습]

KEC 134 연료전지 및 태양전지 모듈의 절연내력

연료전지 및 태양전지 모듈은 최대사용전압의 1.5배의 직류전압 또는 1배의 교류전압(500[V] 미만으로 되는 경우에는 500[V])을 충전 부분과 대지 사이에 연속하여 10분간 가하여 절연내력을 시험하였을 때에 이에 견디는 것이어야 한다.

기출변형 문제 대비

01 서술 암기형 + 단순 계산형   난이도 中

정답

(1) 전력용 3상 변압기의 병렬운전 조건

  정답
  ① 상회전 방향과 각변위가 같을 것
  ② 1, 2차 정격전압이 같을 것
  ③ 권수비가 같을 것
  ④ 퍼센트 임피던스(%Z)가 같을 것
  ⑤ 저항과 리액턴스 비가 같을 것

(2) 최대 합성 부하용량[kVA] 계산

  계산과정

  $$\frac{P_a}{P_b} = \frac{P_A}{P_B} \times \frac{\%Z_B}{\%Z_A} = \frac{150}{300} \times \frac{3}{5} = \frac{3}{10}$$

  A 변압기가 정격으로 운전될 경우
  $$P_b = \frac{10}{3} \times P_a = \frac{10}{3} \times 150 = 500[kVA] \rightarrow B변압기 과부하$$

  B 변압기가 정격으로 운전될 경우
  $$P_a = \frac{3}{10} \times P_b = \frac{3}{10} \times 300 = 90[kVA] \rightarrow A변압기는 과부하가 아님$$

  ∴ 합성부하 = A 변압기 90[kVA] + B 변압기 300[kVA]
            = 390[kVA]

  정답 390[kVA]

접근 POINT

변압기 병렬운전은 빈출 문제로 병렬운전 조건은 서술 암기형, 부하분담비 결정은 계산형으로 출제가 되고 있다. 병렬운전 조건이 만족되지 않을 때의 문제점도 출제될 수 있으므로 함께 대비해야 한다.

해설

3상 변압기의 병렬운전 조건
단상 변압기의 병렬운전 조건 중에서 "극성이 같을 것 → 상회전 방향과 각변위가 같을 것"으로 대체하면 된다.

변압기 병렬운전 조건이 만족되지 않을 때 문제점
① 단상 변압기에서 극성 불일치 → 단락전류 발생으로 소손
② 정격전압이 다른 경우 → 전위차가 발생되어 권선 간에 순환전류 발생
③ 권수비가 다른 경우 → 순환전류 발생으로 손실 증대
④ 저항과 리액턴스 비가 다른 경우 → 서로 임피던스 각이 상이하여 기전력 간에 위상차로 전위차 발생으로 순환전류 발생
⑤ 3상 변압기에서 상회전 방향과 각변위가 다른 경우
  - 각변위가 다를 경우: 차전압 발생과 이에 따른 횡류 발생
  - 상회전이 다를 경우: 단락전류가 흘러 변압기 소손

02 서술 암기형 + 단순 계산형   난이도 上

정답

(1) 퓨즈의 단점을 보완할 수 있는 대책

  정답
  ① 과부하 보호에는 적용하지 않으며, 단락 보호에만 적용한다.
  ② 최소 차단전류 이하는 다른 기기와 협조하여 보호한다.
  ③ 재투입이 필요한 개소에는 설치하지 않는다.
  ④ 최소 차단전류 이하에서는 퓨즈가 동작하지 않도록 큰 정격전류를 선정한다.

(2) 전력퓨즈의 성능 특성

  정답
  ① 용단 특성
  ② 전 차단 특성
  ③ 단시간 허용 특성

서술형 핵심 KEYWORD
문항 (1)은 다음 핵심 KEYWORD가 포함되어야 정답 처리된다.

  단락 보호, 다른 기기와 협조, 재투입

접근 POINT

전력 퓨즈(PF)는 부하전류는 안전하게 통전하고, 단락전류는 신속하게 차단하는 기능을 한다. 즉 무부하와 단락전류만 차단 기능(주 역할: 단락전류 차단)을 하고, 중간 크기의 전류(정격 부하전류 ~ 과부하 전류 사이)는 동작이 불명확하여 이 부분을 PF의 비보호 영역이라고 한다.
퓨즈가 동작했을 때, 손쉽게 퓨즈를 갈아 끼워주면 되므로 유지보수는 간단하지만, 차단기의 자동 투입(재폐로) 같은 자동화 기능이 불가능하여 중요 부하에는 사용하지 않는다.

해설

전력퓨즈의 3가지 특성
① 단시간 허용 특성: 열화되는 일이 없이 퓨즈에 흐를 수 있는 전류와 시간과의 관계를 나타내는 특성
② 용단특성: 퓨즈에 전류가 흐르기 시작하여 용단할 때까지의 전류와 시간과의 관계
③ 전 차단 특성: 퓨즈에 과전류가 흐르기 시작하여 아크가 소멸할 때까지의 전류와 시간과의 관계

퓨즈의 단점 보완대책
① 과부하 보호에는 적용하지 않으며, 단락 보호에만 적용한다.
② 최소 차단전류 이하는 다른 기기와 협조하여 보호한다.
③ 재투입이 필요한 중요 개소에는 설치하지 않는다.
④ 최소 차단전류 이하에서는 퓨즈가 동작하지 않도록 큰 정격전류 선정한다.

전기기사 실기 조경필 모의고사

정답 및 해설 4회

조경필 모의고사

01 단순 계산형   난이도 下

[정답]

(1) 논리식 간소화

[계산과정]

$Z = (A+B+C)A = AA + AB + AC$
$= A + AB + AC = A(1+B+C) = A \cdot 1 = A$

[정답] $Z = A$

(2) 논리식 간소화

[계산과정]

$Z = \overline{A}C + BC + AB + \overline{B}C$
$= AB + C(\overline{A} + B + \overline{B}) = AB + C$

[정답] $Z = AB + C$

[부분점수]

점수	세부기준
4점	(1), (2) 문항이 모두 맞은 경우 4점 획득
2점	(1), (2) 문항에 대한 계산과정과 정답이 모두 맞았을 때 1문항당 2점 획득

| 접근 POINT

논리식을 최소화하는 문제로 수식을 직접 이용하는 문제와 카르노맵을 이용하는 문제가 있다.

| 공식 CHECK

논리식 기본 공식

$A + 0 = A,\ A + 1 = 1,\ A + \overline{A} = 1,\ A \cdot 0 = 0$
$A \cdot 1 = A,\ A \cdot A = A,\ A \cdot \overline{A} = 0$
$A \cdot (B+C) = AB + AC$
$\overline{A+B} = \overline{A} \cdot \overline{B},\ \overline{A \cdot B} = \overline{A} + \overline{B}$
$\overline{\overline{A}} = A$

[해설]

(1) 논리식을 전개 후 논리식의 기본공식 $AA = A$임을 이용하고, 다시 공통인 A로 묶으면 $1 + A = 1$임을 이용하면 된다.

(2) 논리식을 가장 많은 항이 공통인 C로 묶은 후 논리식의 기본공식 $A + \overline{A} = 1$임을 이용하면 된다.

02 단순 계산형   난이도 中

[정답]

[계산과정]

중성선에 흐르는 전류

$I_n = \dot{I}_a + \dot{I}_b + \dot{I}_c = 10\angle 0° + 8\angle -120° + 9\angle -240°$
$= \sqrt{3} \angle 30°$

[정답] $\sqrt{3}$ [A] 또는 1.73[A]

[부분점수]

점수	세부기준
3점	계산과정과 답이 모두 맞은 경우 3점 획득
0점	계산과정이나 답에 오류가 있으면 0점

| 접근 POINT

3상 4선식 중성선에 흐르는 전류는 3상 전류의 전류 합(벡터 합)이다.

만약 3상이 대칭이면 중성선에 흐르는 전류는 '0'이 되고, 불평형 또는 고장 시에는 중성선에는 전류가 흐르게 되어 통신선 유도장해 등이 나타나게 된다.

[해설]

3상 4선식에서 중성선에 흐르는 전류: 각 상 전류의 합

$I_n = \dot{I}_a + \dot{I}_b + \dot{I}_c$

각 상 전류=기본파+제3고조파(영상분)

중성선에 흐르는 전류=각 상 불평형에 의한 전류+각 상에 포함된 고조파 전류(기본파는 3상 대칭으로 상쇄됨)

제 3고조파 전류는 중성선에 3배 크기로 확대되어 나타남 → 통신선 유도 장해, 중성선 과열

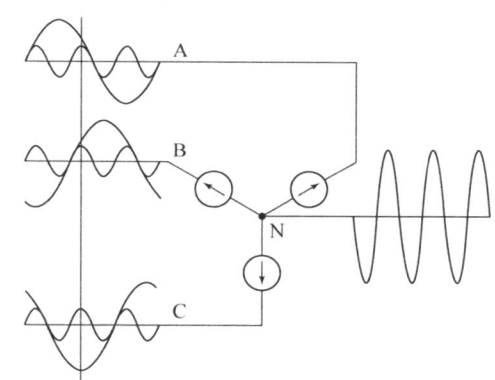

계산 과정에서 C상 전류 $9\angle -240°$를 $9\angle 120°$로 바꿔서 계산해도 결과는 동일하다.

03 단답 암기형 + 도면 작성   난이도 下

[정답]

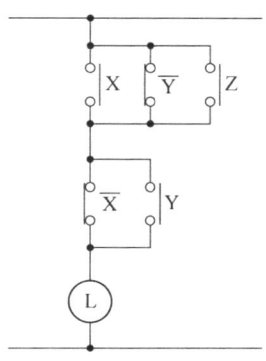

부분점수

도면을 정확하게 그려야 3점을 획득하고 부분점수는 없다.

┃접근 POINT

논리식을 유접점 시퀀스회로로 변형할 수 있는 능력이 있는지 확인하는 문제이다.

해설

논리식을 유접점 시퀀스회로로 변형하는 문제로써 논리식의 AND는 직렬로, OR는 병렬로 표현되는 것만 알면 그릴 수 있는 문제이다.

난이도를 높이기 위해 논리식을 간소화한 후 유접점 시퀀스회로로 변형하는 문제가 출제되는데, 이번 문제는 논리식이 간소화된 상태로 주어졌기 때문에 추가로 간소화하지 않아도 되는 가장 기본적인 유형의 문제이다.

04 단답 암기형   난이도 下

정답

(1) 지중선의 장점

정답

① 다수의 회선을 같은 루트에 시설이 가능하다.
② 지하시설로 설비 보안 유지가 용이하다.
③ 비바람이나 낙뢰 등 기상 조건에 영향을 받지 않는다.
④ 유도장해가 경감된다.

(2) 지중선의 단점

정답

① 같은 굵기의 도체로는 송전용량이 작다.
② 고장점 발견이 어렵고, 복구가 어렵다.
③ 설비 구성상 신규수용에 대한 탄력성이 결여된다.
④ 건설비가 아주 비싸다.(비경제적임)

부분점수

점수	세부기준
4점	(1), (2)번이 모두 맞은 경우 4점 획득
2점	(1), (2)번 중 1문항을 맞힐 때마다 2점씩 획득

┃접근 POINT

지중선의 장점과 단점을 가공선과 비교하여 적는 단순 암기형 문제이다. 가공선보다는 지중선의 장단점을 묻는 문제가 출제 빈도가 높으나 2가지를 비교 정리하며 학습해야 한다.

해설

가공전선로의 특성

구분	특성
계통구성	수지상방식, 연계방식, 예비선 절체방식
공급능력	동일 경로 4회선 이상 곤란, 전력공급한계
건설비	지중설비에 비해 저렴
건설기간	단기간
외부 영향	기상 조건에 따라 전력선 접촉사고 가능
고장형태	수목 접촉 등 순간 및 영구 사고
고장복구	고장점 발견과 복구가 용이
유지보수	설비의 지상 노출로 보수 업무 많음
유도장해	유도장해 발생
송전용량	발생열의 냉각이 수월해 송전용량 높음
안전도	충전부의 노출로 적정 이격거리 확보 필요
설비 보안	지상 노출로 설비 보안 유지 곤란
환경미화	도심 환경 저해 요인
신규 수용	신규 수요에 신속 대처 가능
이미지	전통적 전력 설비, 위험설비

05 단순 계산형   난이도 中

정답

(1) 등가 선간거리(m) 계산

계산과정

$$D_{AB} = \sqrt{8.6^2 + (7.3-6.7)^2} = 8.620 \,[m]$$

$$D_{BC} = \sqrt{7.7^2 + (8.3-7.3)^2} = 7.764 \,[m]$$

$$D_{CA} = \sqrt{(8.6+7.7)^2 + (8.3-6.7)^2} = 16.378 \,[m]$$

$$D = \sqrt[3]{8.62 \times 7.76 \times 16.38} = 10.309 \,[m]$$

정답 10.31[m]

(2) 소선 상호 간의 기하학적 평균거리

계산과정

$$D_0 = \sqrt[6]{2} \times 0.5 = 0.561 \,[m]$$

정답 0.56[m]

부분점수

점수	세부기준
4점	(1), (2)번이 모두 맞은 경우 4점 획득
2점	(1), (2)번 중 1개가 정답일 때마다 2점 획득

┃접근 POINT

등가 선간거리(기하학적 평균거리)의 정의식을 알고, 각 도체의 배열에 따라 알맞은 식을 적용한다.

해설

등가 선간거리(D_0): 기하학적 평균거리

$$D_0 = \sqrt[n]{D_1 \times D_2 \times D_3 \cdots D_n} \,[m]$$

도체 배열에 따른 등가 선간거리

① 직선 배열: $D_0 = \sqrt[3]{2}\,D\,[m]$

② 정삼각형 배열: $D_0 = D\,[m]$

③ 정사각형 배열: $D_0 = \sqrt[6]{2}\,D\,[m]$

06 단순 계산형　　　　　　　　　　　　난이도 中

정답

(1) 코로나 임계전압 계산

계산과정

$\delta = \dfrac{0.386b}{273+t} \propto \dfrac{1}{273+t}$,

$\therefore$ 30℃에서 $\delta = 1 \times \dfrac{273+25}{273+30} = 0.9834 \simeq 0.983$

$E_0 = 24.3 \times 0.85 \times 1 \times 0.983 \times 1.6 \log_{10} \dfrac{400}{\left(\dfrac{1.6}{2}\right)}$

$= 87.68 [\text{kV}]$

정답　87.68[kV]

(2) 코로나 손실 계산

계산과정

$P_c = \dfrac{241}{\delta}(f+25)\sqrt{\dfrac{d}{2D}}(E-E_0)^2 \times 10^{-5} [\text{kW/km/선}]$

$= \dfrac{241}{0.983}(60+25)\sqrt{\dfrac{1.6}{2 \times 400}}\left(\dfrac{154}{\sqrt{3}} - 87.68\right)^2 \times 10^{-5}$

$= 0.014 [\text{kW/Km/선}]$

정답　0.014[kW/km/선]

부분점수

점수	세부기준
4점	(1), (2)번이 모두 맞은 경우 4점 획득
2점	(1), (2)번 중 한 문항을 맞힐 때마다 2점씩 획득

접근 POINT

코로나 임계전압은 코로나가 발생하기 시작하는 전압으로, 코로나 임계전압이 높을수록 코로나 발생은 억제되어 코로나 손실 등 코로나에 의한 악영향이 감소한다.

해설

코로나 현상의 정의

전선에 고전압 인가 시 전선 표면의 전위경도가 주변 공기의 파열 극한 전위 경도 이상이 되면 공기의 절연이 국부적으로 파괴되어 낮은 소리와 엷은 빛을 내는 부분방전 현상이다.

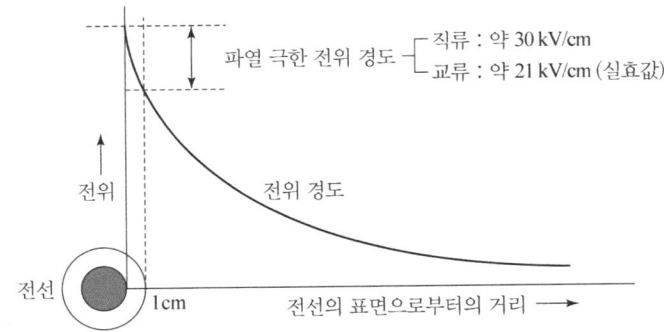

코로나 임계전압(E_0)과 구성인자

$E_0 = 24.3 m_0 m_1 \delta d \log_{10} \dfrac{D}{r} [\text{kV}]$

m_0: 표면계수, m_1: 날씨계수, δ: 공기 상대밀도

d: 지름[cm], r: 반지름[cm], D: 전선간 이격거리[cm]

코로나 손실

$P_c = \dfrac{241}{\delta}(f+25)\sqrt{\dfrac{d}{2D}}(E-E_0)^2 \times 10^{-5} [\text{kW/Km/선}]$

E와 E_0는 상전압(대지전압)임에 주의해야 한다.

07 복합 계산형　　　　　　　　　　　　난이도 中

정답

계산과정

회로의 어드미턴스를 계산한다.

$Y = \dfrac{1}{6+j8} + j\dfrac{1}{X_c} = \dfrac{6-j8}{100} + j\dfrac{1}{X_c} = \dfrac{3}{50} + j\left(\dfrac{1}{X_c} - \dfrac{2}{25}\right)$

어드미턴스 Y의 허수부가 0일 때 전체전류 I는 최소가 된다.

$\dfrac{1}{X_c} - \dfrac{2}{25} = 0$

$\therefore X_c = 12.5 [\Omega]$

정답　12.5[Ω]

부분점수

점수	세부기준
2점	계산과정과 답이 모두 맞은 경우 2점 획득
0점	계산과정과 답에 오류가 있으면 0점

접근 POINT

17년도 3회차 문제에서는 R-L 직렬회로를 종합역률 1로 만드는 콘덴서의 리액턴스를 구하는 문제로 출제되었다. 역률이 1의 의미는 회로가 공진회로라는 뜻이다.

역률이 1은 문제와 같은 병렬회로 기준으로 ① 회로 어드미턴스가 최소, ② 회로 전류 최소, ③ 어드미턴스의 허수부가 0, ④ 회로 전체 전압과 전류는 동위상과 모두 같은 의미를 갖는다는 점을 이해해야 한다.

해설

기본 R-L-C 병렬 공진회로

Y의 허수부가 0 = Y 최소 = 전류 최대 = V와 I 동위상

$Y = \dfrac{1}{R} + j\left(wC - \dfrac{1}{wL}\right) \rightarrow w_r C - \dfrac{1}{w_r L} = 0$

$\therefore w_r = \dfrac{1}{\sqrt{LC}} [\text{rad/s}]$

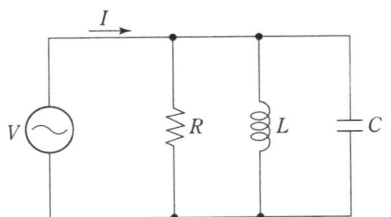

일반적 병렬 공진회로

$Y = \dfrac{1}{R+jwL} + jwC = \dfrac{R}{R^2+w^2L^2} + jw\left(C - \dfrac{L}{R^2+w^2L^2}\right)$

$C - \dfrac{L}{R^2+w_r^2L^2} = 0 \rightarrow w_r = \sqrt{\dfrac{1}{LC} - \left(\dfrac{R}{L}\right)^2}$

코일의 저항 R이 매우 작아서 무시할 수 있을 경우

$$w_r \fallingdotseq \sqrt{\frac{1}{LC}}\,[\text{rad/s}]$$

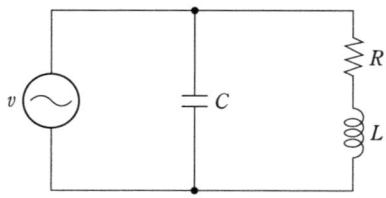

08 단순 계산형 난이도 下

정답

(1) 연축전지

계산과정

$$I_2 = \frac{200}{10} + \frac{10 \times 10^3}{100} = 120[\text{A}]$$

정답 120[A]

(2) 알칼리 축전지

계산과정

$$I_2 = \frac{200}{5} + \frac{10 \times 10^3}{100} = 140[\text{A}]$$

정답 140[A]

부분점수

점수	세부기준
2점	(1), (2)번이 모두 맞은 경우 2점 획득
1점	(1), (2)번 중 1문제를 맞힐 때마다 1점씩 획득

접근 POINT

충전기 2차 전류는 부동 충전전류와 부하전류의 합으로 구성된다.

해설

축전지의 부동충전 방식

축전지의 자기방전을 보충하는 충전 방식이다.

상용부하에 대한 전력공급은 충전기가 부담하고, 충전기가 공급하기 어려운 일시적인 대전류 부하에 대해서는 축전지로 하여금 부담하게 하는 방식이다.

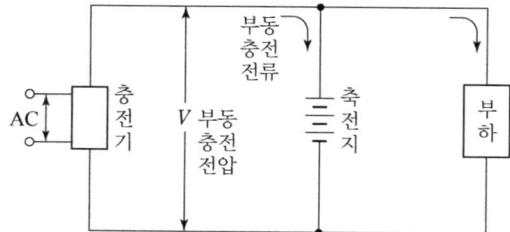

충전기의 2차 전류

$$I_2 = \frac{\text{축전지 정격용량}[\text{Ah}]}{\text{정격 방전율}[\text{h}]} + \frac{\text{상시 부하용량}[\text{VA}]}{\text{표준전압}[\text{V}]}\,[\text{A}]$$

축전지별 정격 방전율
① 연축전지: 10[h]
② 알칼리 축전지: 5[h]

09 복합 계산형 난이도 下

정답

(1) 유도전동기의 역률[%] 계산

계산과정

유효전력 $P = W_1 + W_2 = 2.9 + 6 = 8.9[\text{kW}]$

피상전력 $P_a = \sqrt{3} \times 200 \times 30 \times 10^{-3} = 10.392[\text{kW}]$

역률 $\cos\theta = \frac{8.9}{10.392} \times 100[\%] = 85.642[\%]$

정답 85.64[%]

(2) 전력용 콘덴서 용량 계산

계산과정

$$Q_c = 8.9 \times \left(\frac{\sqrt{1-0.85642^2}}{0.85642} - \frac{\sqrt{1-0.9^2}}{0.9}\right) = 1.054[\text{kVA}]$$

정답 1.05[kVA]

(3) 권상할 수 있는 중량 계산

계산과정

$$W = \frac{6.12 \times 8.9 \times 0.8}{20} = 2.178[\text{ton}]$$

정답 2.18[ton]

부분점수

점수	세부기준
6점	(1), (2), (3)이 모두 정답인 경우 6점 획득
2점	(1), (2), (3) 중 1문항이 정답일 때마다 2점씩 획득

접근 POINT

2대의 전력계로 3상 전력을 측정하는 3전력계법의 기본 공식을 단순 적용하는 문제이다.

해설

2전력계법: 단상 전력계 2대로 3상 전력을 측정하는 방법

① 3상 전력

$$P = P_1 + P_2$$
$$P_r = \sqrt{3}(P_1 - P_2)[\text{Var}],\ P_a = 2\sqrt{P_1^2 + P_2^2 - P_1 P_2}\,[\text{VA}]$$

② 역률 $\cos\theta = \dfrac{P_1 + P_2}{2\sqrt{P_1^2 + P_2^2 - P_1 P_1}}$

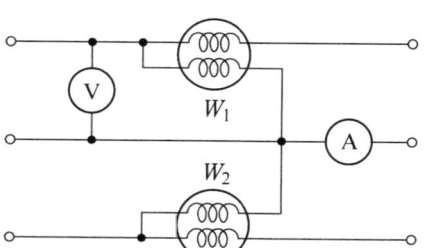

(1)에서 피상전력(P_a)는 $\sqrt{3}\,VI$ 또는 $2\sqrt{W_1^2 + W_2^2 - W_1 \cdot W_2}$ 어떤 식을 적용해도 결과는 같다.

역률 개선용 콘덴서 용량

$$Q_c = P(\tan\theta_1 - \tan\theta_2) = P\left(\frac{\sin\theta_1}{\cos\theta_1} - \frac{\sin\theta_2}{\cos\theta_2}\right)$$
$$= P\left(\frac{\sqrt{1-\cos^2\theta_1}}{\cos\theta_1} - \frac{\sqrt{1-\cos^2\theta_2}}{\cos\theta_2}\right)$$

권상용 전동기 용량(출력)

$P = \dfrac{WV}{6.12\eta} = \dfrac{9.8\,WV'}{\eta}$ [kW]

V: 권상속도(m/min), V': 권상속도(m/sec)

W: 권상하중(ton), η: 효율

10 단순 암기형 + 복합 계산형   난이도 上

정답

(1) 의미 작성

정답

최대 LOCK 전류값: 880[A]

의미: 800[A]가 넘는 고장전류(ASS는 Lock)에 대해서는 무전압 상태에서 개방한다.

(2) 피뢰기의 정격전압과 제1보호대상

정답

정격전압: 18[kV]

제1보호대상: 변압기

(3) 한류형 퓨즈의 단점

정답

① 재투입이 불가하다.
② 결상이 우려된다.
③ 과전류에 용단될 수 있다.
④ 차단시 과전압이 발생한다.
⑤ 수명 예측이 어렵다.

(4) 빈칸 채우기

정답 ① 75, ② 150, ③ 40

(5) 단락전류 계산

계산과정

3상 단락전류 $I_{3s} = \dfrac{100}{5} \times \dfrac{500 \times 10^3}{\sqrt{3} \times 380} = 15{,}193.428$ [A]

정답 15,193.43[A]

2상 단락전류 $I_{2s} = \dfrac{\sqrt{3}}{2} \times 15{,}193.43 = 13{,}157.896$ [A]

정답 13,157.90[A]

부분점수

점수	세부기준
10점	(1)~(5)번이 모두 정답인 경우 10점 획득
2~0점	문항 (1)의 소문항 ①, ② 하나당 1점 부여
2~0점	문항 (2)의 소문항 ①, ② 하나당 1점 부여
2~0점	문항 (3)의 정답 1개당 1점 부여
2~0점	문항 (4)의 정답 개수가 0개면 0점, 1~2개면 1점, 3개면 2점 획득
2점	문항 (5)의 계산과정과 정답이 모두 맞으면 2점 획득

접근 POINT

배전용 변압기가 중심인 간이 수전설비도이다.

변압기 관련 계산문제(%Z → I_s, P_s, 1, 2차 CT 선정, 효율 계산, 수용률·부등률 활용한 용량 산정, 비율차동계전기 결선), 주변기기(CB, DS, LA, PF, MOF)의 기능, 목적 등은 자주 출제되므로 대비해야 한다.

해설

ASS(자동 고장 구분 개폐기)

① 대상: 22.9[kV-Y] 계통에서 300~1,000[kVA] 특고압 수전설비에 대하여 인입 개폐기로 설치(300[kVA] 이하는 IS)

② 기능: 800[A] 미만의 과부하 전류는 자동 차단, 800[A] 초과하는 고장전류는 리클로저 등과 협조하여 무압 상태에서 개방

11 단순 계산형   난이도 下

정답

계산과정

CT 1차전류 $I_1 = 4.2 \times \dfrac{50}{5} = 42$ [A]

수전전력 $P = \sqrt{3} \times 6{,}600 \times 42 \times 1 \times 10^{-3} = 480.124$ [kW]

정답 480.12[kW]

부분점수

점수	세부기준
3점	계산과정과 답이 모두 맞으면 3점 획득
0점	계산과정에 오류가 있거나 정답이 틀린 경우

접근 POINT

CT의 가동접속(정상 접속)에 의한 부하전력을 계산하는 문제이다. CT의 결선법에 유의(차동접속을 하면 답에 $\sqrt{3}$ 배 차이 남)하여 1차 전류를 구하고 3상 수전전력을 계산한다.

해설

CT 결선법

① 가동 접속(정상 접속)

- I_1은 부하전류이며 I_a, I_b, I_c는 CT 2차 전류이다.
- $\dot{I_a} + \dot{I_c}$는 전류계 지시값으로, CT 2차측 전류와 같은 크기의 값을 나타낸다.

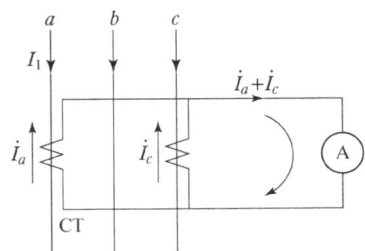 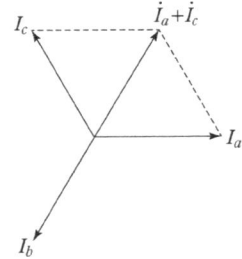

② 차동접속(교차접속)

- $\dot{I_c} - \dot{I_a}$는 전류계의 지시값이다.
- 전류계는 CT 2차측 전류(I_a 또는 I_c)의 $\sqrt{3}$ 배를 나타낸다.

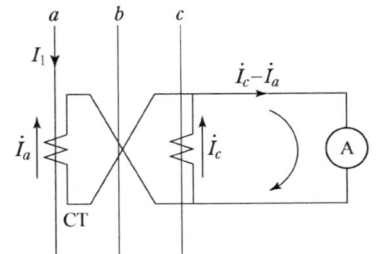
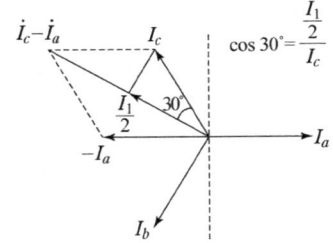

등기구와 벽 간격은 등기구 간격의 $\frac{1}{2}$로 한다.

주파수 변화에 따른 광속, 점등시간 변화

리액턴스 $X_L = 2\pi f L \propto f$

따라서 주파수가 감소하면 리액턴스가 감소하여 전류, 광속이 증가하고, 주파수의 감소로 주기는 증가하게 되어($T \propto \frac{1}{f}$), 점등시간은 늦어진다.

12 순차적 문제 해결형 난이도 上

[정답]

(1) 형광등 개수 계산

[계산과정]

$$N = \frac{20 \times 10 \times 200 \times 1.2}{2,500 \times 0.6} = 32$$

[정답] 32등

(2) 등기구 배치

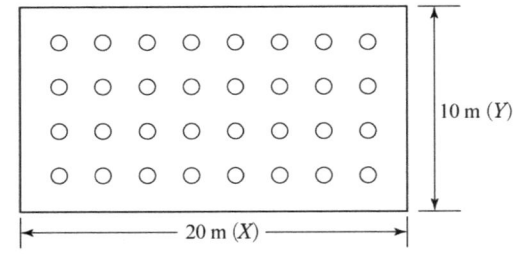

(3) 등기구와 건물 벽 간의 간격

[계산과정]

C, D = $\frac{20}{8}$ = 2.5[m]

A, B = $\frac{10}{4} \times \frac{1}{2}$ = 1.25[m]

[정답]

A: 1.25[m], B: 1.25[m], C: 2.5[m], D: 2.5[m]

(4) 광속과 점등시간 변화

[정답] 광속은 증가하고 점등시간은 늦어진다.

(5) 등 높이

[정답] 1.5배

[부분점수]

점수	세부기준
6점	(1)~(5)번이 모두 맞은 경우 6점 획득
2점	(2)번이 맞은 경우 2점 획득
4점	(1), (3), (4), (5)번이 맞은 경우 1문제당 1점 획득

| 접근 POINT

종합적인 조명 설계 문제이다.

등기구 수, 배치, 벽 간격, 주파수에 따른 영향 등 흐름을 이해하고 공식은 암기해야 한다.

[해설]

조명 공식

FUN=AED

F(광속, lm), U(조명률, %), N(등기구 수), E(조도, lx), A(면적), D(감광보상률)

13 도면 작성 난이도 中

[정답]

(1) 결선도 완성

[정답]

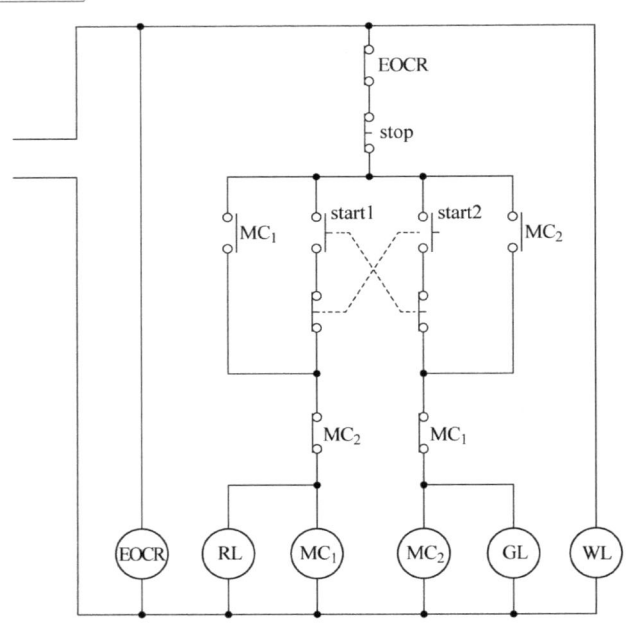

(2) 기동원리 작성

[정답]

기동 권선에 콘덴서를 설치하여 전기자 권선에 비해 90° 빠른 진상전류로 회전자계를 발생시켜 기동하는 방식이다.

(3) 표시등 명칭 작성

[정답]

WL: 전원 공급 표시등

GL: 역회전 표시등

RL: 정회전 표시등

(4) 인터록의 역할을 하는 접점

[정답]

① MC_2 출력 위에 위치한 MC_1의 b접점

② MC_1 출력 위에 위치한 MC_2의 b접점

(5) EOCR의 명칭과 사용목적

[정답]

명칭: 전자식 과전류 계전기

사용목적: 회로에 전류가 허용치 이상으로 흐를 때 회로를 차단하여 기기를 보호한다.

(6) 콘덴서 기동형의 특징

[정답]

① 기동토크가 크다.

② 역률이 우수하다.

③ 효율이 좋다.
④ 진동 및 소음이 적다.

부분점수

점수	세부기준
10점	(1)~(6)번이 모두 맞은 경우 10점 획득
2점	문항 (1)의 결선도가 정답이면 2점, 접점 하나 틀리면 1점, 2개 이상 틀리면 0점
1점	문항 (2)의 핵심 키워드가 포함된 정답이면 1점, 아니면 0점
2점	문항 (3)의 정답 개수가 0개면 0점, 1~2개면 1점, 3개면 2점 획득
2점	문항 (4)의 정답 하나당 1점씩 획득
1점	문항 (5)의 명칭과 사용목적이 모두 맞으면 1점, 하나라도 오류가 있으면 0점
2점	문항 (6)의 정답 개수가 0개면 0점, 1~2개면 1점, 3개면 2점 획득

서술형 핵심 KEYWORD

문항 (2), (5), (6)은 다음 핵심 KEYWORD가 포함되어야 정답 처리된다.

> (2) 기동권선, 진상(위상이 앞선) 전류
> (5) 과전류(과부하), MCCB 트립(차단)
> (6) 기동토크, 역률, 효율, 진동, 소음

접근 POINT

유도전동기의 기동법은 3상과 단상으로 나뉘며 단상 유도전동기는 기동토크가 없기 때문에, 기동토크를 발생하는 방식에 따라 종류별로 나뉜다.
그중 콘덴서 기동법은 진상용 콘덴서의 90° 앞선 전류에 의한 회전자계를 발생시켜 기동하는 방식으로, 역률이 좋고 및 효율이 우수한 장점이 많은 방식이다.

해설

단상유도전동기의 콘덴서 기동법
① 진상용 콘덴서의 90° 앞선 전류에 의한 회전자계를 발생시켜 기동하는 방식이다.
② 이 방식은 콘덴서 기동형과 구동형을 조합한 방식으로 특성이 다른 2개의 콘덴서를 기동권선 회로에 삽입하여, 기동토크를 증대시켜 기동특성을 양호하게 하고, 운전 중에 역률저하를 막아 효율이 좋은 방식이다.
③ 기동시에는 기동형 콘덴서로 기동되고 회전속도가 증가되면 기동형 콘덴서는 스위치로 제거하고 구동형 콘덴서가 접속되도록 하는 방식이다.
④ 가격이 비싸기 때문에 고가의 응용기기(컴프레서, 펌프, 냉장고 등)에 적용한다.

정·역 운전 회로의 주회로
① 전원의 3선 중 2선의 접속을 바꾸어 결선한다.
② 보조회로는 자기유지 회로 및 인터록 회로, 램프 표시등으로 구성한다.

14 복합 계산형   난이도 中

정답

(1) 지락계전기에 흐르는 전류 계산

계산과정

지락전류

$$I_g = \frac{E}{R} = \frac{V/\sqrt{3}}{R} = \frac{(66 \times 10^3)/\sqrt{3}}{300}$$

$$= 127.017[A]$$

지락계전기 DG에 흐르는 전류

$$I_{DG} = 127.017 \times \frac{5}{300} = 2.116[A]$$

정답 2.12[A]

(2) a상 전류계에 흐르는 전류 계산

계산과정

a상 전류계 Ⓐ에는 부하전류와 지락전류의 합이 흐른다.

$$I_a = \left| \frac{20{,}000 \times 10^3}{\sqrt{3} \times (66 \times 10^3) \times 0.8} \times (0.8 - j0.6) + \frac{(66 \times 10^3)/\sqrt{3}}{300} \right|$$

$$= 329.24[A]$$

$$\therefore I_{\text{Ⓐ},a} = 329.24 \times \frac{5}{300} = 5.49[A]$$

정답 5.49[A]

(3) b상 전류계에 흐르는 전류 계산

계산과정

b상 전류계 Ⓐ에는 부하전류가 흐른다.

$$I_b = \frac{20{,}000 \times 10^3}{\sqrt{3} \times (66 \times 10^3) \times 0.8} = 218.693[A]$$

$$\therefore I_{\text{Ⓐ},b} = 218.693 \times \frac{5}{300} = 3.644[A]$$

정답 3.64[A]

(4) c상 전류계에 흐르는 전류 계산

계산과정

c상 전류계 Ⓐ에는 부하전류가 흐른다.

$$I_c = \frac{20{,}000 \times 10^3}{\sqrt{3} \times (66 \times 10^3) \times 0.8} = 218.693[A]$$

$$\therefore I_{\text{Ⓐ},c} = 218.693 \times \frac{5}{300} = 3.644[A]$$

정답 3.64[A]

부분점수

점수	세부기준
8점	(1), (2), (3), (4)번이 모두 정답인 경우 8점 획득
2점	(1), (2), (3), (4)번 중 계산과정과 답이 1개 맞을 때마다 2점씩 획득, 오류가 있으면 0점

접근 POINT

지락고장시 지락전류의 흐름을 파악하면 지락사고가 발생한 상에는 지락전류와 부하전류의 벡터합에 해당하는 전류가 흐르고, 나머지 상에는 부하전류만 흐름을 알 수 있다. 이를 계산하고, CT비를 적용하여 전류계에 흐르는 전류를 계산하는 복합 계산형 문제이다.

주의할 점은 지락전류는 저항에 흐르는 전류로 역률이 1인 전류이며, 부하전류는 문제에서 주어진 부하의 역률을 적용하여야 한다는 점이다.

해설

지락고장시 지락전류의 흐름

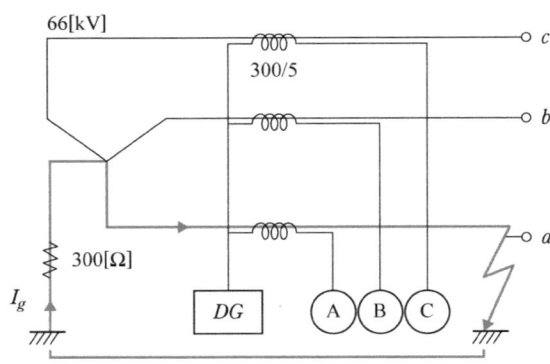

문제에서 주어진 조건에서 지락사고가 발생한 a상의 전류는 지락전류와 부하전류의 합이 흐르게 되며, 지락전류는 저항에 흐르는 전류로 역률 1을 적용하며, 부하전류는 부하의 역률 0.8을 적용한 전류로 역률이 다른 전류의 합은 벡터적으로 실수부와 허수부로 계산하여야 한다.

① 지락전류는 $I_g = \dfrac{E}{R}$ 이며, 지락계전기(DG)에 흐르는 전류는

$I_{DG} = I_g \times \dfrac{1}{CT비}$ 가 된다.

② 부하전류는 $I_L = \dfrac{P}{\sqrt{3}\,V\cos\theta}$ 가 된다.

③ a상의 전류는 $\vec{I_a} = \vec{I_L} + \vec{I_g}$ 로서 벡터적으로 계산한 후 그 크기를 구한다.

$|\vec{I_a}| = |\vec{I_L} + \vec{I_g}| = \left| \dfrac{P}{\sqrt{3}\,V\cos\theta}(\cos\theta - j\sin\theta) + \dfrac{E}{R} \right|$

④ a상의 전류계에 측정되는 전류는 다음과 같다.

$I_{Ⓐ,a} = |\vec{I_a}| \times \dfrac{1}{CT비}$

⑤ b상, c상의 전류는 부하전류 $I_L = \dfrac{P}{\sqrt{3}\,V\cos\theta}$ 로 계산하며, b상, c상의 전류계에 측정되는 전류는 다음과 같다.

$I_{Ⓐ,b} = I_{Ⓐ,c} = I_L \times \dfrac{1}{CT비}$

15 서술 암기형   난이도 中

정답

(1) 변압기의 손실에 대한 설명

> 정답
> ① 무부하손: 부하의 유무에 관계없이 전원만 공급되면 발생하는 손실로 히스테리시스손과 와류손이 있다.
> ② 부하손: 부하전류에 의한 저항손을 말하며 동손과 표유 부하손 등으로 구분한다.

(2) 변압기 효율 공식

> 정답
> 효율 $\eta = \dfrac{출력}{입력} = \dfrac{출력}{출력+손실} = \dfrac{출력}{출력+(동손+철손)}$

(3) 최대 효율 조건

> 정답
> 최대 효율 조건은 철손과 동손이 같은 경우이다.

부분점수

점수	세부기준
6~0점	(1), (2), (3) 중 1개가 맞을 때마다 2점씩 부분점수 부여

서술형 핵심 KEYWORD

문항 (1)은 다음 핵심 KEYWORD가 포함되어야 정답 처리된다.

> ① 부하의 유무에 관계없이, 히스테리시스손, 와류손
> ② 부하전류, 동손, 표유 부하손

접근 POINT

변압기 손실은 크게 부하손과 무부하손으로 나눠지는데, 부하손은 동손이 대부분이고 무부하손은 철손이 대부분이다. 동손은 부하전류(부하율)와 관계된 손실로 감소 대책은 저항 R을 줄여야 하고, 철손은 부하전류와 무관한 손실로서 감소 대책은 철손의 구성 요소인 히스테리시스손과 와류손을 줄여야 한다. 또한, 변압기의 효율은 규약효율, 전부하 효율, m부하시의 효율 모두 암기하여야 하며, 전일 효율도 함께 암기하도록 한다.

해설

변압기 손실 및 효율

(1) 무부하 손실

① 히스테리시스손 $P_h = \delta_h f B_m^{1.6 \sim 2}$ [Wb/kg]

② 와전류손 $P_e = \delta_e (f\,t\,K_f B_m)^2$ [Wb/kg]

(2) 효율

일반적인 효율은 입력과 출력에 관한 관계로 다음과 같다.

$\eta = \dfrac{출력}{입력} = \dfrac{출력}{출력+손실}$ (발전기, 변압기)

$= \dfrac{입력-손실}{입력}$ (전동기)

① 전부하 효율

$\eta = \dfrac{P_a \cos\theta}{P_a \cos\theta + P_i + P_c} \times 100[\%]$

② m부하시의 효율

$\eta = \dfrac{mP_a \cos\theta}{mP_a \cos\theta + P_i + m^2 P_c} \times 100[\%]$

③ 전일 효율

$\eta_d = \dfrac{\sum h V_2 I_2 \cos\theta_2}{\sum h V_2 I_2 \cos\theta_2 + 24P_i + \sum h r_2 I_2^2} \times 100[\%]$

④ 전부하시 최대 효율 조건: $P_i = P_c$ (철손=동손)

⑤ m부하시 최대 효율 조건: $P_i = m^2 P_c$

최대 효율시 부하율: $m = \sqrt{\dfrac{P_i}{P_c}}$

16 복합 계산형 난이도 上

정답

(1) CVCF의 명칭

  정답 정전압 정주파수 공급장치

(2) 지락전류 계산

  계산과정

  $$I_{g2} = 3 \times 2\pi \times 60 \times (0.1 + 0.2) \times 10^{-6} \times \frac{220}{\sqrt{3}}$$
  $$= 0.043095[A] = 43.1[mA]$$

  정답 43.1[mA]

(3) 정격 감도전류의 범위

  계산과정

  $$동작전류 = 3 \times 2\pi \times 60(5 + 0.1 + 0.2) \times 10^{-6} \times \frac{220}{\sqrt{3}}$$
  $$= 0.76136[A] = 761.36[mA]$$
  $$부동작\ 전류 = 2 \times (건전\ 피더\ 전류) = 2 \times 43.1$$
  $$= 86.2[mA]$$
  $$\therefore 정격\ 감도전류의\ 범위는\ (2 \times 43.1) \sim (761.36 \times \frac{1}{3})$$
  $$= 86.2 \sim 253.79[mA]$$

  정답 86.2~253.79[mA]

(4) 누전차단기의 시설 예

  정답

구분	옥내		옥측		옥외	물기가 있는 장소
	건조한 장소	습기가 많은 장소	건조한 장소	습기가 많은 장소		
150[V] 이하	-	-	-	□	□	○
150[V] 초과 300[V] 이하	△	○	-	○	○	○

부분점수

점수	세부기준
12점	(1)~(4)번이 모두 정답인 경우 12점 획득
2점	문항 (1)이 정답이면 2점 획득
3점	문항 (2)의 계산과정과 답이 모두 맞은 경우 3점 획득
4점	문항 (3)의 계산과정과 답이 모두 맞은 경우 4점 획득, 동작전류와 부동작 전류 중 정답 하나당 2점 획득
3점	문항 (4)의 표가 정답이면 3점, 오기입 1개당 1점씩 감점

접근 POINT

누전차단기의 정격 감도전류는 부동작 전류~동작 전류이다. 이 값은 지락 고장시 고장 피더와 건전 피더의 ZCT에 흐르는 전류를 통해서 구한다.

해설

누전차단기 원리: 키르히호프 제1법칙

$i_1 - i_2 - i_3 + i_4 - i_5 = 0$
$\Sigma 유입전류 = \Sigma 유출전류$

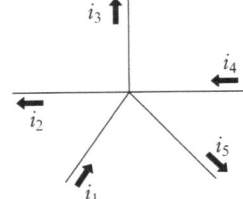

17 단답 암기형 + 단순 계산형 난이도 中

정답

(1) 역률 계산

  계산과정

  무효전력 $Q = 800 \times \frac{0.6}{0.8} = 600[kVA]$

  개선된 역률 계산

  $$\cos\theta = \frac{800}{\sqrt{800^2 + (600-200)^2}} \times 100[\%] = 89.442[\%]$$

  정답 89.44[%]

(2) 수용가 측면의 손해

  정답

  ① 전력손실 증가
  ② 전압 강하 증가
  ③ 전기요금 증가

(3) 방전코일과 직렬 리액터의 용도

  정답

  방전코일: 콘덴서의 잔류전하 방전
  직렬 리액터: 제 5고조파 제거

(4) 커패시터 정전용량 계산

  계산과정

  $$wC_Y V^2 = 3wC_\Delta V^2$$
  $$\therefore C_\Delta = \frac{1}{3} \times C_Y$$

  정답 $\frac{1}{3}$

부분점수

점수	세부기준
8점	(1)~(4)번이 모두 정답인 경우 8점 획득
2점	문항 (1)의 계산과정과 답이 모두 맞은 경우 2점 획득
2~0점	문항 (2)은 정답 개수가 0개면 0점, 1~2개면 1점, 3개면 2점 획득
2~0점	문항 (3)은 정답 1개당 1점 획득
2점	문항 (4)의 계산과정과 답이 모두 맞은 경우 2점 획득

접근 POINT

역률 개선용 콘덴서 관련 문제는 역률의 정의, 콘덴서 용량, 역률 개선의 장점, 콘덴서 3상 결선법(Y결선 vs △결선 비교), 주변기기(직렬리액터, 방전코일)까지 매우 다양하게 출제된다.

해설

역률 표현식

① R-L 직렬 회로

$$\cos\theta = \frac{V_R}{V} = \frac{R}{Z} = \frac{R}{\sqrt{R^2 + X^2}} = \frac{유효전력}{피상전력}$$

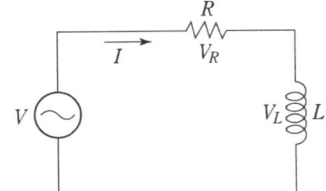 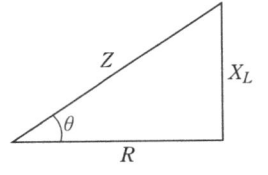

② R-L 병렬 회로

$$\cos\theta = \frac{I_R}{I} = \frac{\frac{1}{R}}{\frac{1}{Z}} = \frac{X}{\sqrt{R^2+X^2}}$$

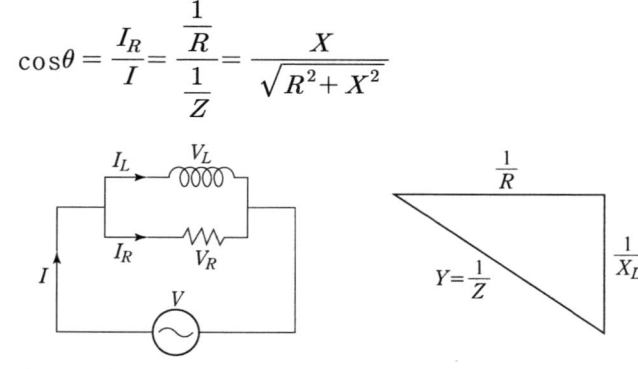

콘덴서 부속 기기

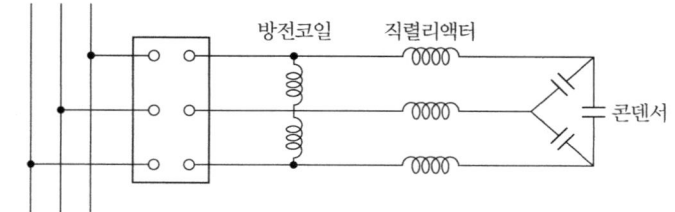

▲ 저압 콘덴서회로 구성도

① 방전코일(DC: Discharge Coil) 설치 목적
- 콘덴서 회로 개방 시 잔류전하 방전(인체안전 확보)
- 투입 시 과전압 방지

② 직렬 리액터(SR: Series Reactor) 설치 목적
- 제5고조파 제거(용량: 4[%] 이상이나 주파수 변동 고려 6[%] 선정)

$$5wL \geq \frac{1}{5wC} \rightarrow wL \geq \frac{1}{25} \times \frac{1}{wC}$$

- 콘덴서 투입 시 과도 돌입전류 억제

$$I_{st} = \left(1 + \sqrt{\frac{X_c}{X_L}}\right) \times I_c, \ f_n = \left(\sqrt{\frac{X_c}{X_L}}\right) \times f$$

- 콘덴서 과열소손 방지

콘덴서 3상 접속(커패시터 충전용량 $Q=3wCE^2$)

① Y 결선: $Q_Y = 3wC_Y E^2 = wC_Y V^2$

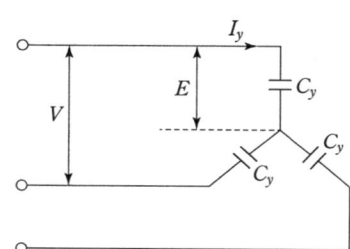

② △ 결선: $Q_\Delta = 3wC_\Delta E^2 = 3wC_\Delta V^2$

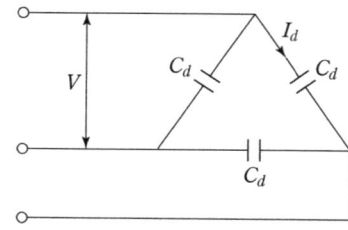

응용

제3고조파의 유입으로 인한 사고를 방지하기 위하여 콘덴서 회로에 콘덴서 용량의 11[%]인 직렬리액터를 설치하였다. 이 경우에 콘덴서의 정격 전류가 10[A]라면 콘덴서 투입 시의 전류는 몇 [A]가 되는지 계산하시오.

[계산과정]

$$I = I_n \times \left(1 + \sqrt{\frac{X_C}{X_L}}\right) = I_n \times \left(1 + \sqrt{\frac{X_C}{0.11X_C}}\right)$$

$$= 10 \times \left(1 + \sqrt{\frac{1}{0.11}}\right) = 40.151[A]$$

[정답] 40.15[A]

18 단순 암기형　　　　　　　　　　　난이도 下

[정답]

[정답]
① 발전소·변전소 또는 이에 준하는 장소
② 특고압
③ 배전용
④ 수용장소
⑤ 지중전선로

[부분점수]

점수	세부기준
5~0점	소문항 총 5개 중 정답 1개 당 1점씩 부분점수 획득

▌접근 POINT

피뢰기를 설치해야 하는 장소에 대해 물어보는 문제로 KEC 규정에 근거하여 규정 전체를 암기하고 최근 변형되어 출제되는 핵심 용어들을 정리해야 한다. 추가로 개정된 피뢰기의 접지값에 관한 사항도 함께 암기하면 좋다.

[해설]

KEC 341.13 피뢰기의 시설

고압 및 특고압의 전로 중 다음에 열거하는 곳 또는 이에 근접한 곳에는 피뢰기를 시설하여야 한다.

가. (① 발전소·변전소 또는 이에 준하는 장소)의 가공전선 인입구 및 인출구
나. (② 특고압) 가공전선로에 접속하는 (③ 배전용) 변압기의 고압측 및 특고압측
다. 고압 및 특고압 가공전선로로부터 공급을 받는 (④ 수용장소)의 인입구
라. 가공전선로와 (⑤ 지중전선로)가 접속되는 곳

[보충 학습]

KEC 341.14 피뢰기의 접지

고압 및 특고압의 전로에 시설하는 피뢰기 접지저항 값은 10Ω 이하로 하여야 한다. 다만, 고압가공전선로에 시설하는 피뢰기(341.13의 1의 규정에 의하여 시설하는 것을 제외)를 322.1의 2 및 3의 규정에 의하여 접지공사를 한 변압기에 근접하여 시설하는

경우로서, 다음의 어느 하나에 해당할 때 또는 고압가공전선로에 시설하는 피뢰기(322.1의 1부터 3까지의 규정에 의하여 접지공사를 한 변압기에 근접하여 시설하는 것을 제외)의 접지도체가 그 접지공사 전용의 것인 경우에 그 접지공사의 접지저항 값이 30Ω 이하인 때에는 그 피뢰기의 접지저항 값이 10Ω 이하가 아니어도 된다.

가. 피뢰기의 접지공사의 접지극을 변압기 중성점 접지용 접지극으로부터 1m 이상 이격하여 시설하는 경우에 그 접지공사의 접지저항 값이 30Ω 이하인 때

나. 피뢰기 접지공사의 접지도체와 변압기의 중성점 접지용 접지도체를 변압기에 근접한 곳에서 접속하여 다음에 의하여 시설하는 경우에 피뢰기 접지공사의 접지저항 값이 75Ω 이하인 때 또는 중성점 접지공사의 접지저항 값이 65Ω 이하인 때

  (1) 변압기를 중심으로 하는 반지름 50m의 원과 반지름 300m의 원으로 둘러 싸여지는 지역에서 그 변압기에 중성점접지공사가 되어 있는 저압 가공전선(인장강도 5.26kN 이상인 것 또는 지름 4mm 이상의 경동선에 한함)의 한 곳 이상에 140의 규정에 준하는 접지공사(접지도체로 공칭단면적 6mm² 이상인 연동선 또는 이와 동등 이상의 세기 및 굵기의 쉽게 부식되지 않는 금속선을 사용하는 것에 한함)를 할 것. 다만, 그 중성점접지공사의 접지도체가 322.1의 3 및 4에 규정하는 가공 공동지선(그 변압기를 중심으로 하는 지름 300m의 원 안에서 접지공사가 되어 있는 것에 한함)인 경우에는 그러하지 아니하다.

  (2) 피뢰기의 접지공사, 변압기 중성점 접지공사를 (1)에 의하여 저압가공 전선에 140의 규정에 준하여 행한 접지공사 및 (1)단서의 가공 공동지선에서의 합성 접지저항 값은 20Ω 이하일 것.

다. 피뢰기 접지공사의 접지도체와 322.1의 2 및 3에 의하여 중성점 접지공사가 시설된 변압기의 저압가공전선 또는 가공공동지선과를 그 변압기가 시설된 지지물 이외의 지지물에서 접속하고 또한 다음에 의하여 시설하는 경우에 피뢰기 접지공사의 접지저항 값이 65Ω 이하인 때

  (1) 변압기에 접속하는 저압가공전선 및 그것에 시설하는 접지공사 또는 그 변압기에 접속하는 가공공동지선은 "나"(1)에 의하여 시설할 것.

  (2) 피뢰기 접지공사는 변압기를 중심으로 하는 반지름 50m 이상의 지역으로 또한 그 변압기와 (1)에 의하여 시설하는 접지공사와의 사이에 시설할 것. 다만, 가공공동지선과 접속하는 그 피뢰기 접지공사는 변압기를 중심으로 하는 반지름 50m 이내 지역에 시설할 수 있다.

  (3) 피뢰기 접지공사, 변압기의 중성점 접지공사는 (1)에 의하여 저압가공전선에 시설한 접지공사 및 (1)에 의한 가공공동지선의 합성저항 값은 16Ω 이하일 것.

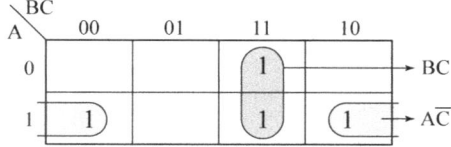

01 논리회로 난이도 上

정답

(1) 카르노도를 사용한 논리식 간소화

계산과정

3변수 카르노도를 그리고, 각 항이 '1'이 되는 곳을 표시하고 나머지 항은 '0'으로 표시한다.

A\BC	00	01	11	10
0			1	
1	1		1	1

1을 2개 그룹으로 묶으면 위와 같다.

$F = BC + A\overline{C}$

정답 $F = BC + A\overline{C}$

(2) 부울대수를 이용한 간소화

계산과정

$$Y = A + AC + A\overline{C} + \overline{A}B + ABC + \overline{A}BC$$
$$= A(1 + C + \overline{C} + BC) + \overline{A}B(1 + C)$$
$$= A + \overline{A}B$$
$$= A(1 + B) + \overline{A}B$$
$$= A + AB + \overline{A}B$$
$$= A + B(A + \overline{A})$$
$$= A + B$$

정답 $Y = A + B$

접근 POINT

논리회로의 간소화는 부울 대수를 이용한 방법과 카르노도를 이용한 방법이 있다. 두 방법 모두 숙지해야 한다.

02 서술 암기형 난이도 中

정답

(1) 코로나 임계전압 식과 의미

정답

① 식: $E_0 = 24.3 m_0 m_1 \delta d \log_{10} \dfrac{D}{r}$ [kV]

② 의미: 코로나가 발생하기 시작하는 전압

(2) 코로나 임계전압에 영향을 미치는 요소

정답

① 전선 표면계수(m_0)

② 날씨계수(m_1)

③ 상대 공기밀도(δ)

④ 전선지름(d)

접근 POINT

코로나 임계전압은 계산하는 문제도 나오지만 정의를 쓰는 문제도 출제되므로 대비가 필요하다.

전기기사 실기 조경필 모의고사 — 정답 및 해설 5회

조경필 모의고사

01 단순 계산형 난이도 上

정답

계산과정

$$변압기\ 용량 = \frac{\left(\frac{5,000}{0.9}\right)}{4-1} \times \frac{100}{130} = 1,424.501\ [kVA]$$

정답 1,424.50[kVA]

부분점수

점수	세부기준
3점	계산과정과 정답이 맞으면 3점 획득
0점	계산과정 또는 정답에 오류가 있으면 0점

접근 POINT

네트워크 변압기 용량을 계산하는 문제는 출제비중은 낮으나 고난도의 문제이다. 공식을 암기하고, 도심부 고밀도 부하에 적용하는 스폿 네트워크 공급방식의 특징도 함께 정리해야 한다.

해설

스폿 네트워크 방식

① 정의
- 저압 배전계통 구성방식의 하나로 저압 네트워크 방식을 간소화한 방식이다.
- 도심부의 고층 빌딩과 같이 부하밀도가 높은 지역에 있는 대용량 집중부하에 공급하는 것으로서 일반적인 네트워크 방식으로 공급하면 가격이 매우 높아지거나 또는 공급할 수 없는 경우에 그 수용가만을 독립된 네트워크로 공급하는 방식이다.

② 특징
- 무정전 공급이 가능하여 공급 신뢰도가 높다.
- 선로의 이용률이 높고, 부하증가에 대한 적응성이 좋다.
- 변압기 2차측의 병렬운전으로 전압변동이 적다.
- 시설 투자비가 과다하고 특별한 보호장치가 필요하다.

③ 변압기 용량

$$용량[kVA] = \frac{최대수요전력[kVA]}{공급회선수 - 1} \times \frac{100}{과부하율}$$

$$(\because 과부하율 = \frac{최대수요전력[kVA]}{변압기\ 용량 \times (공급\ 회선수 - 1)} \times 100)$$

02 순차적 문제 해결형 난이도 中

정답

(1) 합성 최대전력[kW] 계산

계산과정

오전 10~12시에 합성 최대전력이 최대가 된다.
$(8+3+1) \times 10^3 = 12,000\ [kW]$

정답 12,000[kW]

(2) 종합 부하율[%] 계산

계산과정

최대 부하전력=12,000[kW]
평균 부하전력=4,500+2,400+900=7,800[kW]

$$\therefore 종합\ 부하율 = \frac{7,800}{12,000} \times 100 = 65\ [\%]$$

정답 65[%]

(3) 부등률 계산

계산과정

$$부등률 = \frac{(8+4+2) \times 10^3}{12,000} = 1.166$$

정답 1.17

(4) 최대 부하 시의 종합 역률[%] 계산

계산과정

최대 부하 시의 유효전력
$P = 8,000 + 3,000 + 1,000 = 12,000\ [kW]$

무효전력
$Q = 3,000 \times \frac{0.6}{0.8} + 1,000 \times \frac{0.8}{0.6} = 3,583.333\ [kVar]$

$\therefore$ 종합역률=

$$\frac{12,000}{\sqrt{12,000^2 + 3,583.333^2}} \times 100 = 95.819\ [\%]$$

정답 95.82[%]

(5) A수용가에 대한 문제

정답 ① 8,000[kW] ② 10~12시

부분점수

점수	세부기준
8점	(1)~(5)번이 모두 맞은 경우 8점 획득
2점	문항 (1), (2)의 계산과정과 답이 맞으면 한 문제마다 1점씩 획득
2점	문항 (3)의 계산과정과 답이 맞으면 2점, 계산과정 또는 답에 오류가 있으면 0점
2점	문항 (4)의 계산과정과 답이 맞으면 2점, 계산과정 또는 답에 오류가 있으면 0점
2점	문항 (5)의 소문항 ①, ② 하나당 1점씩 부여

접근 POINT

부하율, 부등률, 역률의 정의식을 정확히 알고 자료를 해석해서 답을 도출하는 문제이다. 난이도는 평이하나 실수하지 않도록 주의해야 한다.

해설

수용률

① 표현식: $\frac{최대수요전력}{설비용량의\ 합계} \times 100\ [\%]$

② 의미: 부하가 동시에 사용되는 정도
  → 설비용량의 합계와 최대수요전력이 차이가 나는 이유는 전 부하가 동시에 사용되는 경우는 거의 없기 때문이다.

부등률

① 표현식: $\dfrac{\text{최대수요전력의 합}}{\text{합성최대전력}}$

② 의미: 최대수요 전력의 발생 시기의 분산

부하율

① 표현식: $F = \dfrac{\text{평균전력}}{\text{최대전력}} \times 100 [\%]$

② 의미: 어느 기간 중 부하 변동의 정도, 부하율이 높을수록 설비의 "효율적 사용"을 의미한다.

수용률, 부등률, 부하율의 관계

$$\text{부하율} = \dfrac{\text{평균 수요전력}}{\text{최대 수요전력}} = \dfrac{\text{부하의 평균전력}}{\text{총 설비용량}} \times \dfrac{\text{부등률}}{\text{수용률}}$$

역률 표현식

① 직렬회로

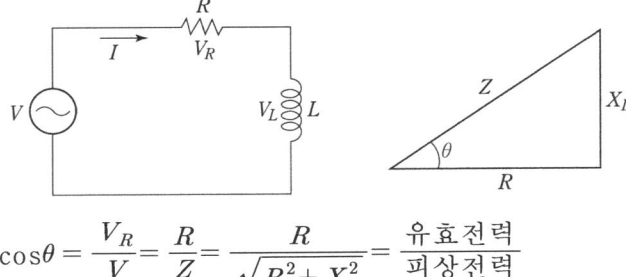

$$\cos\theta = \dfrac{V_R}{V} = \dfrac{R}{Z} = \dfrac{R}{\sqrt{R^2+X^2}} = \dfrac{\text{유효전력}}{\text{피상전력}}$$

② 병렬회로

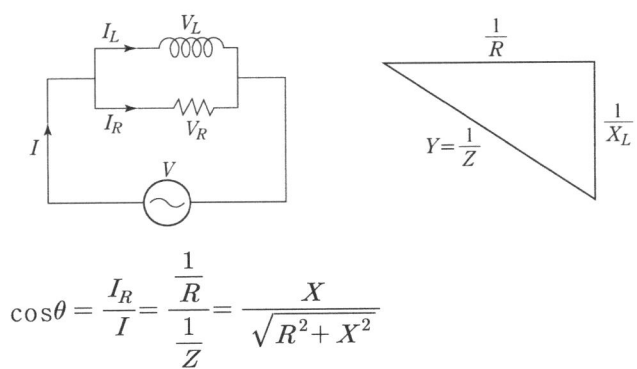

$$\cos\theta = \dfrac{I_R}{I} = \dfrac{\frac{1}{R}}{\frac{1}{Z}} = \dfrac{X}{\sqrt{R^2+X^2}}$$

03 단답 암기형 난이도 下

정답

① 전력 변환장치의 펄스 수를 크게 한다.
② 전력 변환장치의 전원 측에 교류 리액터를 설치한다.
③ 부하 측 부근에 고조파 필터를 설치한다.
④ 기기의 접지를 고조파 발생기기의 접지와 분리한다.
⑤ 고조파 발생기기와 충분한 이격거리 확보 및 차폐 케이블을 사용한다.

부분점수

점수	세부기준
5~0점	총 5개의 소문항 중 정답 1개당 1점 획득

접근 POINT

고조파 전류의 억제 대책을 물어보는 단답 암기형 문제이다. 기기나 선로별 고조파 전류의 발생원인과 억제 대책을 함께 정리하며 암기해야 한다.

해설

고조파 전류 발생 원인(6가지)
① 아크로, 전선로
② 변압기, 전동기 여자전류
③ 전력변환장치
④ 전기용접기
⑤ 코로나현상
⑥ 전력용 콘덴서

고조파 전류 억제 대책 (5가지)
① 전력용 콘덴서의 5고조파를 제거하기 위해 SR(직렬 리액터)를 사용한다.
② 전력변환장치의 Pulse 수를 크게 한다.
③ 변압기(TR)의 Delta 결선을 한다.
④ 선로의 코로나 방지를 위해 복도체, 다도체를 사용한다.
⑤ 고조파 필터를 사용하여 고조파를 제거한다.

04 순차적 문제 해결형 난이도 上

정답

(1) 공칭단면적 계산

계산과정

$I_A = \dfrac{5,000}{110} = 45.454[A]$, $I_B = \dfrac{4,200}{110} = 38.181[A]$

$A = \dfrac{17.8 \times 100 \times 45.454}{1,000 \times 110 \times 0.02} = 36.776[mm^2]$

표에서 $38[mm^2]$ 선택

정답 $38[mm^2]$

(2) 후강 전선관의 호칭

계산과정

표1에서 전선 1선의 피복포함 단면적은 $121[mm^2]$이다.

단상 3선식은 전선관에 3가닥이 들어간다.

3선의 총 단면적 $= 121 \times 3 = 363[mm^2]$이고, 이 값이 후강 전선관 내 전선의 점유율은 $48[\%]$이어야 한다.

$\pi\left(\dfrac{d}{2}\right)^2 \times 0.48 = 363$에서 $d = \sqrt{\dfrac{363 \times 4}{\pi \times 0.48}} = 31.03[mm]$로 후강전선관의 규격은 구한 값보다 커야 하므로 G36을 선정한다.

정답 G36

(3) 설비 불평형률 계산

계산과정

설비 불평형률 $= \dfrac{3,100 - 2,300}{\frac{1}{2} \times (5,000 + 4,200)} \times 100 = 17.391[\%]$

정답 $17.39[\%]$

부분점수

점수	세부기준
6점	(1)~(3)번이 모두 맞은 경우 6점 획득
2점	문항 (1)의 계산과정과 답이 맞으면 2점, 계산과정 또는 답에 오류가 있으면 0점
2점	문항 (2)의 계산과정과 답이 맞으면 2점, 계산과정 또는 답에 오류가 있으면 0점
2점	문항 (3)의 계산과정과 답이 맞으면 2점, 계산과정 또는 답에 오류가 있으면 0점

접근 POINT

전기 방식에 따른 전압강하 전선 단면적 공식을 적용하는 문제이다. 전압이 두 종류인 단상 3선식과 3상 4선식은 전선의 단면적 계산식에 반드시 상전압을 적용함에 유의한다.

저압 배선 전압강하 약산식

$$\triangle e = \frac{K \times I \times L}{1,000 \times A}[V]$$

K : 전압강하 계수(단상 2선식: 35.6, 3상 3선식: 30.8, 단상 3선식, 3상 4선식: 17.8)
L : 전선 1본의 길이[m], I : 부하전류[A],
A : 전선의 단면적[mm²]

전압강하 약산식은 저압 배선에서 쓰이는 식이다.

원 식 $E_s - E_r = \sqrt{3} I(R\cos\theta + X\sin\theta)$에서 저압 배선은 구리선을 사용하고 역률은 1이라고 생각한다. 따라서 전압강하식은 $E_s - E_r = \sqrt{3} IR$이 된다.

$R = \rho \frac{\ell}{A}$에서 $\rho = \frac{1}{55} \times \frac{100}{97} = \frac{17.8}{1,000}[\Omega/mm^2]$

즉 $R = \frac{17.8}{1,000} \times \frac{\ell}{A}$가 된다.

전기 방식별로 표로 정리하면 아래와 같다.

전기방식	전압강하[V]	전선단면적
단상 3선식 3상 4선식	$e = \frac{17.8LI}{1,000A}$	$A = \frac{17.8LI}{1,000e}$
단상 2선식 직류 2선식	$e = \frac{35.6LI}{1,000A}$	$A = \frac{35.6LI}{1,000e}$
3상 3선식	$e = \frac{30.8LI}{1,000A}$	$A = \frac{30.8LI}{1,000e}$

※ 3상 4선식의 전선 굵기 계산 시 유의점은 다음과 같다.

$A = \frac{17.8LI}{1,000e}$에서 e는 항상 상전압(220[V])을 적용한다.

단상 3선식의 설비 불평형률

설비 불평형률 $= \dfrac{\text{부하설비 용량[kVA]의 차}}{\text{총 부하설비 용량[kVA]} \times \dfrac{1}{2}} \times 100[\%]$

05 복합 계산형   난이도 上

정답

[계산과정]

10[MVA] 기준으로 환산한 리액턴스를 구한다.

$\%X_{G1} = 15 \times \dfrac{10[MVA]}{5[MVA]} = 30[\%]$

$\%X_{G2} = 15 \times \dfrac{10[MVA]}{10[MVA]} = 15[\%]$

$\%X_{G3} = 15 \times \dfrac{10[MVA]}{10[MVA]} = 15[\%]$

세 발전기는 병렬연결이다.

합성 리액턴스 $= \dfrac{1}{\dfrac{1}{30} + \dfrac{1}{15} + \dfrac{1}{15}} = 6[\%]$

차단기의 단락용량 $P_s = \dfrac{100}{X_L + 6} \times 10[MVA] = 100[MVA]$

$X_L = 4[\%]$

[정답] 4[%]

부분점수

점수	세부기준
3점	계산과정과 답이 모두 정답이면 3점 획득
0점	계산과정 또는 답에 오류가 있으면 0점

접근 POINT

단락전류를 경감하는 방법은 한류리액터 사용, 고임피던스 기기 채용, 계통전압 격상, 계통 분할의 방법 등이 있는데, 그 중 한류리액터를 선로에 삽입하는 방법은 계통의 리액턴스를 증가시켜 단락전류를 경감하는 원리를 적용한 것이다.

해설

① 단락용량 $P_s = \dfrac{100}{\%Z} P_n$

② 기준용량(P_n)에 대한 퍼센트 임피던스(%Z)의 환산법

$\%Z = \dfrac{P_n Z}{10 V^2}$에서 $\%Z \propto P_n$이다.

→ $\%X_{G1}$: 자기용량 5[MVA] 기준 15[%]이므로, 10[MVA] 기준으로 환산하면 $15 \times \dfrac{10[MVA]}{5[MVA]} = 30[\%]$

③ 차단기의 차단용량은 차단기에서 전원 측을 바라본 합성 리액턴스를 적용한다.

④ 한류리액터를 이용한 단락전류 경감 원리: 차단기와 전원측 사이에 직렬로 리액턴스를 삽입한다.

06 서술 암기형 + 단답 암기형   난이도 下

정답

(1) 전력용 퓨즈의 역할

[정답]

① 부하전류를 안전하게 통전
② 일정값 이상의 과전류는 차단하여 선로와 기기를 보호

(2) 표의 해당란에 ○표 하기

기구 \ 능력	회로 분리		사고 차단	
	무부하시	부하시	과부하시	단락시
퓨즈	○			○
차단기	○	○	○	○
개폐기	○	○	○	
단로기	○			
전자접촉기	○	○	○	

(3) 퓨즈의 성능 특성

정답

① 용단 특성
② 전차단 특성
③ 단시간 허용 특성

부분점수

점수	세부기준
6점	(1)~(3)번이 모두 맞은 경우 6점 획득
2~0점	(1)의 소문항 2개 중 정답 1개당 1점 획득
2~0점	(2)의 소문항 개수당 부분점수 0점(0~6개), 1점(7~12개), 2점(13개)
2~0점	(3)의 소문항 개수당 부분점수 0점(0~1개), 1점(2개), 2점(3개)

서술형 핵심 KEYWORD

다음 핵심 KEYWORD가 포함되어야 정답 처리된다.

(1) ① 부하전류, 통전
    ② 과전류, 차단, 선로와 기기 보호

▌접근 POINT

전력용 퓨즈에 대한 역할과 기능 및 특성에 대해 암기하여 적는 단답형 문제이다. 퓨즈의 사용목적, 선정시 고려사항, 장단점과 특성을 함께 정리하면서 암기해야 한다.

해설

전력용 퓨즈의 설치 목적

① 고압 및 특고압의 선로에서 선로와 기기를 단락으로부터 보호하기 위한 차단장치이다.
② 부하전류는 안전하게 통전하고, 일정값 이상의 과전류는 차단하여 선로와 기기를 보호한다.

퓨즈 선정시 고려사항

① 과부하 전류에 동작하지 말 것
② 변압기 여자 돌입전류에 동작하지 말 것
③ 충전기 및 전동기의 기동전류에 동작하지 말 것
④ 보호기기와 협조를 가질 것

퓨즈의 장단점

장점	① 고속도 차단 ② 릴레이나 변성기가 필요 없음 ③ 소형 경량, 경제적(가격이 쌈)
단점	① 차단시 이상전압 발생 ② 재투입 불가능 ③ 비보호 영역 존재 ④ 동작시간 조정 불가

퓨즈의 특성

① 용단 특성
② 전차단 특성
③ 단시간 허용 특성

한류형 퓨즈의 특징

① 소형으로 큰 차단용량을 갖는다.
② 단락전류의 제한효과가 크다.
③ 차단시간이 짧으므로 과전압이 발생한다.
④ 최소 차단전류영역이 있다.
⑤ 전차단 시간은 1/4 사이클 정도이다.
⑥ 전압 0점에서 차단이 된다.

07 단답 암기형   난이도 中

정답

① 건설공사 공정예정표
② 품질관리계획서
③ 안전관리계획서

부분점수

점수	세부기준
3~0점	소문항 3개 중 정답 1개당 부분점수 1점 획득

▌접근 POINT

감리 관련 규정 중 감리업무수행의 방법 및 절차 등에 관하여 필요한 세부기준을 정해놓은 책임관리현장참여자업무지침서의 "착공신고서 검토 및 보고"에 관련 서류를 물어보는 문제이다.

해설

제11조(착공신고서 검토 및 보고)

① 감리원은 건설공사가 착공된 경우에는 시공자로부터 다음 각 호의 서류가 포함된 착공신고서를 제출받아 적정성 여부를 검토하여 7일 이내에 발주청에 보고하여야 한다.

1. 현장기술자 지정신고서(현장관리조직, 현장대리인, 안전관리자, 품질관리자)
2. 건설공사 공정예정표
3. 품질관리계획서 또는 품질시험계획서
4. 공사도급 계약서 사본 및 산출내역서
5. 착공 전 사진
6. 현장기술자 경력사항 확인서 및 자격증 사본
7. 안전관리계획서

8. 노무동원 및 장비투입 계획서
9. 기타 발주청이 지정한 사항

08 단순 계산형   난이도 下

[계산과정]

$103 + \dfrac{-0.8}{100} \times 103 = 102.176 ≒ 102.18[V]$

[정답] 102.18[V]

부분점수

점수	세부기준
3점	계산과정과 답이 모두 맞으면 3점
0점	계산과정과 답에 오류가 있으면 0점

접근 POINT

계측기로 전압, 전류, 전력을 측정할 때 오차가 발생하기 마련이다. 따라서 계측기의 보정률을 알고 있다면 측정값으로부터 실제의 참값을 찾아낼 수 있다.
이 문제는 보정률로부터 참값을 찾아내는 과정을 물어보고 있다.

해설

참값 및 측정값과 보정률에 대한 관계식

보정(값) = 참값 − 측정값

보정률 = $\dfrac{보정(값)}{측정값}$

%보정 = $\dfrac{보정값}{측정값} \times 100 = \dfrac{참값 - 측정값}{측정값} \times 100$ [%]

여기서, 보정률은 양수와 음수 둘 다 나올 수 있다.

추가적인 오차와 관련된 식

오차 = 측정값 − 참값

오차율 = $\dfrac{오차}{참값}$

% 오차 = $\dfrac{오차}{참값} \times 100 = \dfrac{측정값 - 참값}{참값} \times 100$ [%]

09 복합 계산형   난이도 上

[정답]

(1) 전력용 콘덴서의 용량

[계산과정]

콘덴서 설치 후에도 피상전력은 650[kVA]로 동일해야 한다.

$Q_c = (520+80) \times \dfrac{0.6}{0.8} - \sqrt{650^2 - (520+80)^2} = 200[kVA]$

[정답] 200[kVA]

(2) 부하 증가 전의 송전단 전압

[계산과정]

부하 증가 전의 역률 $\cos\theta_1 = 0.8$이다.

$V_s = 3{,}000 + \dfrac{520 \times 10^3}{3{,}000} \times \left(1.78 + 1.17 \times \dfrac{0.6}{0.8}\right)$
$= 3{,}460.633[V]$

[정답] 3,460.63[V]

(3) 부하 증가 후의 송전단 전압

[계산과정]

콘덴서 추가 후에 개선된 역률 $\cos\theta_2 = \dfrac{600}{650} = 0.923$

$V_s = 3{,}000 + \dfrac{600 \times 10^3}{3{,}000}\left(1.78 + 1.17 \times \dfrac{\sqrt{1-0.923^2}}{0.923}\right)$
$= 3{,}453.554[V]$

[정답] 3,453.55[V]

부분점수

점수	세부기준
6점	(1)~(3)번이 모두 맞은 경우 6점 획득
2점	문항 (1)의 계산과정과 답이 맞으면 2점, 계산과정 또는 답에 오류가 있으면 0점
2점	문항 (2)의 계산과정과 답이 맞으면 2점, 계산과정 또는 답에 오류가 있으면 0점
2점	문항 (3)의 계산과정과 답이 맞으면 2점, 계산과정 또는 답에 오류가 있으면 0점

접근 POINT

부하 증가 전후의 벡터도를 그려서 생각한다. 콘덴서 설치 후에 수전단 전압 및 전류가 일정하게 유지되므로 피상전력은 동일해야 한다.

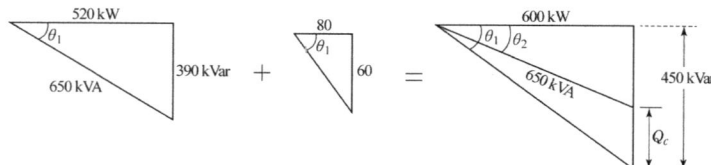

해설

전압강하 공식

$e = \sqrt{3}I(R\cos\theta + X\tan\theta) = \dfrac{P}{V}(R + X\tan\theta)$에서

부하전력 $P[kW]$가 주어진 경우는 $e = \dfrac{P}{V}(R + X\tan\theta)$를 적용하면 풀이가 간단해진다.

콘덴서 용량은 [kVA]를 사용한다.

병렬 콘덴서(역률 개선용 콘덴서) 설치효과
① 전력손실 감소, 전압강하 감소
② 설비 용량의 여유도 증가, 전기요금 경감

10 순차적 문제 해결형   난이도 中

정답

(1) 난방부하 계산

계산과정

난방동력 수용부하=3+(6+0.4)×0.6=6.84[kW]

정답 6.84[kW]

(2) 피상전력 계산

계산과정

상용동력 부하=$\frac{25.8}{0.8}$=32.25[kVA]

하계동력 부하=$\frac{52}{0.8}$=65[kVA]

동계동력 부하=$\frac{9.4}{0.8}$=11.75[kVA]

정답 상용동력 부하: 32.25[kVA],
하계동력 부하: 65[kVA],
동계동력 부하: 11.75[kVA]

(3) 총 전기설비 용량

계산과정

총 전기설비 용량은 최대부하를 기준으로 선정해야 하므로 하계부하(>동계부하)를 반영한다.

∴ 32.25+65+77.3=174.55[kVA]

정답 174.55[kVA]

(4) 단상 변압기 용량

계산과정

전등 관계

$(1,040+1,120+45,100+600) \times 0.7 \times 10^{-3}$=33.5[kVA]

콘센트 관계

$(12,000+440+3,000+3,600+2,400+7,200)$
$\times 0.5 \times 10^{-3}$=14.32[kVA]

단상부하 용량=33.5+14.32+0.8=48.62[kVA]

→ 표준변압기 용량 50[kVA] 선정

정답 50[kVA]

(5) 동력 부하용 3상 변압기의 용량

계산과정

3상 변압기 용량=$\frac{25.8+52.0}{0.8} \times 0.6$=58.35[kVA]

→ 표준변압기 용량 75[kVA] 선정

정답 75[kVA]

(6) 변압기 총 용량

계산과정

총 변압기 용량=단상변압기 용량+3상 변압기 용량
=50+75=125[kVA]

정답 125[kVA]

(7) 전력퓨즈의 정격전류

계산과정

단상 변압기: 참고자료1의 용량 50[kVA]와 단상 6.6[kV]의 교차점인 퓨즈 정격전류 15[A] 선정

3상 변압기: 참고자료1의 용량 75[kVA]와 3상 6.6[kV]의 교차점인 퓨즈 정격전류 7.5[A] 선정

정답 단상 변압기 15[A], 3상 변압기 7.5[A]

(8) 콘덴서 용량 계산

계산과정

참고자료 3에서 개선 전 역률 80[%]와 개선 후 역률 95[%]의 교차점인 42[%] 선정

콘덴서 용량=75×0.8×0.42=25.2[kVA]

정답 25.2[kVA]

부분점수

점수	세부기준
12점	(1)~(8)까지 모두 맞은 경우 12점 획득
2점	문항 (1)의 계산과정과 답이 모두 맞으면 2점, 계산과정이나 답에 오류가 있으면 0점
2점	문항 (2)의 계산과정과 답이 모두 맞으면 2점, 계산과정이나 답에 오류가 있으면 0점
1점	문항 (3)의 계산과정과 답이 모두 맞으면 1점, 계산과정이나 답에 오류가 있으면 0점
2점	문항 (4)의 계산과정과 답이 모두 맞으면 2점, 계산과정이나 답에 오류가 있으면 0점
1점	문항 (5)의 계산과정과 답이 모두 맞으면 1점, 계산과정이나 답에 오류가 있으면 0점
1점	문항 (6)의 계산과정과 답이 모두 맞으면 1점, 계산과정이나 답에 오류가 있으면 0점
2점	문항 (7)의 계산과정과 답이 모두 맞으면 2점, 계산과정이나 답에 오류가 있으면 0점
1점	문항 (8)의 계산과정과 답이 모두 맞으면 1점, 계산과정이나 답에 오류가 있으면 0점

접근 POINT

자료 해석형 문제이다. 수용 부하, 변압기 용량 등을 구할 때 단위를 통해 유효전력과 피상전력을 구분하여 계산한다.

해설

변압기 용량[kVA]=$\frac{설비용량 \times 수용률 \times 여유도}{역률 \times 부등률 \times 효율}$에서 변압기 용량은 항상 피상전력[kVA]으로 나타낸다.

문제의 설비용량들은 [kW]로 주어졌으므로

변압기 용량[kVA]=$\frac{설비용량[kW] \times 수용률}{역률}$을 적용한다.

역률 개선용 콘덴서 용량을 표로 구할 때는 유효전력[kW]을 기준으로 용량 계산표[%]를 적용한다.

11 시퀀스 　　　　　　　　　　　　　　　　　　난이도 上

[정답]

(1) 미완성 회로도 완성

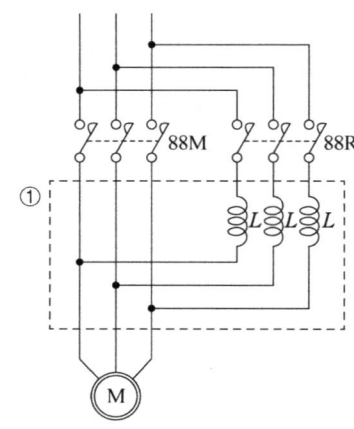

(2) 제어회로의 접점 완성

구분	②	③	④	⑤	⑥
접점 및 기호	88R	88M	T-a	88M	88R

(3) LAMP와 계기의 그림기호

구분	⑦	⑧	⑨	⑩
그림기호	Ⓡ	Ⓖ	Ⓨ	Ⓐ

(4) 기동전류 계산

[계산과정]

정격전류를 I_n이라 하면 직입기동 시 기동전류 $I_{ss}=6I_n$

65[%]탭으로 기동하면 기동전류는 전압에 비례해서

$I_{ss}' = 0.65 \times 6I_n = 3.9I_n$이 된다.

[정답] $3.9I_n$

(5) 기동토크 계산

[계산과정]

정격토크를 τ_n이라 하면 직입기동시 기동토크 $\tau_s = 2\tau_n$

토크는 전압의 제곱에 비례한다.

$\tau_s' = (0.65)^2 \times 2\tau_n = 0.845\tau_n$

[정답] $0.85\tau_n$

[부분점수]

점수	세부기준
7점	(1)~(5)번이 모두 맞은 경우 7점 획득
1점	문항 (1)의 주회로가 정답이면 1점, 오류가 있으면 0점
2~0점	문항 (2)의 소문항 5개 중 정답이 0~1개면 0점, 2~3개면 1점, 5개면 2점 부여
2~0점	문항 (3)의 소문항 4개 중 정답이 0~1개면 0점, 2~3개면 1점, 4개면 2점 부여
2점	문항 (4), (5)의 계산과정과 답이 맞으면 각각 1점씩 획득

[접근 POINT]

기동을 위해 PB-ON 시에 88R 계전기가 여자되어 먼저 작동하고 타이머의 설정 시간 후 88M 계전기가 동작하므로 기동용 리액터는 88R 쪽에 직렬로 설치한다.

농형 유도전동기의 경우 권선형 유도전동기처럼 외부 저항을 연결할 수 없기 때문에 전압을 줄여서(감전압) 기동특성을 제어한다. 이때 기동전류는 인가전압에 비례($I_{ss} \propto V$)하고, 기동토크는 인가전압의 제곱에 비례($\tau_s \propto V^2$)한다.

[해설]

3상 유도전동기 기동법
① 농형: 직입 기동, Y-Δ 기동, 리액터 기동, 기동 보상기법
② 권선형: 2차 저항 기동법, 게르게스 기동법

리액터 기동법

① 동작 원리
 - 기동시 S1이 투입되면 리액터는 모터와 직렬로 연결되어 기동되며 기동완료(t초)후 S2가 투입되어 전부하 전류로 운전된다.
 - 기동이 완료되고 운전상태에 돌입하면 리액터에는 전류가 흐르지 않는다.
② 15[kW] 이상의 대용량 농형 유도전동기에 적용된다.
③ 기동 시 모터 앞 단의 리액터와 전동기 내부의 리액터가 직렬로 접속되어 전압 분배가 이루어진다.
④ 전 전압의 50[%], 65[%], 80[%] 인가되도록 탭을 설정한다.

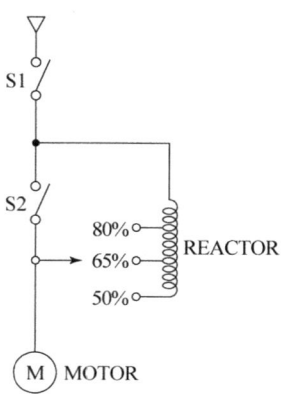

12 복합 계산형 　　　　　　　　　　　　　　　난이도 中

[정답]

(1) 변압기 용량 계산

[계산과정]

변압기 용량 = $\dfrac{설비용량 \times 수용률}{역률} = \dfrac{51 \times 0.7}{0.9}$
$= 39.666[MVA]$

[정답] 39.67[MVA]

(2) 변압기 2차측 LA의 정격전압

[정답] 21[kV]

(3) CT1의 변류비

[계산과정]

$I_1 = \dfrac{39.67 \times 10^3}{\sqrt{3} \times 154} \times (1.25 \sim 1.5) = 185.9 \sim 223.09[A]$

표에서 정격 200/5 선정

정답 200/5

(4) ① VS ② AS

(5) 차단기의 차단용량 계산

계산과정
$$P_z = \sqrt{3} \times 25.8 \times 23 = 1{,}027.798 [MVA]$$

정답 1,027.80[MVA]

(6) 계전기의 임피던스 계산

계산과정
$$Z = \frac{9}{5^2} = 0.36 [\Omega]$$

정답 0.36[Ω]

(7) 차동계전기의 단자에 흐르는 전류 계산

계산과정
$$I_2 = 600 \times \frac{5}{1{,}200} \times \sqrt{3} = 4.330 [A]$$

정답 4.33[A]

(8) 87T 비율 차동계전기의 동작원리

정답 변압기 내부사고 발생 시 동작코일에 흐르는 전류가 억제코일에 흐르는 전류의 일정 비율 이상일 때 동작하여 변압기 내부사고를 보호한다.

부분점수

점수	세부기준
12점	(1)~(8)이 모두 맞은 경우 12점 획득
1점	문항 (1)의 계산과정과 답이 모두 맞으면 1점, 오류가 있으면 0점
1점	문항 (2)의 정답은 1점, 오답은 0점
2점	문항 (3)의 계산과정과 답이 모두 맞으면 2점, 오류가 있으면 0점
1점	문항 (4)의 소문항 ①, ② 모두 정답은 1점, 하나 이상 오답은 0점
2점	문항 (5)의 계산과정과 답이 모두 맞으면 2점, 오류가 있으면 0점
2점	문항 (6)의 계산과정과 답이 모두 맞으면 2점, 오류가 있으면 0점
2점	문항 (7)의 계산과정과 답이 모두 맞으면 2점, 오류가 있으면 0점
1점	핵심 키워드가 포함된 답은 1점, 아니면 오답으로 0점

서술형 핵심 KEYWORD

문항 (8)은 다음 핵심 KEYWORD가 포함되어야 정답 처리된다.

동작코일, 억제코일, 비율 이상

접근 POINT

154[kV] 이상의 변압기 내부고장 보호는 비율차동계전기를 사용하며 변압기 1,2차 결선에서 위상차 30°가 발생하면 CT를 통해서 위상차를 상쇄시켜야 한다. 또한 CT 2차 회로는 △결선의 선전류에 해당하게 되므로 상전류보다 √3 배 크게 흐르게 된다.

해설

피뢰기 정격전압

※ 변전소용: 21[kV], 배전선로용: 18[kV]

전력계통		정격전압	
공칭전압	중성점 접지방식	송전선로	배전선로
345	유효접지	288	
154	유효접지	144	
66	소호 리액터 접지 또는 비접지	72	
22	소호 리액터 접지 또는 비접지	24	
22.9	중성점 다중접지	21	18

CT 정격 및 결선법

① 1차 정격전류: 별도로 문제에서 지정하지 않으면 1차 부하전류의 1.25~1.5배로 선정한다.

② 변압기 보호용 CT 결선법
  - 변압기의 1,2차 위상차 30°를 보정하도록 결선한다.
  - 변압기 결선이 △-Y인 경우, △측에는 CT의 결선을 Y로 하고 Y측에는 CT의 결선을 △로 한다.

③ CT의 △결선 목적: 전류의 위상을 ±30° 변경을 하는 경우에 사용되며, 변압기의 비율차동계전기에서 사용된다.

④ 3상 △결선 회로의 특징
  - 선전류 $I_\ell = \sqrt{3} I_p \angle 30°$ 로 선전류는 상전류의 $\sqrt{3}$ 배이다.
  - 소문항 (7)번에서 계전기에 입력되는 전류는 △결선의 선전류에 해당한다.

비율차동 계전기의 원리

① 비율차동계전기는 동작코일과 억제코일로 구성된다.
② 전류차동계전기에 억제코일(I_1 or I_2가 흐름)을 추가하여 계전기 오차나 외부고장에 오동작하지 않는다.
③ 동작코일에는 억제코일 전류의 차(I_d)가 흐른다.

$$I_d = I_1 - I_2$$

  - 평상시: 동작코일에 전류가 흐르지 않는다. → $I_1 - I_2 = 0$
  - 사고시: 동작코일에 차전류가 발생한다. → $I_1 - I_2 = I_d$
  - 내부고장 판정: $\dfrac{|I_d|}{|I_1|\ or\ |I_2|}$ 가 정정값 이상일 때

13 단순 계산형 난이도 中

정답

(1) 전압강하

계산과정 $\dfrac{154}{345} = 0.446$

정답 0.45배

(2) 전압강하율

계산과정 $\left(\dfrac{154}{345}\right)^2 = 0.199$

정답 0.2배

(3) 선로 손실

계산과정 $\left(\dfrac{154}{345}\right)^2 = 0.199$

정답 0.2배

(4) 선로 손실율

계산과정 $\left(\dfrac{154}{345}\right)^2 = 0.199$

정답 0.2배

(5) 전선 단면적

계산과정 $\left(\dfrac{154}{345}\right)^2 = 0.199$

정답 0.2배

부분점수

점수	세부기준
5~0점	문항 하나당 1점씩 부분점수 부여

▌접근 POINT

승압은 송전용량 증대, 전압강하 및 선로손실 등의 감소 등의 장점과 절연레벨의 상승으로 건설비, 기기비용 상승과 전위경도가 높아져서 코로나 악영향이 나타나는 단점이 있다.
승압의 장단점을 묻는 단답형 문제와 지금 문제와 같은 계산문제가 동시에 출제될 수 있다.

해설

전압강하

전압강하 $e = \dfrac{P}{V}(R + X\tan\theta)$이며 전압에 반비례한다.

전압강하율

전압강하율 $\mathcal{L} = \dfrac{P}{V_r^2}(R + X\tan\theta) \times 100[\%]$이며 전압의 제곱에 반비례한다.

선로손실

$P_l = 3I^2R = 3\left(\dfrac{P_r}{\sqrt{3}\,V\cos\theta}\right)^2 R = 3\dfrac{P^2R}{3V^2\cos^2\theta} = \dfrac{P^2R}{V^2\cos^2\theta}$

선로(전력)손실률

$K = \dfrac{P_l}{P_r} \times 100 = \dfrac{\dfrac{P^2\rho l}{V^2\cos^2\theta A}}{P_r} \times 100 = \dfrac{P\rho l}{V^2\cos^2\theta A} \times 100$

전력손실률은 전압의 제곱에 반비례한다.

전선단면적

전력 손실률이 일정하다는 조건하에 단면적 $A \propto \dfrac{1}{V^2}$이며 전압의 제곱에 반비례한다.

14 복합 계산형 　　　　　　　　　　　　난이도 上

정답

계산과정

$P = (200 \times 6 \times 0.8 + 400 \times 6 \times 0.8 + 500 \times 6 \times 1 + 300 \times 6 \times 1)$
$= 7,680[\text{kWh}]$

$P_i = 6 \times 24 = 144[\text{kWh}]$

$P_c = 10 \times \left\{\left(\dfrac{200}{500}\right)^2 \times 6 + \left(\dfrac{400}{500}\right)^2 \times 6 + \left(\dfrac{500}{500}\right)^2 \times 6 + \left(\dfrac{300}{500}\right)^2 \times 6\right\}$
$= 129.6[\text{kWh}]$

$\eta = \dfrac{7,680}{7,680 + 144 + 129.6} \times 100 = 96.56[\%]$

정답 96.56[%]

부분점수

점수	세부기준
4점	계산과정과 답이 모두 맞으면 4점
0점	계산과정과 답에 오류가 있으면 0점

▌접근 POINT

변압기의 효율은 부하율과 역률에 따라 달라진다.
출력 $P[\text{W}] \propto$ 부하율, 역률
동손 $P_c[\text{W}] \propto$ 부하율^2, 철손 P_i는 부하율과 무관하다.

해설

변압기의 효율

① 효율식

- $\eta = \dfrac{\text{출력}}{\text{출력} + \text{손실}} \times 100$

$= \dfrac{\dfrac{1}{m}VI\cos\theta}{\dfrac{1}{m}VI\cos\theta + P_i + \left(\dfrac{1}{m}\right)^2 P_c} \times 100[\%]$

- $\dfrac{1}{m}$은 부분부하를 의미한다.

- 전부하 동손이 $P_c(=I^2r)$일 때, $\dfrac{1}{m}$ 부분부하시 동손은 $\left(\dfrac{1}{m}\right)^2 \times P_c$가 되고, 철손은 부하와 무관하다.

② 최대효율 조건(동손=철손): $\left(\dfrac{1}{m}\right)^2 \times P_c = P_i$일 때 성립

15 단순 암기형 + 단순 계산형 　　　　　　난이도 中

정답

(1) $S = \dfrac{S_n}{\sqrt{t}}$

(2) 비오차[%] 계산

계산과정

$\epsilon = \left(\dfrac{\dfrac{100}{5}}{\dfrac{250}{10}} - 1\right) \times 100 = -20[\%]$

정답 $-20[\%]$

부분점수

점수	세부기준
5점	(1)~(2)번이 모두 맞은 경우 5점 획득
2점	문항 (1)의 식이 정답이면 2점, 오답은 0점
3점	문항 (2)의 계산과정과 정답이 맞으면 3점, 오류가 있으면 0점

접근 POINT

열적 과전류강도와 비오차의 수식을 물어보면서 동시에 비오차를 계산하는 문제로 공식을 암기하고 적용할 수 있는지를 물어보는 문제이다.

이러한 문제 외에도 과전류 정수와 무릎전압도 산출 문제로 출제 가능성이 있으므로 해설에 정리한 내용을 함께 학습하여 대비해야 한다.

해설

1. 열적 과전류강도

$$S = \frac{S_n}{\sqrt{t}}$$

S_n : 정격 과전류강도
S : 통전시간 t초에 대한 열적 과전류강도
t : 통전시간(1초)

2. 비오차(Ratio error)

$$\epsilon = \frac{K_n - K}{K} \times 100 [\%]$$

K_n : 공칭 변류비, K : 실제 변류비

〈신출 대비 추가 학습〉

3. 무릎전압(Knee point voltage): CT의 포화점

① 정의: 포화되기 직전 2차전압이 +10% 증가될 때 2차 여자전류가 +50% 증가되는 점의 전압이다.
② 무릎전압이 높으면 큰 고장전류에서도 확실한 보호계전기 동작을 기대할 수 있다.
③ 무릎전압이 낮으면 과전류 영역에서 비오차가 증대되어 보호계전기 오동작 가능성이 크다.

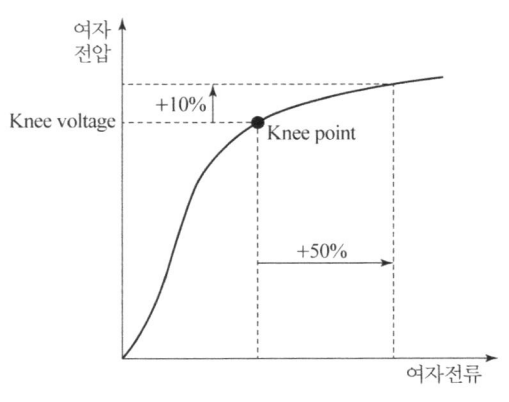

▲ 2차 여자 포화곡선

4. 과전류 정수

① 정의: 비오차가 -10[%]일 때의 1차전류를 정격 1차전류로 나눈 값이다.
② 회로의 최대 고장전류가 과전류 정수를 초과하지 않도록 CT를 선정한다.

$$n = \frac{\text{정격부담에서 비오차가 -10\%가 될때의 1차전류}}{\text{1차 정격전류}}$$

16 서술 암기형 난이도 中

정답

(1) 계통측 대책

정답

① 고조파부하를 전용선으로 공급한다.
② 코로나 발생을 억제하기 위해 복도체 방식을 채용한다.
③ 단락용량을 증대시킨다.
④ 발전기 전기자 권선의 분포권, 단절권을 채용한다.

(2) 수용가측 대책

정답

① 고조파 필터를 설치한다.
② 기기의 고조파 내량을 증대시킨다.
③ 수용가 구내 변압기를 △결선한다.

부분점수

점수	세부기준
4점	(1), (2)번이 모두 정답인 경우 4점 획득
2~0점	문항 (1)의 정답 하나당 부분점수 1점 부여
2~0점	문항 (2)의 정답 하나당 부분점수 1점 부여

서술형 핵심 KEYWORD

(1) 전용선, 복도체, 단락용량, 분포권/단절권
(2) 필터, 고조파 내량, △결선

접근 POINT

고조파 전류를 방지하는 대책을 묻는 문제로 핵심 KEYWORD를 포함하여 정답을 작성하는 연습을 해야 한다.

해설

고조파의 정의

① 기본파의 정수배 주파수를 갖는 정현파 성분이다.
② 기본파의 정현파 전원이 비선형 특성을 갖는 부하에 인가되면 파형이 일그러지는 왜곡파가 발생한다.

고조파의 발생 원인

① 변압기 및 회전기: 철심의 포화에 따른 비선형 특성
② 전력 변환장치: 정류기(AC→DC), 쵸퍼(DC→DC), 인버터(DC→AC), 싸이클로 컨버터(AC→AC)
③ 전기로, 아크로, 용접기 등
④ 형광등의 안정기

고조파의 영향

① 콘덴서 과열, 소손 → 콘덴서 리액턴스 감소로 과대전류의 유입 때문

$$X_c = \frac{1}{2\pi f C} \propto \frac{1}{f}$$

② 변압기 손실 증가 → 표피효과 증가, 철심 히스테리시스손, 와류손 증가
③ 통신선 유도장해 발생 → 중성점 직접접지 방식에서 영상분 고조파에 의한 장해
④ 중성선 과열 → 제3고조파는 영상성분으로 중성선에 유입되어 표피효과를 가중시켜 중성선을 과열시킴

고조파 대책
① 계통측 대책
- 고조파부하를 전용선으로 공급한다.

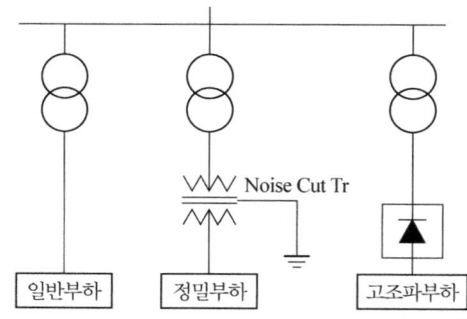

▲ 고조파부하 계통 분리

- 코로나 발생 억제를 위해 복도체 방식을 채용한다.
- 단락용량을 증대시킨다. → 공진 차수의 증가(공진차수가 높아지면 고조파의 크기는 감소)

$n = \sqrt{P_s/Q_c}$

n: 공진차수, P_s: 단락용량, Q_c: 콘덴서 용량

- 발전기 전기자 권선의 분포권, 단절권 채용

② 수용가측 대책
- 고조파 필터를 설치한다.
- 기기의 고조파 내량을 증대시킨다.
- 수용가 구내 변압기 △결선을 채용한다.

17 복합 계산형 난이도 中

정답

(1) 제3고조파의 전압 계산

계산과정

상전압 V_p에는 기본파와 제3고조파 전압만 존재한다.

상전압의 크기는 $V_p = \sqrt{V_1^2 + V_3^2}$ ········· ①

선간 전압 V_l에는 제3고조파분이 존재하지 않으므로

선간 전압의 크기는 $V_l = \sqrt{3} V_1$ 에서

제1고조파의 크기는 $V_1 = \dfrac{V_l}{\sqrt{3}}$ ········· ②

식 ①, ②를 정리하여 제3고조파의 크기를 구한다.

$V_3 = \sqrt{150^2 - \left(\dfrac{220}{\sqrt{3}}\right)^2} = 79.791 \cdots ≒ 79.79[V]$

정답 79.79[V]

(2) 전압의 왜형률 계산

계산과정

왜형률 $= \dfrac{V_3}{V_1} = \dfrac{79.79}{127.02} = 0.6282 = 62.82[\%]$

정답 62.82[%]

부분점수

점수	세부기준
4점	(1), (2)번이 모두 맞은 경우 4점 획득
2점	문항 (1)의 계산과정과 답이 맞으면 2점, 오류가 있으면 0점
2점	문항 (2)의 계산과정과 답이 맞으면 2점, 오류가 있으면 0점

접근 POINT

최대전력전달 정리를 알고 적용할 수 있는지를 묻는 기본적인 회로문제이다. 공식 적용을 위해 테브난 정리를 활용하여 하나의 전원과 하나의 직렬저항(임피던스)으로 등가변환 해야 한다.

해설

결선방법에 따른 선간전압과 상전압 및 선전류와 상전류의 관계

① Y결선: $V_l = \sqrt{3} V_p \angle 30°$, $I_l = I_p$

② △결선: $V_l = V_p$, $I_l = \sqrt{3} I_p \angle -30°$

결선방법에 따른 제3고조파 포함 관계 (전압, 전류 구분)

결선방법	Y결선		△결선	
구분	상	선간	상	선간
전압	O	X	X	O
전류	X	O	O	X

문제에서 주어진 조건 "Y결선"과 부하측에 인가된 전압은 상평형 전압이고, 기본파와 제3고조파분 전압만이 존재한다."에 따라 상전압은 벡터적으로 보면 $\vec{V_p} = \vec{V_1} + \vec{V_3}$ 이다.

크기는 $|\vec{V_p}| = \sqrt{|\vec{V_1}|^2 + |\vec{V_3}|^2}$ 가 된다.

여기서, 크기만을 고려하면 다음과 같다.

$|\vec{V_p}| = V_p$, $|\vec{V_1}| = V_1$, $|\vec{V_3}| = V_3$며, $V_p = \sqrt{V_1^2 + V_3^2}$

선전압의 크기만을 고려하면

$V_l = \sqrt{3} V_p = \sqrt{3} \sqrt{V_1^2 + V_3^2}$ 이지만

제3고조파 성분이 포함되지 않으므로 ($V_3 = 0$)

$V_l = \sqrt{3} \sqrt{V_1^2} = \sqrt{3} V_1$ 이며, 여기서 $V_1 = \dfrac{V_l}{\sqrt{3}}$ 이다.

따라서, $V_p = \sqrt{V_1^2 + V_3^2} = \sqrt{\left(\dfrac{V_l}{\sqrt{3}}\right)^2 + V_3^2}$ 이며,

$V_3^2 = V_p^2 - \left(\dfrac{V_l}{\sqrt{3}}\right)^2$ 이며, 제3고조파 전압은 다음과 같다.

$V_3 = \sqrt{V_p^2 - \left(\dfrac{V_l}{\sqrt{3}}\right)^2} = \sqrt{150^2 - \left(\dfrac{220}{\sqrt{3}}\right)^2}$

$= 79.791 \cdots ≒ 79.79[V]$

종합 고조파 왜형률 (THD, Total Harmonics Distortion)

왜형률 $= \dfrac{\text{전 고조파의 실효값}}{\text{기본파의 실효값}} = \dfrac{\sqrt{V_2^2 + V_3^2 + V_4^2 + \cdots + V_n^2}}{V_1}$

문제의 조건에는 고조파는 제3고조파만 존재하므로 왜형률은 다음과 같다.

왜형률 $= \dfrac{V_3}{V_1} = \dfrac{79.79}{127.02} = 0.6282$

$= 62.82[\%]$

18 논리회로 난이도 上

정답

(1) 논리식 간단히 하기

계산과정

$X \oplus Y \oplus Z = (X \oplus Y) \oplus Z = (X \oplus Y)\overline{Z} + \overline{(X \oplus Y)}Z$
$= (X\overline{Y} + \overline{X}Y)\overline{Z} + (XY + \overline{X}\overline{Y})Z$
$= X\overline{Y}\overline{Z} + \overline{X}Y\overline{Z} + XYZ + \overline{X}\overline{Y}Z$

정답

$X\overline{Y}\overline{Z} + \overline{X}Y\overline{Z} + XYZ + \overline{X}\overline{Y}Z$

(2) 진리표 작성

X	Y	Z	F
0	0	0	0
0	0	1	1
0	1	0	1
0	1	1	0
1	0	0	1
1	0	1	0
1	1	0	0
1	1	1	1

부분점수

점수	세부기준
4점	(1), (2)번이 모두 정답인 경우 4점 획득
2~0점	문항 (1)의 계산과정과 답이 모두 맞으면 2점, 오류가 있으면 0점
2~0점	문항 (2)의 진리표가 정답이면 2점, 오류 1개당 1점 감점

접근 POINT

XOR gate는 입력의 '1' 개수가 홀수일 때 '1'이 출력되는 논리소자이다. 이 문제는 2입력 XOR gate를 바탕으로 3입력 XOR gate를 응용한 것이다.
기출문제에서는 진리표가 주어지고 출력식, 무접점, 유접점 회로를 작성하는 문제가 많이 출제되고 있다.

해설

(1)에서 3입력을 간단히 할 때 다음 전개식을 적용하였다.

$\overline{X \oplus Y} = \overline{X\overline{Y} + \overline{X}Y} = (\overline{X} + Y)(X + \overline{Y})$
$= X\overline{X} + \overline{X}\overline{Y} + XY + Y\overline{Y} = XY + \overline{X}\overline{Y}$

의 전개식을 적용하였다.

(2) $X \oplus Y \oplus Z = (X \oplus Y) \oplus Z = (X \oplus Y)\overline{Z} + \overline{(X \oplus Y)}Z$
$= (X\overline{Y} + \overline{X}Y)\overline{Z} + (XY + \overline{X}\overline{Y})Z$
$= X\overline{Y}\overline{Z} + \overline{X}Y\overline{Z} + XYZ + \overline{X}\overline{Y}Z$
$\quad (1\ 0\ 0)\ (0\ 1\ 0)\ (1\ 1\ 1)\ (0\ 0\ 1)$

기출변형 문제 대비

01 복합 계산형 난이도 中

정답

계산과정

합성 최대전력은 도면에서 9~12, 13~17시에 나타난다.
$P = (10 + 4 + 3) \times 10^3 = 17 \times 10^3 [\text{kW}]$

정답 $17 \times 10^3 [\text{kW}]$

접근 POINT

도면을 보고 해석해서 푸는 문제로 부하율, 부등률, 역률을 구하는 문제로도 출제될 수 있다.

02 단순 계산형 난이도 下

정답

계산과정

$I_{ss} = 0.5 \times 380 = 190 [\text{A}]$

정답 $190[\text{A}]$

접근 POINT

한류리액터는 송전선로나 모선에 직렬로 삽입되어 계통의 리액턴스를 증가시킴으로써 고장전류를 제한하여 차단기의 차단용량을 경감함과 동시에 직렬기기의 손상을 방지하기 위한 것으로서 차단기의 전원측에 직렬 연결한다.

해설

기동 보상기법 (농형 유도전동기에 적용)

① 정의: 단권변압기를 이용하여 전동기 단자전압을 저감하여 기동전류를 줄이고, 운전 시 단권변압기를 개방하여 전 전압으로 운전하는 방법이다.

② 특징
 - 중, 대용량 전동기에 적용된다.
 - 일반적으로 전 전압의 50[%], 65[%], 80[%] 인가되도록 탭을 설정한다.
 - 동손실이 적고 과도전압 문제가 없다.

③ 유도전동기 기동 특성
 - 유도전동기 기동토크: $\tau_s \propto V^2$
 - 기동전류 $I_{ss} \propto V$ ($I = \dfrac{V}{Z}$에서 Z가 일정)

전기기사 실기 조경필 모의고사 — 정답 및 해설 6회

조경필 모의고사

01 단순 계산형   난이도 下

정답

[계산과정]

$$I_s = \frac{100}{74.98} \times \frac{60 \times 10^6}{\sqrt{3} \times 6{,}600} \times 10^{-3} = 7.000 \cdots \fallingdotseq 7[kA]$$

[정답] 7[kA]

부분점수

점수	세부기준
3점	계산과정과 정답이 모두 맞은 경우 3점 획득
0점	정답이 틀리거나 계산과정에 오류가 있는 경우

접근 POINT

수전전압, 가공전선로의 %임피던스, 수전점의 기준용량이 정해져 있을 때, 단락사고 시 전원측에서 수전점으로 유입되는 단락전류를 계산하는 단순 수식형 계산문제이다.
단락비와 3상 전력 계산식을 변형하여 문제를 해결하는 능력을 확인하는 문제이다.

공식 CHECK

3상 전력 $P_n = \sqrt{3}\,V_n I_n [VA]$, 전류 $I_n = \dfrac{P_n}{\sqrt{3}\,V_n}$

단락비

$$K_s = \frac{I_s}{I_n} = \frac{100}{\%Z},\ I_s = \frac{100}{\%Z} \times I_n = \frac{100}{\%Z} \times \frac{P_n}{\sqrt{3}\,V_n}[A]$$

해설

수전점에 유입되는 단락전류를 계산한다.

$$I_s = \frac{100}{\%Z} \times I_n = \frac{100}{\%Z} \times \frac{P_n}{\sqrt{3}\,V_n}$$

$$= \frac{100}{74.98} \times \frac{60 \times 10^6}{\sqrt{3} \times 6{,}600} \times 10^{-3} = 7.000 \fallingdotseq 7[kA]$$

02 복합 계산형   난이도 中

정답

[계산과정]

전동기 정격전류

$$I_{1,n} = \frac{3.75 \times 10^3}{\sqrt{3} \times 380 \times 0.88} = 6.47[A]$$

$$\therefore I_1 = 6.47(0.88 - j\sqrt{1 - 0.88^2}) = 5.69 - j3.07[A]$$

$$I_{2,n} = \frac{2.2 \times 10^3}{\sqrt{3} \times 380 \times 0.85} = 3.93[A]$$

$$\therefore I_2 = 3.93(0.85 - j\sqrt{1 - 0.85^2}) = 3.34 - j2.07[A]$$

$$I_{3,n} = \frac{7.5 \times 10^3}{\sqrt{3} \times 380 \times 0.9} = 12.66[A]$$

$$\therefore I_3 = 12.66(0.9 - j\sqrt{1 - 0.9^2}) = 11.39 - j5.52[A]$$

설계전류

$$I_B = I_1 + I_2 + I_3 + I_H$$
$$= (5.69 + 3.34 + 11.39 + 20) - j(3.07 + 2.07 + 5.52)$$
$$= 40.42 - j10.66 = 41.8 \angle -14.77°$$

간선을 흐르는 허용전류는 41.8[A] 이상이어야 한다.

[정답] 41.8[A]

부분점수

점수	세부기준
4점	계산과정과 답이 모두 맞은 경우 4점 획득
0점	계산과정 또는 답에 오류가 있으면 0점

접근 POINT

역률이 다른 전류를 합성할 때는 유효분과 무효분으로 나누어서 벡터합으로 구한다.
KEC 212.4.1에 따라 케이블의 허용전류는 $I_B \leq I_n \leq I_Z$를 만족하는 허용전류 I_Z를 선정해야 한다.

해설

KEC 212.4.1 도체와 과부하 보호장치 사이의 협조
과부하에 대해 케이블(전선)을 보호하는 장치의 동작특성은 다음의 조건을 충족해야 한다.
$I_B \leq I_n \leq I_Z,\ I_2 \leq 1.45 \times I_Z$
I_B: 회로의 설계전류
I_Z: 케이블의 설계전류
I_n: 보호장치의 정격전류
I_2: 보호장치가 규약시간 이내에 유효하게 동작하는 것을 보장하는 전류

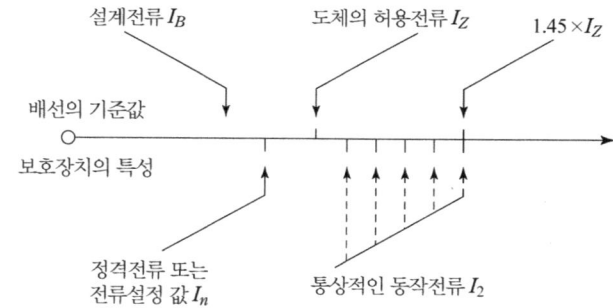

역률 $\cos\theta$인 유도성(지상) 전류 표현(기준: 전압의 위상 0°)
$$\dot{I} = I(\cos\theta - j\sin\theta) = I(\cos\theta - j\sqrt{1 - \cos^2\theta})[A]$$

03 순차적 문제 해결형 난이도 中

정답

(1) 면적을 적용한 부하용량 계산

부하내용	면적을 적용한 부하용량[kVA]
조명	계산: $22 \times 10{,}000 \times 10^{-3} = 220$[kVA] 답: 220[kVA]
콘센트	계산: $5 \times 10{,}000 \times 10^{-3} = 50$[kVA] 답: 50[kVA]
사무자동화 기기	계산: $34 \times 10{,}000 \times 10^{-3} = 340$[kVA] 답: 340[kVA]
일반동력	계산: $45 \times 10{,}000 \times 10^{-3} = 450$[kVA] 답: 450[kVA]
냉방동력	계산: $43 \times 10{,}000 \times 10^{-3} = 430$[kVA] 답: 430[kVA]
사무자동화 동력	계산: $8 \times 10{,}000 \times 10^{-3} = 80$[kVA] 답: 80[kVA]
합계	계산: $157 \times 10{,}000 \times 10^{-3} = 1{,}570$[kVA] 답: 1,570[kVA]

(2) 변전설비의 용량 계산

① 조명, 콘센트, 사무자동화 기기

[계산과정]

$Tr_1 = (220 + 50 + 340) \times 0.7 = 427 [kVA]$

[정답] 500[kVA] 선정

② 일반동력, 사무자동화 동력

[계산과정]

$Tr_2 = (450 + 80) \times 0.5 = 265 [kVA]$

[정답] 300[kVA] 선정

③ 냉방동력

[계산과정]

$Tr_3 = 430 \times 0.8 = 344 [kVA]$

[정답] 400[kVA] 선정

④ 주변압기 용량

[계산과정]

$$\frac{427 + 265 + 344}{1.2} = 863.333 [kVA]$$

[정답]

1,000[kVA] 선정

(3) 변전설비의 단선 계통도

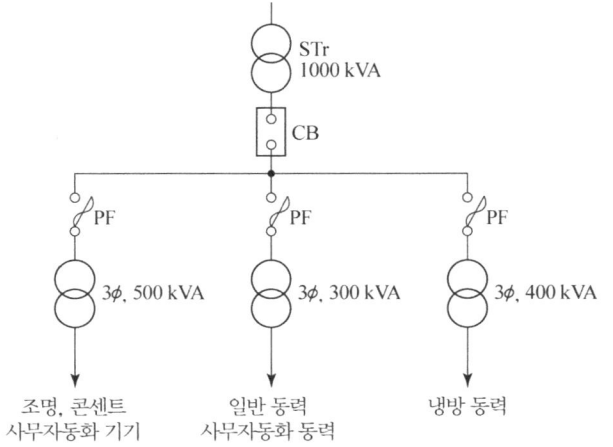

부분점수

점수	세부기준
10점	(1)~(3)이 모두 맞은 경우 10점 획득
4~0점	문항 (1)의 표에서 정답 2열 당 1점씩 부분점수 부여
4~0점	문항 (2)의 소문항 하나 당 1점씩 부분점수 부여
2점	문항 (3)의 단선도가 정답이면 2점, 오류가 있으면 0점

접근 POINT

부하용량(설비용량)과 수용률을 통해서 변압기 용량을 산출하는 문제이다. 2단 강압 방식(주변압기 + 2차 변압기)으로서 부등률은 주변압기 용량 산출 시 적용한다.

해설

수용률

① 표현식: $\dfrac{최대수요전력}{설비용량의 \; 합계} \times 100 [\%]$

② 의미: 부하가 동시에 사용되는 정도 → 설비용량의 합계와 최대수요전력이 차이가 나는 이유는 전 부하가 동시에 사용되는 경우는 거의 없기 때문이다.

부등률

① 표현식: $\dfrac{최대수요전력의 \; 합}{합성최대전력}$

② 의미: 최대수요 전력의 발생 시기의 분산

변압기 용량[kVA]

$\dfrac{설비용량 \times 수용률 \times 여유도}{역률 \times 부등률 \times 효율}$ 에서 변압기 용량은 피상전력 [kVA]으로 나타낸다.

2단 강압 방식(대규모 건축물, 큰 부하전류에서 사용)

① 부하증설 및 변동에 대한 대처가 빠르다.

② 여러 종류의 전압 사용이 용이하다.

③ 대용량 부하에 대응이 쉽다.

④ 변전실 면적이 크고 공사비가 증가한다.

⑤ 전력손실이 크다.

04 단순 계산형 난이도 下

정답

(1) 변압기 2차측 정격전류[A]

[계산과정]

$$I_{2n} = \frac{500 \times 10^3}{\sqrt{3} \times 380} = 759.671 [A]$$

[정답] 759.67[A]

(2) 단락전류 및 차단전류[A]

① 단락전류 계산

[계산과정]

$$I_{2s} = \frac{100}{5} \times 759.67 = 15{,}193.4 [A]$$

[정답] 15,193.4[A]

② 차단전류

[정답] 15.19[kA]

(3) 차단용량[MVA]

[계산과정]

$$P_s = \frac{100}{5} \times 500 \times 10^{-3} = 10[\text{MVA}]$$

[정답] 10[MVA]

부분점수

점수	세부기준
6점	(1)~(3)번이 모두 맞은 경우 6점 획득
2점	문항 (1)의 계산과정과 답이 모두 맞은 경우 2점, 오류가 있으면 0점
2~0점	문항 (2)의 소문항 ①, ② 정답 하나 당 1점씩 부분 점수 부여
2점	문항 (3)의 계산과정과 답이 모두 맞은 경우 2점, 오류가 있으면 0점

접근 POINT

주어진 조건의 전압 V, 용량 P, %Z와 기본 공식을 활용하여 정격전류 I_n, 단락전류 I_s, 단락용량 P_s를 구하는 기본적인 문제이다.

해설

3상 단락전류 $I_s = \frac{100}{\%Z} I_n = \frac{100}{\%Z} \times \frac{P_n}{\sqrt{3}\,V}$

단락용량 $P_s = \frac{100}{\%Z} P_n$

---

05 복합 계산형 난이도 上

정답

(1) 커패시터 설치 전 부하의 합성역률[%]

[계산과정]

부하의 유효전력 $P = 200 + 400 = 600[\text{kW}]$

무효전력

$Q = 500 + 400 \times \frac{0.6}{0.8} = 800[\text{kVar}]$

합성역률 $\cos\theta = \frac{600}{\sqrt{600^2 + 800^2}} = 0.6$

[정답] 60[%]

(2) 전동기의 역률

[계산과정]

커패시터 설치 후 무효전력

$Q' = 800 - 350 = 450[\text{kVar}]$

부하 200[kW](역률 $\cos\theta_1$) 추가 설치 후 유효전력

$P' = 600 + 200 = 800[\text{kW}]$

무효전력 $Q'' = 450 + Q$

변압기 용량 1,000[kVA]을 초과하지 않아야 하므로

$1,000 = \sqrt{800^2 + (450+Q)^2}$ 을 만족해야 한다.

$\therefore Q = 150[\text{kVar}]$

부하의 역률 $\cos\theta_1 = \frac{200}{\sqrt{200^2 + 150^2}} = 0.8$

[정답] 80[%]

(3) 새로운 부하 추가 시 종합역률

[계산과정]

합성역률 $\cos\theta_2 = \frac{800[\text{kW}]}{1,000[\text{kVA}]} \times 100 = 80[\%]$

[정답] 80[%]

부분점수

점수	세부기준
6점	(1)~(3)번이 모두 맞은 경우 6점 획득
2점	문항 (1)의 계산과정과 답이 모두 맞은 경우 2점, 오류가 있으면 0점
2점	문항 (2)의 계산과정과 답이 모두 맞은 경우 2점, 오류가 있으면 0점
2점	문항 (3)의 계산과정과 답이 모두 맞은 경우 2점, 오류가 있으면 0점

접근 POINT

부하 증가 전후의 벡터도를 그려서 생각한다. 부하가 추가될 때는 유효전력과 무효전력으로 나누어서 합성하고, 피상전력이 변압기의 용량이 된다.

해설

부하 벡터도

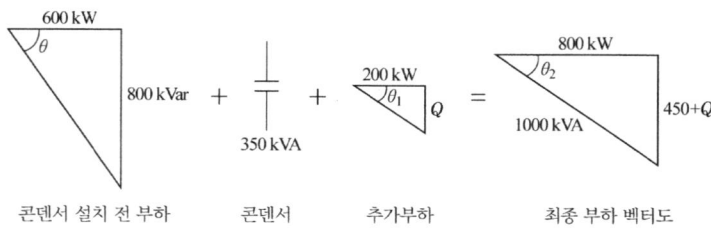

콘덴서 설치 전 부하   콘덴서   추가부하   최종 부하 벡터도

기타 사항

① 변압기 용량은 피상전력[kVA]으로 나타낸다.
② 콘덴서 용량의 단위는 [kVA]이다.
③ 역률 $\cos\theta = \frac{\text{유효전력}}{\text{피상전력}} = \frac{P}{\sqrt{P^2 + Q^2}}$
④ 무효전력 $Q = P \times \tan\theta = P \times \frac{\sin\theta}{\cos\theta}$

역률 개선용 콘덴서를 설치(설비용량의 여유도가 증가)

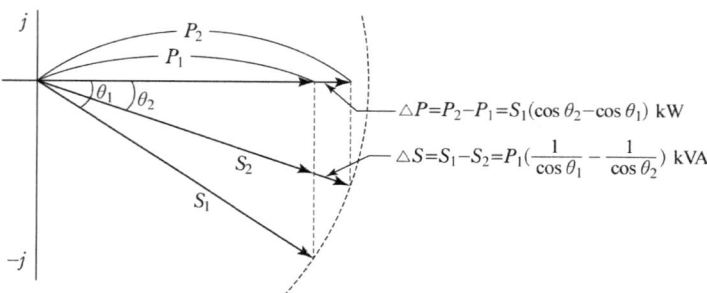

$\triangle P$: 추가 증설 가능 부하[kW]
$\triangle S$: 변압기 용량의 여유 증가분[kVA]

06 단답 암기형 난이도 下

정답

코오니스 조명(Cornice light)

부분점수

점수	세부기준
3~0점	정답이면 3점 획득

접근 POINT

조명부하설비에 대해 물어보는 단답 암기형 문제로 건축화 조명방식에 대해 방식명과 설명을 연관지어 암기하는 것이 좋다.

해설

건축화 조명방식의 종류
① 천장면 이용방식: 매입형광등, 라인라이트, 다운라이트, 핀홀라이트, 코퍼라이트, 광천장조명, 루버천장조명, 코오브조명
② 벽면 이용방식: 코너조명, 코오니스조명, 밸런스조명, 광창조명

조명과 관련된 용어 설명
① 다운라이트: 천장에 작은 구멍을 뚫고 조명기구를 매입하여 빛의 빔 방향을 아래로 조명한다.
② 코브(Cove) 라이트: 천장이나 벽면 상부에 광원을 간접 조명화하여 천장면에 반사시켜 조명하는 것으로 효율은 나쁘지만 부드럽고 안정된 조명이다. 눈부심 없고, 조도분포가 일정해 그림자가 없다.
③ 코너(Coner) 조명: 천장과 벽면 사이에 조명기구를 배치하여 천정과 벽면을 동시에 조명하는 방법이다.
④ 코오니스(Cornice) 조명: 직접 형광등기구를 벽면 위쪽에 설치하고, 목재나 금속판으로 광원을 숨기며, 직접광은 벽면을 조명하는 방식이다.
⑤ 밸런스(Valance) 조명: 벽에 형광등기구를 설치해 목재, 금속판 및 투과율이 낮은 재료로 광원을 숨기며, 직접광은 아래쪽으로는 벽이나 커튼을 위쪽으로는 천장을 비추는 분위기 조명방식이다.
⑥ 광창조명: 지하실이나 자연광이 들어가지 않는 방에서 낮 동안 창문에서 채광되고 있는 청명한 느낌의 조명방식이다. 인공창의 뒷면에 형광등을 배치한다.

07 서술 암기형 난이도 下

정답

① 무효횡류: 양 발전기의 역률을 변화시킨다.
② 유효횡류: 양 발전기의 유효전력의 분담을 변화시킨다.
③ 고조파 무효횡류: 전기자 권선의 저항손을 증가시킨다.

부분점수

점수	세부기준
6점	(1)~(3)번이 모두 맞은 경우 6점 획득
2~0점	(1)의 소문항 2개(종류, 설명) 중 정답 1개당 1점 획득
2~0점	(2)의 소문항 2개(종류, 설명) 중 정답 1개당 1점 획득
2~0점	(3)의 소문항 2개(종류, 설명) 중 정답 1개당 1점 획득

서술형 핵심 KEYWORD

① 무효 순환전류(횡류): 역률 변화
② 유효 순환전류(횡류): 유효전력, 분담을 변화
③ 고조파 무효 순환전류(횡류): 전기자 권선, 저항손 증가

접근 POINT

동기발전기의 병렬운전과 관련된 문제로 병렬운전 조건 불만족 시에 일어나는 현상에 대해 흐르는 전류와 어떤 영향을 미치는지 작성하는 문제이다.
동기발전기의 병렬운전 조건 4가지에 대해 불만족 시 각각에 대해 발생하는 전류와 영향을 정리하면서 간략화하여 암기해야 한다.

해설

동기발전기의 병렬운전 시 조건이 맞지 않을 때에 발생하는 전류와 영향

병렬운전 조건	조건이 맞지 않을 때	미치는 영향
크기가 같을 것	무효 순환전류	기전력이 높은 발전기에는 지상전류가 흘러 전기자 반작용 중 감자작용으로 기전력을 감소시키고, 기전력이 낮은 발전기에는 진상전류가 흘러 전기자 반작용 중 증자작용으로 기전력을 증가시켜 두 발전기의 기전력을 같게 만든다. 곧 리액턴스의 변화로 역률이 변화한다.
위상이 같을 것	동기화 (유효)전류	위상이 빠른 발전기에는 부하를 증가시켜 위상이 늦어지게 하고, 위상이 느린 발전기에는 부하를 감소시켜 위상이 빨라지게 하여 위상을 같게 만든다. 곧 부하의 분담을 변화시킨다.
파형이 같을 것	고조파 무효순환전류	전기자 권선의 저항손이 증가하여 과열의 원인이 된다.
주파수가 같을 것	상호 주기적 동기화전류	양 발전기의 부하 분담이 주기적으로 변화한다.

08 단답 암기형 난이도 下

정답

① 설계변경 개요서, ② 설계변경 도면
③ 설계설명서, ④ 계산서, ⑤ 수량산출 조서

부분점수

점수	세부기준
5~0점	소문항 5개 중 정답 1개당 부분점수 1점 획득

접근 POINT

전력시설물 공사감리업무 수행지침에서 발주자가 여러 가지 사유로 설계변경 시 책임 감리원에게 설계변경을 서면으로 지시할 때 필요한 첨부 서류를 묻는 문제이다.

전력시설물 공사감리업무를 수행 시 착공, 공사 시행, 품질관리, 시공, 안전관리, 사고처리, 환경관리, 설계변경 및 계약금액 조정, 기성 및 준공검사, 시설물 인수인계, 유지관리 및 하자보수와 관련된 서류들과 업무흐름 및 기한 등을 알고 있는지 물어보고 있는 문제들이 자주 출제되고 있다.

전력시설물 공사감리업무 수행지침 설계변경에 따른 계약금액 조정 업무 처리절차

③ 발주자는 외부적 사업환경의 변동, 사업추진 기본계획의 조정, 민원에 따른 노선변경, 공법변경, 그 밖의 시설물 추가 등으로 설계변경이 필요한 경우에는 다음 각 호의 서류를 첨부하여 반드시 서면으로 책임감리원에게 설계변경을 하도록 지시하여야 한다. 다만, 발주자가 설계변경 도서를 작성할 수 없을 경우에는 설계변경개요서만 첨부하여 설계변경 지시를 할 수 있다.

1. 설계변경 개요서
2. 설계변경 도면, 설계설명서, 계산서 등
3. 수량산출 조서
4. 그 밖에 필요한 서류

④ 제3항의 지시를 받은 책임감리원은 지체 없이 공사업자에게 그 내용을 통보하여야 한다.

⑦ 감리원은 공사업자가 현지여건과 설계도서가 부합되지 않거나 공사비의 절감 및 공사의 품질향상을 위한 개선사항 등 설계변경이 필요하다고 설계변경사유서, 설계변경도면, 개략적인 수량증감내역 및 공사비 증감내역 등의 서류를 첨부하여 제출하면 이를 검토·확인하고 필요시 기술검토 의견서를 첨부하여 발주자에게 실정을 보고하고, 발주자의 방침을 받은 후 시공하도록 조치하여야 한다. 감리원은 공사업자로부터 현장실정보고를 접수 후 기술검토 등을 요하지 않는 **단순한 사항은 7일 이내**, **그 외의 사항은 14일 이내**에 **검토처리** 하여야 하며, 만일 기일 내 처리가 곤란하거나 기술적 검토가 미비한 경우에는 그 사유와 처리계획을 발주자에게 보고하고 공사업자에게도 통보하여야 한다.

⑫ 감리원은 설계변경 등으로 인한 계약금액 조정 업무처리를 지체함으로써 공사업자가 지급자재 수급 및 기성부분을 인정받지 못하여 공사추진에 지장을 초래하지 않도록 적기에 계약변경이 이루어질 수 있도록 조치하여야 한다. **최종 계약금액의 조정은 예비 준공검사기간 등을 고려하여 늦어도 준공예정일 45일 전까지 발주자에 제출**되어야 한다.

09 단답 암기형 + 도면 작성   난이도 中

정답

(1) 정답 CT(계기용 변류기)의 2차측 절연보호
(2) 정답 PT(계기용 변압기)의 2차측 전압: 110[V], CT의 2차측 전류: 5[A]

(3) PT, CT 결선도

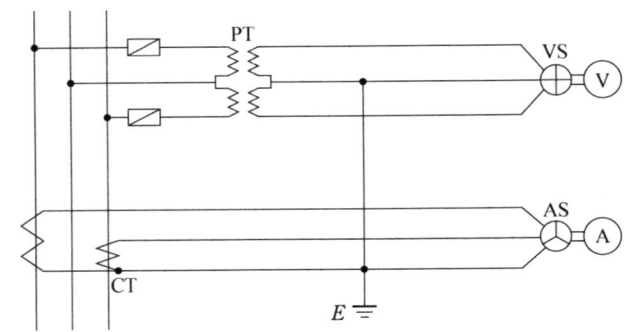

부분점수

점수	세부기준
5점	(1)~(3)번이 모두 정답일 경우 5점 획득
2~0점	(1) 문항의 설명이 정답일 경우 2점 획득
1~0점	(2) 문항의 전압, 전류 2개 모두 정답일 경우 1점 획득
2~0점	(3) 문항의 도면작성이 정답과 일치하는 경우만 2점 획득

접근 POINT

PT(계기용 변압기)와 CT(계기용 변류기)의 기본적인 특성 및 동작시 주의사항을 적고 결선도를 작성하는 암기 유형의 문제로 전기설비의 공사 및 시설관리 현장에서 주의할 사항을 반영하고 있다.

해설

CT(계기용 변류기)를 운전 중에 개방하면 안 되는 이유

시설관리 현장에서 CT에 연결된 전류계의 고장으로 교체해야 하는 경우 전류계가 연결된 단자를 단락시킨 후 교체를 한다. 이유는 단자를 단락시키지 않고 전류계를 분리하는 경우 CT의 2차측이 개방(Open) 상태가 되면서 흐르던 전류가 0이 되면서 순간적으로 고전압이 유기되어 CT의 2차측의 절연이 파괴되기 때문이다. 변압기의 역할은 전력은 1차측과 2차측에서 변성이 없이 같고 전압과 전류가 변성되는데, 전류가 0이 되면 전압은 아주 큰 값을 가져야 전력에 변함이 없는 것처럼 보이기 때문이다. 또한, 절연파괴는 고전압일 때 이루어진다. 따라서 CT의 2차측을 개방하면 안되는 이유는 2차측에 고전압이 유기되어 절연이 파괴될 수 있기 때문이다.

CT의 2차측을 단락시키는 것은 절연 파괴를 방지하는 것으로 절연을 보호하는 것과 같기에 정답을 "2차측 절연 보호"라 작성한다.

결선도 작성순서

① 1단계: PT(계기용 변압기)는 전압계 쪽에 선간전압을 측정하기 위해 중앙 2선을 기준으로 2개의 PT를 연결하며, 퓨즈는 1선과 3선에서 PT로 들어오는 곳에 위치시킨다. CT(계기용 변류기)는 전류계 쪽에 기준이 되는 2선이 아닌 1선과 3선에 연결한다.

② 2단계: PT의 기준이 되는 중앙 2선과 CT의 아랫부분을 연결하고 접지를 하여 기준을 잡는다.

③ 3단계: PT의 3선을 VS와 CT의 3선을 AS와 연결하면 된다.

10 단순 계산형   난이도 中

정답

계산과정

$$I_{st} = \left(1 + \sqrt{\frac{100}{6}}\right) \times I_n = 5.082 I_n$$

정답: 5.08배

부분점수

점수	세부기준
4점	계산과정과 답이 모두 맞은 경우 4점 획득
0점	계산과정 또는 답에 오류가 있는 경우 0점

접근 POINT

전력용 콘덴서는 부하역률 개선의 목적으로 사용하는데, 콘덴서 투입 시 돌입전류와 고조파 확대의 문제가 있어서 직렬 리액터를 설치해서 이들 단점을 보완한다.

해설

직렬 리액터(SR: Series Reactor)

① 설치 목적
- 고조파 제거하여 파형 개선: 설치용량에 따라 3고조파 및 5조파를 흡수하여 파형 개선에 효과
- 투입 시 과도 돌입전류 억제: 돌입전류의 크기 및 진동 주파수는 X_C/X_L의 비와 관계됨 → X_L을 증가시킬수록 돌입전류의 크기 저감

$$I_{st} = \left(1 + \sqrt{\frac{X_c}{X_L}}\right) \times I_n \quad f_{st} = \left(\sqrt{\frac{X_c}{X_L}}\right) \times f_n$$

- 콘덴서 과열, 소손 방지
- 콘덴서 개방 시 과도진동을 억제

② 직렬리액터 용량: 계통주파수의 변동 등을 고려하여 이론값보다 큰 값 선정

$$nX_L > \frac{X_C}{n} \rightarrow X_L > \frac{1}{n^2} \times X_C$$

- 제3고조파: $X_L > 0.11 X_C$ → 13% 선정
- 제5고조파: $X_L > 0.04 X_C$ → 6% 선정

11 복합 이론형   난이도 上

정답

(1) 괄호 넣기

정답
① $OC_{12}+CB_{12}$ & $OC_{13}+CB_{13}$
② $RDf_1+OC_4+CB_4$ & OC_3+CB_3

(2) 명칭 작성

정답
① 교류 차단기, ② 변류기
③ 계기용 변압기, ④ 과전류 계전기
⑤ 동작부, ⑥ 검출부, ⑦ 판정부

(3) 도면 완성

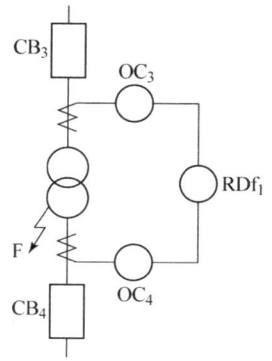

(4) 수용가에 설치해야 할 계전기

정답
① 과전류 계전기
② 과전압 계전기
③ 부족전압 계전기
④ 주파수 계전기
⑤ 비율차동 계전기

부분점수

점수	세부기준
12점	(1)~(4)번이 모두 맞은 경우 12점 획득
2~0점	문항 (1)의 소문항 ①, ② 정답 하나당 부분점수 1점씩 획득
4~0점	문항 (2)의 정답 개수가 1~2개면 1점, 3~4개이면 2점, 5~6개이면 3점, 7개이면 4점
3점	문항 (3)의 단선도가 정답이면 3점, 오류가 있으면 0점
3~0점	문항 (4)의 정답 개수가 1개이면 1점, 2개이면 2점, 3개이면 3점 획득

접근 POINT

주보호와 후비보호의 개념에 관한 문제이다. 주보호는 사고발생 시 가장 먼저 고장을 제거하는 시스템으로서 사고점과 전원측 사이에 위치한 가장 인접한 계전기와 차단기가 수행한다. 후비보호는 주보호가 차단에 실패하였을 때 일정 시간 경과 후 고장을 제거할 수 있는 백업(Back-up) 시스템을 의미하고 이는 보호협조의 원리가 된다.

해설

보호계전기의 목적
전력 공급 신뢰도 향상, 고장 파급 방지, 사고복구 신속화

보호계전 시스템의 구성
① 검출부: 전력계통의 전압, 전류의 전기적 상태를 검출하는 역할 (CT, PT를 이용하여 검출)
② 판정부: 검출부에서 검출한 전기적 상태를 통해 계통의 이상 여부 판정
③ 동작부: 판정부의 신호에 의해 사고구간을 분리 및 제거

주보호와 후비보호
① 주보호의 정의: 사고 발생 시 고장구간을 최소범위로 한정하고 제거하기 위한 1차적 보호 방식
② 후비보호의 정의: 주보호가 실패했을 경우 또는 보호할 수 없을 경우에 일정한 시간을 두고 동작하는 백업 계전 방식

12 시퀀스   난이도 中

정답

(1) 결선도 완성

정답

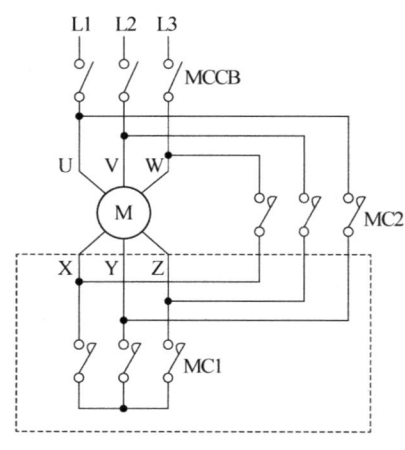

(2) **정답** ① $\frac{1}{3}$ ② $\frac{1}{\sqrt{3}}$ ③ $\frac{1}{3}$

(3) 기동순서 설명

정답

① MC1   ② Y결선
③ MC1   ④ MC2
⑤ △결선   ⑥ 인터록(Inter-lock)

부분점수

점수	세부기준
7점	(1)~(3)이 모두 맞은 경우 7점 획득
2점	문항 (1)의 결선도가 정답이면 2점, 오류가 있으면 0점
3~0점	문항 (2)의 소문항 ①, ②, ③ 정답 하나 당 1점씩 부분점수 부여
2점	문항 (3)의 소문항 중 1~3개가 정답이면 1점, 6개가 정답이면 2점 획득

접근 POINT

3상 농형 유도전동기의 대표적인 기동법인 Y-△ 기동법의 시퀀스 회로이다. 농형 유도전동기는 외부에 저항을 취부할 수 없기 때문에 감전압 기동법을 채택한다. 기동전류가 크면 전동기가 소손될 수 있으므로 기동전류를 줄이기 위하여 『상전압= $\frac{1}{\sqrt{3}}$ ×선간전압』인 Y결선 특징을 살려 기동하고, 정격 속도에 도달되면 △결선으로 전환하여 운전하는 방식이다.

해설

△ 결선 기동 대비 Y-△ 기동의 특징(동일 선간전압 조건)
① 인가전압: $E_Y = \frac{1}{\sqrt{3}} \times E_\triangle$
② 기동전류: $I_Y = \frac{1}{3} \times I_\triangle$ (선전류 기준)
③ 기동토크: 유도전동기의 토크와 전압 관계 $\tau \propto V^2$에서
$(\frac{1}{\sqrt{3}})^2 = \frac{1}{3}$ 배

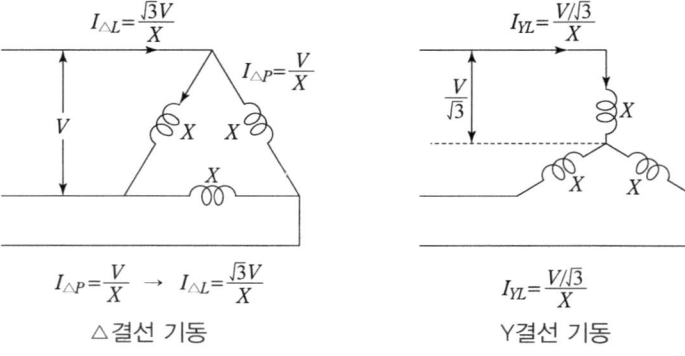

△결선 기동   Y결선 기동

※ 회로도의 주회로에서 차단기 MC1의 3상 공통점이 바로 Y결선의 중성점에 해당된다.

13 단순 계산형   난이도 中

정답

계산과정

$I_1 = \frac{100 \times 3}{100} = 3[A]$

$I_2 = \frac{100 \times 5}{100} = 5[A]$

$I_3 = \frac{100 \times 2}{100} = 2[A]$

$L = \frac{20 \times 3 + 25 \times 5 + 30 \times 2}{3 + 5 + 2} = 24.5[m]$

정답 24.5[m]

부분점수

점수	세부기준
4점	계산과정과 답이 모두 맞은 경우 4점
0점	계산과정 또는 답에 오류가 있는 경우 0점

접근 POINT

부하 중심거리란 분산된 부하가 한 점에 집중되어 있다고 가정했을 때의 환산거리를 의미하는 것으로 공식을 활용한 단순 계산형 문제이다.
총 부하전류와 중심거리를 통하여 전선의 굵기를 구하는 문제로 응용되어 출제되기도 한다.

해설

부하중심거리 $L = \dfrac{\Sigma L_i}{\Sigma i} = \dfrac{L_1 I_1 + L_2 I_2 + L_3 I_3}{I_1 + I_2 + I_3}$

총 부하전류 $I = I_1 + I_2 + I_3 = 10[\text{A}]$가 분기회로로부터 24.5[m] 거리에 집중되어 있다는 의미이다.

공식에서 거리 L_1, L_2, L_3는 분전반에서의 거리임에 주의해야 한다.

응용

위 문제에서 전압강하가 2[V] 이하일 때, 전선의 굵기를 구하시오.

계산과정

$A = \dfrac{35.6 LI}{1,000 e} = \dfrac{35.6 \times 24.5 \times 10}{1,000 \times 2} = 4.361[\text{mm}^2]$

정답 $6[\text{mm}^2]$

14 단순 계산형 난이도 中

정답

계산과정

$n = \dfrac{25}{5} = 1 + \dfrac{r_a}{0.02}$에서 $r_a = 0.08[\Omega]$

정답 $0.08[\Omega]$

부분점수

점수	세부기준
3점	계산과정과 답이 모두 맞은 경우 3점 획득
0점	계산과정 또는 답에 오류가 있는 경우 0점

해설

분류기

전류계의 측정범위 확대를 목적으로 전류계에 병렬로 연결하는 것으로 저항 R_s를 산정한다.

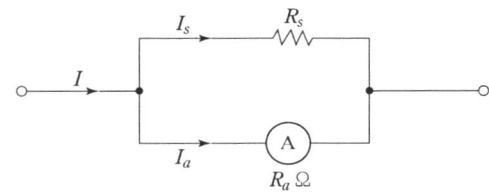

전류계에 흐르는 전류를 전류 분배법칙에 의해서 구하면 다음과 같다.

$I_a = \dfrac{R_s}{R_a + R_s} \times I$

∴ 배율 $n = \dfrac{I}{I_a} = 1 + \dfrac{R_a}{R_s}$

다른 풀이

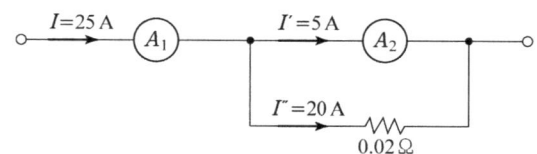

전류계 A_2와 $0.02[\Omega]$ 저항이 병렬 연결된 회로이다.

$I = I' + I''[\text{A}]$

$I'' = I - I' = 25 - 5 = 20[\text{A}]$

$0.02[\Omega]$ 저항에 가해지는 전압을 구한다.

병렬회로이므로 A_2에 가해지는 전압 $V = V_{0.02}$

$V_{0.02} = I'' R_{0.02} = 20 \times 0.02 = 0.4[\text{V}]$

전류계 A_2의 내부저항 r_a를 구한다.

$r_a = \dfrac{V}{I'} = \dfrac{0.4}{5} = 0.08[\Omega]$

15 복합 계산형 난이도 中

정답

(1) 부하 A의 단자전압

계산과정

부하 A의 저항은 $R_A = \dfrac{100^2}{50} = 200[\Omega]$이고,

부하 B의 저항 $R_B = \dfrac{100^2}{100} = 100[\Omega]$이므로

전압분배법칙을 적용한다.

부하 A의 단자전압은 다음과 같다.

$V_A = \dfrac{200}{100 + 200} \times 200[\text{V}] = 133.333[\text{V}]$

정답 $133.33[\text{V}]$

(2) 부하 B의 단자전압

계산과정

부하 B의 단자전압은 다음과 같다.

$V_B = \dfrac{100}{100 + 200} \times 200[\text{V}] = 66.666[\text{V}]$

정답 $66.67[\text{V}]$

부분점수

점수	세부기준
5점	(1), (2)번이 모두 맞은 경우 5점 획득
3~0점	문항 (1)의 계산과정과 답이 모두 맞은 경우 3점, 오류가 있으면 0점
2~0점	문항 (2)의 계산과정과 답이 모두 맞은 경우 2점, 오류가 있으면 0점

접근 POINT

단상 3선식의 회로에서 중성점에 단선 고장이 발생했을 때의 각 부하에 걸리는 단자전압을 계산하는 문제로 직접 부하의 저항을 구한 후 전압분배법칙을 적용하여 계산하는 방법과 전력과 저항이 반비례함을 이용하여 바로 계산하는 방법이 있다. 추가로 단상 3선식에서 부하의 역률이 다른 경우 전류를 구하는 문제도 함께 학습하면 좋다.

해설

단상 3선식에서 중선선에 단락 고장이 발생했을 때 부하전압 계산

(1) 각 부하의 저항을 구한 후 전압분배법칙을 사용하는 방법

① 전력 $P = \dfrac{V^2}{R}$ 을 변형하여 각 부하의 저항 $R = \dfrac{V^2}{P}$ 을 구한다.

$$R_A = \dfrac{V_{AN}^2}{P_A}, \quad R_B = \dfrac{V_{BN}^2}{P_B}$$

② 전압 분배법칙을 통해 각 부하의 전압을 구한다.

$$V_A = \dfrac{R_A}{R_A + R_B} V_{AB}[\text{V}], \quad V_B = \dfrac{R_B}{R_A + R_B} V_{AB}[\text{V}]$$

(2) 수식 $R = \dfrac{V^2}{P}$ 에서 저항은 전력에 반비례함을 이용하여 직접 계산하는 방식을 사용

$$V_A = \dfrac{R_A}{R_A + R_B} V_{AB} = \dfrac{1/P_A}{1/P_A + 1/P_B} V_{AB}$$

$$= \dfrac{\dfrac{1}{P_A}}{\dfrac{P_A + P_B}{P_A P_B}} V_{AB} = \dfrac{P_B}{P_A + P_B} V_{AB}[\text{V}]$$

$$V_B = \dfrac{P_A}{P_A + P_B} V_{AB}[\text{V}]$$

위 문제에 적용한다.

$$V_A = \dfrac{100}{50 + 100} \times 200 = 133.33[\text{V}]$$

$$V_B = \dfrac{50}{50 + 100} \times 200 = 66.67[\text{V}]$$

보충 학습

단상 3선식의 중성선에 흐르는 전류 계산(부하의 역률이 다른 경우)
단상 3선식의 중성선에는 각 상 전류의 차가 흐른다. 이때 주의할 점은 역률이 다를 경우에는 역률을 적용하여 유효전류 성분과 무효전류 성분을 분리하여 벡터적으로 합성전류를 구해야 한다.
만약 A, B 부하의 역률이 동일하면 중성선에 흐르는 전류는 각 A, B상 전류의 크기의 차와 같다.

$$I_N = |I_A - I_B| = |I_A| - |I_B|$$

16 단답 암기형   난이도 下

정답

(1) 피뢰기의 기능상 필요한 구비조건 4가지

정답
① 속류 차단능력이 클 것
② 방전 내량이 크면서 제한전압이 낮을 것
③ 충격 방전 개시전압이 낮을 것
④ 상용주파 방전개시전압이 높을 것

(2) 피뢰기 설치장소

정답
① 발전소, 변전소 또는 이에 준하는 장소의 가공전선 인입구 및 인출구
② 특고압 가공전선로에 접속하는 배전용 변압기의 고압측 및 특고압측(1차측)
③ 고압 및 특고압 가공전선로로부터 공급을 받는 수용장소의 인입구
④ 가공전선로와 지중전선로가 접속되는 곳

부분점수

점수	세부기준
4점	(1), (2)번이 모두 맞은 경우 4점 획득
2~0점	소문항 4개 중 정답 2개당 부분점수 1점 획득
2~0점	소문항 4개 중 정답 2개당 부분점수 1점 획득

접근 POINT

피뢰기의 기능상 구비조건과 설치장소를 물어보는 단답형 문제이다. 피뢰기의 기본적인 구조와 구비조건, 용어 등에 대하여 정리하고, KEC 규정에서 자주 출제되는 내용을 정리하여 암기해야 한다.

해설

피뢰기의 설치목적
피뢰기는 특고압 가공 전선로에 의하여 수전하는 자가용 변전실의 입구에 설치하여 낙뢰나 혼촉사고 등에 의하여 발생하는 이상전압으로부터 선로와 기기를 보호하기 위해 설치한다.

피뢰기의 구비조건
① 속류 차단능력이 클 것
② 방전 내량이 크면서 제한전압이 낮을 것
③ 충격 방전개시전압이 낮을 것
④ 상용주파 방전개시전압이 높을 것

피뢰기 관련 KEC 규정

■ 341.13 피뢰기의 시설

1. 고압 및 특고압의 전로 중 다음에 열거하는 곳 또는 이에 근접한 곳에는 피뢰기를 시설하여야 한다.
   가. 발전소·변전소 또는 이에 준하는 장소의 가공전선 인입구 및 인출구
   나. 특고압 가공전선로에 접속하는 341.2의 배전용 변압기의 고압측 및 특고압측
   다. 고압 및 특고압 가공전선로로부터 공급을 받는 수용장소의 인입구
   라. 가공전선로와 지중전선로가 접속되는 곳

■ 341.14 피뢰기의 접지

고압 및 특고압의 전로에 시설하는 피뢰기 접지저항 값은 10[Ω] 이하로 하여야 한다.

■ 322.1 고압 또는 특고압과 저압의 혼촉에 의한 위험방지 시설

5. 직류단선식 전기철도용 회전변류기·전기로·전기보일러 기타 상시 전로의 일부를 대지로부터 절연하지 아니하고 사용하는 부하에 공급하는 전용의 변압기를 시설한 경우에는 제1의 규정에 의하지 아니할 수 있다.

17 복합 계산형　　　　　　　　　　　난이도 中

[정답]

(1) 역률 개선용 3상 전력용 콘덴서의 용량 계산

[계산과정]

$$Q_c = P(\tan\theta_1 - \tan\theta_2) = P\left(\frac{\sin\theta_1}{\cos\theta_1} - \frac{\sin\theta_2}{\cos\theta_2}\right)$$

$$= P\left(\frac{\sqrt{1-\cos^2\theta_1}}{\cos\theta_1} - \frac{\sqrt{1-\cos^2\theta_2}}{\cos\theta_2}\right)$$

$$= 7.5 \times \left(\frac{\sqrt{1-0.8^2}}{0.8} - \frac{\sqrt{1-0.9^2}}{0.9}\right)$$

$$= 1.9925 \fallingdotseq 1.99[kVA]$$

[정답] 1.99[kVA]

(2) 1상당 전력용 커패시터의 정전용량 계산

[계산과정]

$$C_\Delta = \frac{Q_c}{3\omega V^2} = \frac{Q_c}{3(2\pi f)V^2}$$

$$= \frac{1.9925 \times 10^3}{3 \times (2\pi \times 60) \times 380^2} \times 10^6$$

$$= 12.2005 \fallingdotseq 12.20[\mu F]$$

[정답] 12.20[μF]

[부분점수]

점수	세부기준
7점	(1), (2)번이 모두 맞은 경우 7점 획득
3~0점	문항 (1)의 계산과정과 정답이 모두 맞은 경우 3점, 오류가 있으면 0점
4~0점	문항 (2)의 계산과정과 정답이 모두 맞은 경우 4점, 오류가 있으면 0점

┃접근 POINT

역률 개선용 콘덴서의 용량을 계산하고, Δ-결선 시의 1상당 콘덴서의 용량을 구하는 복합 계산형 문제이다. 소문항 2개가 각각 개별의 문제로도 출제되었으므로 2문제를 개념적으로 이해한 후 공식을 암기하고 적용하는 연습을 하면 좋다.

[해설]

역률 개선용 콘덴서의 용량 계산식

$$Q_c = P[kW](\tan\theta_1 - \tan\theta_2)$$

$$= P_a[kVA]\cos\theta \times (\tan\theta_1 - \tan\theta_2)$$

$$= P\left(\frac{\sin\theta_1}{\cos\theta_1} - \frac{\sin\theta_2}{\cos\theta_2}\right)$$

$$= P\left(\frac{\sqrt{1-\cos^2\theta_1}}{\cos\theta_1} - \frac{\sqrt{1-\cos^2\theta_2}}{\cos\theta_2}\right)[kVA]$$

역률 개선에 따른 유효전력의 증가분 계산식

$$\Delta P = P_a[kVA](\cos\theta_2 - \cos\theta_1)[kW]$$

여기서, 개선 전 역률 $\cos\theta_1$, 개선 후 역률 $\cos\theta_2$

역률 개선용 콘덴서를 설치(설비용량의 여유도가 증가)

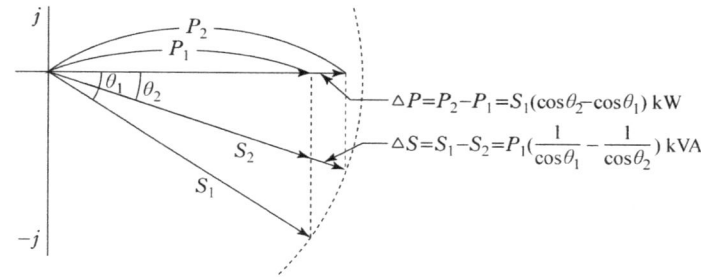

$\Delta P = P_2 - P_1 = S_1(\cos\theta_2 - \cos\theta_1)$ kW

$\Delta S = S_1 - S_2 = P_1\left(\frac{1}{\cos\theta_1} - \frac{1}{\cos\theta_2}\right)$ kVA

△P : 추가 증설 가능 부하[kW]

△S : 변압기 용량의 여유 증가분[kVA]

콘덴서 3상 접속(커패시터 충전용량 $Q = 3\omega CE^2$)

① Y 결선: $Q_Y = 3\omega C_Y E^2 = 3\omega C_Y\left(\frac{V}{\sqrt{3}}\right)^2 = \omega C_Y V^2$

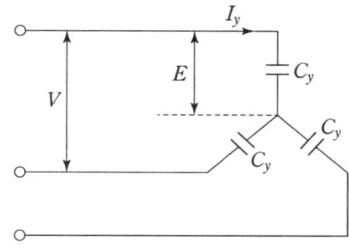

② Δ 결선: $Q_\Delta = 3\omega C_\Delta E^2 = 3\omega C_\Delta V^2$

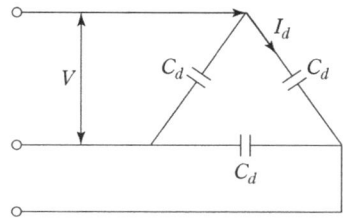

[보충 학습]

역률 개선용 콘덴서의 설치방법에 따른 장단점

① 수전단 모선에 설치하는 방법: 장점은 관리가 편리하고 경제적이며 무효전력의 변화에 신속한 대처가 가능하다는 것이고, 단점은 선로의 역률 개선효과는 미비하다는 것이다.

② 수전단 모선과 부하측에 분산하여 설치하는 방법: 장점은 수전단 모선에 설치하는 방법보다 역률 개선 효과가 크다는 것이다.

③ 부하측에 분산하여 설치하는 방법: 가장 이상적이고 효과적인 역률 개선 방법으로 단점은 설치 면적과 설치 비용이 많이 발생한다는 것이다.

전력용 콘덴서의 역률 개선 효과

① 변압기와 배전선의 전력손실 경감

② 전압 강하의 감소

③ 전원설비 용량의 여유 증가

④ 전기요금의 감소

전력용 콘덴서의 과보상시 나타나는 현상

① 지상 전류에 의한 전력손실의 증가

② 모선 전압(단자전압)의 상승

③ 고조파 왜곡의 증대

④ 설비용량의 여유 감소

⑤ 계전기의 오동작

18 복합 계산형   난이도 上

정답

(1) 한시 tap 계산

계산과정

$$I_n = \frac{20 \times 10^3}{\sqrt{3} \times 154} = 74.98[\text{A}]$$

한시전류 탭(150[%] 적용)

$$74.98 \times 1.5 \times \frac{5}{200} = 2.8[\text{A}], \text{ 한시 탭 3[A] 선정}$$

정답 3tap

(2) 순시 tap 계산

계산과정

2차측 3상 단락전류

$$I_{2s} = \frac{100}{5} \times \frac{20 \times 10^3}{\sqrt{3} \times 6.6} = 34,990.925[\text{A}]$$

순시전류 탭(150[%] 적용)

$$34,990.925 \times 1.5 \times \frac{6.6}{154} \times \frac{5}{200} = 56.235[\text{A}]$$

∴ 순시정정은 56[A]보다 큰 첫 번째 탭 선정

정답 60tap

부분점수

점수	세부기준
6점	(1), (2)번이 모두 맞은 경우 6점 획득
3점	문항 (1)의 계산과정과 답이 모두 맞으면 3점, 오류가 있으면 0점
3점	문항 (2)의 계산과정과 답이 모두 맞으면 3점, 오류가 있으면 0점

접근 POINT

변압기는 내부고장 시 주보호(최우선 보호, 순시 동작)는 비율차동계전기(87)가 담당하고, 주보호 차단 실패 시 후비보호(백업기능, 한시동작)는 과전류 계전기(50/51, 50G/51G)가 담당한다.

해설

① 2차측 단락전류는 1차측 계전기 정정에 필요하므로 1차전류로 환산한다.

1차전류=2차 전류$\times \frac{1}{a(\text{전압비})}$=2차 전류$\times \frac{6.6}{154}$

② 변압기의 %X는 자기용량 기준이다.

③ 탭(tap)은 정정 전류값[A]을 의미한다.

기출변형 문제 대비

01 단순 계산형   난이도 下

정답

(1) 1차 단락전류 계산

계산과정

$$I_{1s} = \frac{100}{2.5} \times \frac{20 \times 10^3}{4,000} = 200[\text{A}]$$

정답 200[A]

(2) 2차 단락전류 계산

계산과정

$$I_{2s} = \frac{100}{2.5} \times \frac{20 \times 10^3}{200} = 4,000[\text{A}]$$

정답 4,000[A]

접근 POINT

단락전류 공식의 %Z는 고장점에서 전원 측을 바라본 합성 %Z이고, 전압 V는 구하려는 단락전류 점의 해당 전압을 대입한다.

해설

① 단락전류 $I_s = \frac{100}{\%Z} I_n = \frac{100}{\%Z} \times \frac{P_n}{V}$

② 단락전류 공식에서 전압 V는 1차측과 2차측을 구분하여 대입한다.

문항 (1)은 1차측의 단락전류를 구해야 하므로 1차전압 4,000[V]을 대입하였고, 문항 (2)는 2차측 단락전류를 구해야 하므로 200[V]를 대입해서 계산한다.

③ 1차 단락전류를 구한 후 2차 단락전류를 구할 때는 변압기의 권수비를 이용해서 구할 수도 있다.

권수비(전압비)

$$a = \frac{4,000}{200} = 20, \ I_{2s} = a \times I_{1s} = 20 \times 200 = 4,000[\text{A}]$$

02 복합 계산형   난이도 中

정답

계산과정

부하의 유효전력 $P = 50 \times 0.6 = 30[\text{kVA}]$

무효전력 $Q = 50 \times 0.8 = 40[\text{kVar}]$

콘덴서 연결 후 개선된 역률

$$\cos\theta_1 = \frac{30}{\sqrt{30^2 + (40-20)^2}} = 0.832$$

선로손실 $P_\ell \propto \frac{1}{\cos^2\theta} = \frac{1}{\left(\frac{0.832}{0.6}\right)^2} = \left(\frac{0.6}{0.832}\right)^2 = 0.520$

∴ 선로손실은 52[%]로 감소되었으므로 감소량은 48[%]

정답 48[%]

접근 POINT

역률 개선용 콘덴서는 진상 무효전력을 통해 지상 무효전력의 크기를 줄여서 역률을 개선하는 원리이다.

해설

피상전력

피상전력 $P_a = \sqrt{P^2 + Q^2}\,[\text{kVA}]$

유효전력 $P = P_a \times \cos\theta$

무효전력 $Q = P_a \times \sin\theta = P_a \times \sqrt{1-\cos^2\theta}$

역률 $\cos\theta = \dfrac{\text{유효전력}[W]}{\text{피상전력}[\text{VA}]} = \dfrac{P}{\sqrt{P^2+Q^2}}$

역률 개선에 따른 선로손실의 감소

$P_l = 3I^2R = \dfrac{P^2 R}{V^2 \cos^2\theta}$, $P_l \propto \dfrac{1}{\cos^2\theta}$

전력 손실비: $\dfrac{P_{\ell 2}}{P_{\ell 1}} = \dfrac{I_2^2 R}{I_1^2 R} = \left(\dfrac{\cos\theta_1}{\cos\theta_2}\right)^2$

전력손실 감소율: $1 - \left(\dfrac{\cos\theta_1}{\cos\theta_2}\right)^2$

MEMO

수험번호	
이름	
감독관 확인	

※ 이 모의고사는 전공 교수진과 현직 기술사로 구성된 엔지니어랩 연구소의 연구위원이 총 300만 분의 시간을 연구해서 만들었습니다.

전기기사 실기 조경필 모의고사 1회

종목	시험시간	배점	문제 수
전기기사	2시간 30분	100점	18문제

수험자 유의사항

※ 아래 수험자 유의사항은 일반적으로 국가기술자격시험에서 적용되는 내용으로, 실제 시험을 볼 때에는 시험지 맨 앞 장에 있는 유의사항을 자세히 읽어본 후 시험에 응시해야 합니다.

1. 시험 문제지를 받는 즉시 응시하고자 하는 종목의 문제지가 맞는지를 확인해야 합니다.
2. 감독관의 지시가 있기 전에 시험문제를 풀지 않아야 합니다.
3. 시험지를 받으면 총 문제 수, 인쇄상태 등을 확인하고 수험번호 및 성명을 기재해야 합니다.
4. 수험번호 및 성명을 기재한 후 감독관 확인을 받아야 합니다. 감독관 확인이 없는 경우 0점 처리됩니다.
5. 답안 작성은 흑색 볼펜을 사용하여 작성해야 합니다. **흑색을 제외한 다른 색 볼펜을 사용하거나 연필, 지워지는 볼펜 등을 사용하여 답안을 작성한 경우 0점 처리**됩니다.
6. 답안에는 문제와 관련없는 불필요한 낙서나 특이한 기록을 기재하면 안 되며, 특히 **개인의 인적사항을 알 수 있는 내용을 기재한 경우 0점 처리**됩니다.
7. 답안을 정정해야 할 경우 정정하는 **부분을 두 줄(=)로 그어 표시하거나 수정테이프를 사용하여 답안을 정정**해야 합니다. (단, 수정테이프의 불량 등으로 답안을 정정한 부분이 떨어졌을 경우에는 전적으로 수험생의 책임입니다.)
8. 계산문제의 경우 반드시 "계산과정"과 "정답" 란에 계산과정과 정답을 정확히 기재해야 정답 처리됩니다. **정답이 맞더라도 계산과정에 오류가 있으면 오답처리** 됩니다.
9. **정답에 단위가 없으면 오답처리 되므로 단위를 정확하게 적어야 합니다.** (단, 문제의 요구사항에 정답에 관한 단위가 주어졌을 경우 정답에 단위를 생략해도 무방합니다.)
10. 계산문제의 최종정답은 **소수 셋째자리에서 반올림하여 소수 둘째자리까지 적어야 합니다.** (단, 개별문제에서 소수 처리에 대한 기준이 있을 경우 해당 문제는 문제에서 제시한 기준을 따라야 합니다.)
11. 계산문제를 풀 때 연습란이 필요한 경우 시험지의 하단의 연습란을 활용하시면 됩니다. 연습란은 채점대상이 아니므로 연습란을 이용하여 자유롭게 계산문제 풀이를 하면 됩니다.
12. 한 문제에서 요구하는 **정답의 개수 이상의 답안을 작성한 경우에는 답란에 기재된 순서대로 문제에서 요구한 개수만 채점**되며, 하나의 정답에 정답과 오답이 섞여 있는 경우에는 오답으로 처리됩니다.
13. 한 문제에 소문항이 있을 경우 부분점수가 적용되나 부분점수 기준은 공개하지 않습니다.
14. 시험 중에 통신기기를 사용하면 즉시 퇴실 조치되므로 주의해야 합니다.

전기기사 실기 조경필 모의고사 1회

※ 다음 물음에 대한 답을 해당 답란에 작성하시오. (배점: 100, 문제 수 18)

01 변압기의 손실과 효율에 대한 다음 물음에 각각 답하시오.

(1) 변압기의 손실에 대하여 설명하시오.
[정답]
① 무부하손:
② 부하손:

(2) 변압기의 효율을 구하는 공식을 작성하시오.
[정답]

(3) 변압기의 최고 효율 조건을 작성하시오.
[정답]

02 어떤 상가 건물의 설비부하가 역률 0.6인 동력부하 30[kW], 역률 1인 전열기 24[kW]이다. 이때 변압기 용량은 최소 몇 [kVA] 이상이어야 하는지 선정하시오.

변압기 표준용량[kVA]						
30	50	75	100	150	200	300

[계산과정]

[정답]

※ 아래 여백은 연습용으로 사용하세요.

03 사용전압이 380[V]인 3상 직입기동전동기 1.5[kW] 1대, 3.7[kW] 2대와 3상 15[kW] 기동기 사용 전동기 1대 및 3상 전열기 3[kW]를 간선에 연결하였다. 이 때의 간선굵기, 간선의 과전류차단기 용량을 다음 표를 이용하여 선정하시오. (단, 공사방법은 A1, PVC 절연전선을 사용한다.)

[표1] 3상 유도전동기의 규약전류값

출력[kW]	규약전류[A]	
	200[V]용	380[V]용
0.2	1.8	0.95
0.4	3.2	1.68
0.75	4.8	2.53
1.5	8.0	4.21
2.2	11.1	5.84
3.7	17.4	9.16
5.5	26	13.68
7.5	34	17.89
11	48	25.26
15	65	34.21
18.5	79	41.58
22	93	48.95
30	124	65.26
37	152	80
45	190	100
55	230	121
75	310	163
90	360	189.5
110	440	231.6
132	500	263

[비고 1] 사용하는 회로의 전압이 220[V]인 경우는 200[V]인 것의 0.9배로 한다.
[비고 2] 고효율 전동기는 제작자에 따라 차이가 있으므로 제작자의 기술자료를 참조한다.

※ 아래 여백은 연습용으로 사용하세요.

[표 2] 380[V] 3상 유도전동기의 간선의 굵기 및 기구의 용량(배선용 차단기의 경우)

전동기 kW 수의 총계 (kW) 이하	최대 사용 전류 (A) 이하	배선종류에 의한 간선의 최소 굵기(mm²)						직입기동 전동기 중 최대용량의 것									
		공사방법 A1		공사방법 B1		공사방법 C		0.75 이하	1.5	2.2	3.7	5.5	7.5	11	15	18.5	22	30	37
								Y-△ 기동기 사용 전동기 중 최대용량의 것									
								–	–	–	5.5	7.5	11	15	18.5	22	30	37
		PVC	XLPE, EPR	PVC	XLPE, EPR	PVC	XLPE, EPR	과전류차단기(배선용 차단기) 용량(A) 직입기동 – (칸 위 숫자), Y-△ 기동 – (칸 아래 숫자)									
3	7.9	2.5	2.5	2.5	2.5	2.5	2.5	15 / –	15 / –	15 / –	–	–	–	–	–	–	–	–
4.5	10.5	2.5	2.5	2.5	2.5	2.5	2.5	15 / –	15 / –	20 / –	30 / –	–	–	–	–	–	–	–
6.3	15.8	2.5	2.5	2.5	2.5	2.5	2.5	20 / –	20 / –	30 / –	30 / –	40 / 30	–	–	–	–	–	–
8.2	21	4	2.5	2.5	2.5	2.5	2.5	30 / –	30 / –	30 / –	30 / –	40 / 30	50 / 30	–	–	–	–	–
12	26.3	6	4	4	2.5	4	2.5	40 / –	40 / –	40 / –	40 / –	40 / 40	50 / 40	75 / 40	–	–	–	–
15.7	39.5	10	6	10	6	6	4	50 / –	50 / –	50 / –	50 / –	50 / 50	60 / 50	75 / 50	100 / 60	–	–	–
19.5	47.4	16	10	10	6	10	6	60 / –	60 / –	60 / –	60 / –	60 / 60	75 / 60	75 / 60	100 / 60	125 / 75	–	–
23.2	52.6	16	10	16	10	10	10	75 / –	75 / –	75 / –	75 / –	75 / 75	100 / 75	100 / 75	100 / 75	125 / 75	125 / 100	–
30	65.8	25	16	16	10	16	10	100 / –	100 / –	100 / –	100 / –	100 / 100	100 / 100	100 / 100	125 / 100	125 / 100	125 / 100	–
37.5	78.9	35	25	25	16	25	16	100 / –	100 / –	100 / –	100 / –	100 / 100	100 / 100	100 / 100	125 / 100	125 / 100	125 / 125	–
45	92.1	50	25	35	25	25	16	125 / –	125 / –	125 / –	125 / –	125 / 125	125 / 125	125 / 125	125 / 125	125 / 125	125 / 125	150 / 125
52.5	105.3	50	35	35	25	35	25	250 / –	250 / –	250 / –	250 / –	250 / 250	250 / 250	250 / 250	250 / 250	250 / 250	250 / 250	250 / 250

[비고1] 최소 전선 굵기는 1회선에 대한 것이며, 2회선 이상일 경우는 부록 500-2의 복수회로 보정계수를 적용하여야 한다.
[비고2] 공사방법 A1은 벽 내의 전선관에 공사한 절연전선 또는 단심케이블, B1은 벽면의 전선관에 공사한 절연전선 또는 단심 케이블, 공사방법 C는 벽면에 공사한 단심 또는 다심케이블을 시설하는 경우의 전선 굵기를 표시하였다.
[비고3] 「전동기 중 최대의 것」에는 동시 기동하는 경우를 포함한다.
[비고4] 배선용차단기의 용량은 해당 조항에 규정되어 있는 범위에서 실용상 거의 최대값을 표시한다.
[비고5] 배선용차단기의 선정은 최대용량의 정격전류의 3배에 다른 전동기의 정격전류의 합계를 가산한 값 이하를 표시한다.
[비고6] 배선용차단기를 배·분전반, 제어반 등의 내부에 시설하는 경우는 그 반 내의 온도상승에 주의한다.

※ 아래 여백은 연습용으로 사용하세요.

(1) 간선의 굵기[mm^2]를 선정하시오.
계산과정

정답

(2) 차단기 용량[A]을 선정하시오.
계산과정

정답

04 어느 변압기의 2차 정격전압이 2,300[V], 2차 정격전류가 43.5[A], 2차측에서 본 합성저항이 0.66[Ω], 무부하손이 1,000[W]이다. 다음 조건일 때의 효율[%]을 계산하시오.

득점 | 배점 5점

(1) 전 부하 시 역률 100[%]와 80[%]인 경우
계산과정

정답 역률 100[%]인 경우: 역률 80[%]인 경우:

(2) 반 부하 시 역률 100[%]와 80[%]인 경우
계산과정

정답 역률 100[%]인 경우: 역률 80[%]인 경우:

※ 아래 여백은 연습용으로 사용하세요.

05 다음은 조명과 관련된 내용이다. 물음에 답하시오.

(1) 어느 광원의 광색이 어느 온도의 흑체의 광색과 같을 때 그 흑체의 온도를 무엇이라고 하는지 쓰시오.

[정답]

(2) 빛의 분광 특성이 색의 보임에 미치는 효과를 말하며, 동일한 색을 가진 것이라도 조명하는 빛에 따라 다르게 보이는 특성을 무엇이라고 하는지 쓰시오.

[정답]

06 다음과 같은 설비도면을 보고 물음에 답하시오.

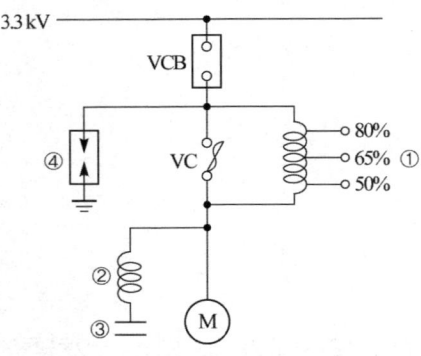

(1) 도면의 고압 유도전동기 기동방식을 무엇이라고 하는지 쓰시오.

[정답]

(2) 도면의 ①~④의 명칭을 각각 쓰시오.

[정답]

①
②
③
④

※ 아래 여백은 연습용으로 사용하세요.

07 다음과 같은 아파트 단지를 건설하려고 한다. 주어진 규모 및 참고자료를 이용하여 다음 물음에 답하시오.

[규모]		
동별	세대당 면적[m^2]	세대 수
1동	50	30
	70	40
	90	50
	110	30
2동	50	50
	70	30
	90	40
	110	30

계단, 복도, 지하실 등의 공용면적은 다음과 같다.
1동: 1,700[m^2], 2동: 1,700[m^2]

[조건]
면적의 [m^2]당 상정부하는 다음과 같다.
아파트: 40[VA/m^2], 공용부분: 7[VA/m^2]
세대당 추가로 가산하여야 할 상정부하는 다음과 같다.
80[m^2] 이하의 세대: 750[VA]
150[m^2] 이하의 세대: 1,000[VA]
아파트 동별 수용률은 다음과 같다.
70세대 이하: 65[%], 100세대 이하: 60[%],
150세대 이하: 55[%], 200세대 이하: 50[%]
공용 부분의 수용률: 100[%]
피상전력을 기준으로 하며, 역률=1이다.
변전실의 변압기는 단상변압기 3대로 구성한다.
동간 부등률: 1.4

사용 설비에 의한 계약전력은 사용 설비의 개별 입력의 합계에 대하여 다음 표의 계약전력 환산율을 곱한 것으로 한다.

구분	계약전력 환산율	비고
처음 75[kW]에 대하여	100[%]	
다음 75[kW]에 대하여	85[%]	계산의 합계치 단수가 1[kW] 미만일 경우 소수점 이하 첫째 자리에서 반올림한다.
다음 75[kW]에 대하여	75[%]	
다음 75[kW]에 대하여	65[%]	
300[kW] 초과분에 대하여	60[%]	

(1) 1동의 상정부하는 몇 [VA]인지 계산하시오.

계산과정

정답

※ 아래 여백은 연습용으로 사용하세요.

(2) 2동의 수용(사용) 부하는 몇 [VA]인지 계산하시오.
[계산과정]

[정답]

(3) 이 단지의 변압기는 단상 몇 [kVA]용 변압기 3대를 설치하여야 하는지 계산하시오. (단, 변압기 용량은 10[%]의 여유율을 보이며 단상변압기의 표준용량은 75, 100, 150, 200, 300[kVA] 등이다.)
[계산과정]

[정답]

(4) 한국전력공사와 변압기 설비에 의하여 계약한다면 몇 [kW]로 계약하여야 하는지 계산하시오.
[계산과정]

[정답]

(5) 한국전력공사와 사용설비에 의하여 계약한다면 몇 [kW]로 계약하여야 하는지 계산하시오.
[계산과정]

[정답]

※ 아래 여백은 연습용으로 사용하세요.

08 다음 조건을 기준으로 하여 이용하여 영상분, 정상분, 역상분을 계산하시오.

- 상순은 $a-b-c$이다.
- $V_a = 7.3 \angle 12.5°$, $V_b = 0.4 \angle -100°$, $V_c = 4.4 \angle 154°$ [V]이다.

(1) 영상분 전압[V]을 계산하시오.

계산과정

정답

(2) 정상분 전압[V]을 계산하시오.

계산과정

정답

(3) 역상분 전압[V]을 계산하시오.

계산과정

정답

※ 아래 여백은 연습용으로 사용하세요.

09 다음의 진리표를 보고 물음에 답하시오.

득점	배점
	6점

입력			출력
A	B	C	X
0	0	0	0
0	0	1	0
0	1	0	0
0	1	1	0
1	0	0	1
1	0	1	0
1	1	0	0
1	1	1	1

(1) 위의 진리표를 논리식으로 나타내시오.

정 답

(2) 위의 진리표를 무접점 회로로 나타내시오.

정 답

(3) 위의 진리표를 유접점 회로로 나타내시오.

정 답

※ 아래 여백은 연습용으로 사용하세요.

10 다음은 $3\phi-4W$, $22.9[kV]$ 수전설비 단선결선도이다. 다음 각 물음에 답하시오.

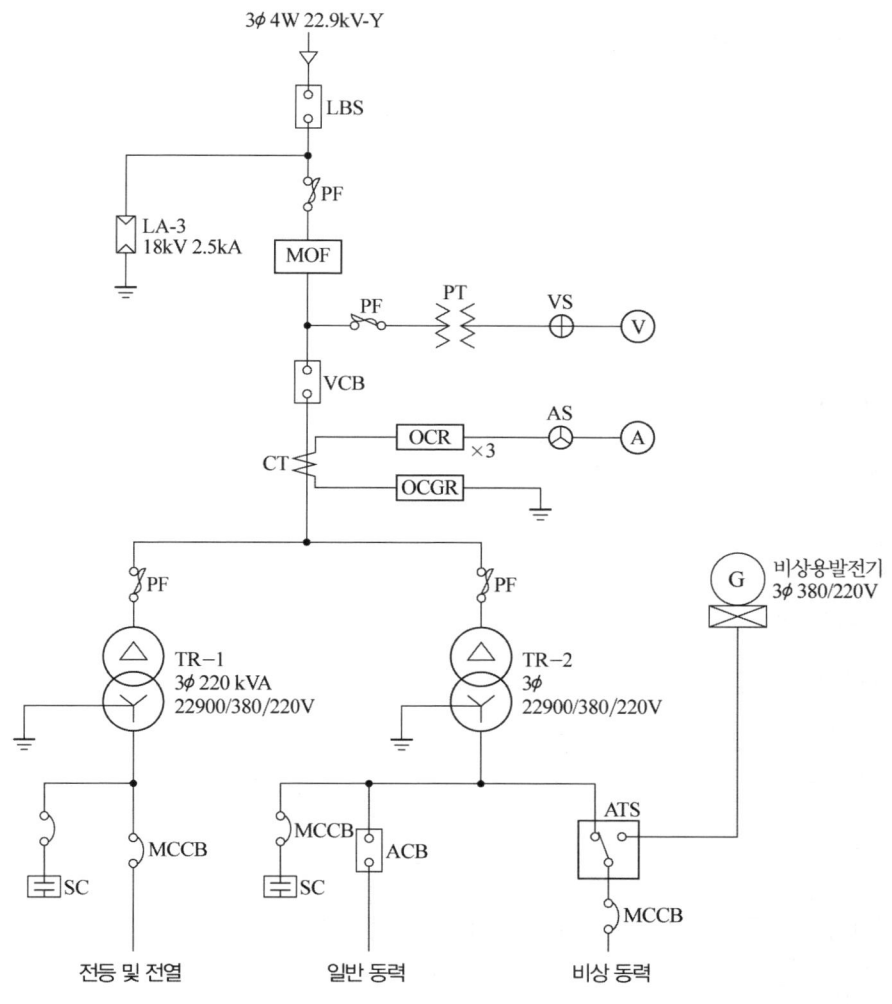

(1) 위 수전설비 단선결선도의 LA에 대한 물음에 답하시오.
① 우리말의 명칭을 쓰시오.
[정 답]

② 기능과 역할에 대해 간단히 설명하시오.
[정 답]
• 기능:
• 역할:

③ 요구되는 성능조건을 4가지 쓰시오.
•
•
•
•

※ 아래 여백은 연습용으로 사용하세요.

(2) 다음 수전설비 단선결선도의 부하집계 및 입력환산표를 완성하시오. (단, 입력환산 [kVA]은 계산값의 소수 둘째 자리에서 반올림한다.)

구분		전등 및 전열	일반동력	비상동력
설비용량 및 효율		합계 350[kW], 100[%]	합계 635[kW], 85[%]	유도전동기1: 7.5[kW], 2대, 85[%]
				유도전동기2: 11[kW], 1대, 85[%]
				유도전동기3: 15[kW], 1대, 85[%]
				비상조명: 8,000[W], 100[%]
평균(종합)역률		80[%]	90[%]	90[%]
수용률		60[%]	45[%]	100[%]

[부하집계 및 입력환산표]

구분		설비용량[kW]	효율[%]	역률[%]	입력환산[kVA]
전등 및 전열		350			
일반동력		635			
비상동력	유도전동기1				
	유도전동기2	11			
	유도전동기3				
	비상조명	8			
	소계				

(3) 단선결선도와 (2)의 부하집계표에 의한 TR-2의 적정 용량은 몇 [kVA] 인지 구하시오.

- 일반 동력군과 비상 동력군 간의 부등률은 1.3으로 본다.
- 변압기 용량은 15[%] 정도의 여유를 갖게 한다.
- 변압기의 표준규격[kVA]은 200, 300, 400, 500, 600으로 한다.

[계산과정]

[정답]

※ 아래 여백은 연습용으로 사용하세요.

(4) 단선결선도에서 TR-2의 2차 측 중성점의 접지선 굵기[mm²]를 구하시오.

- 접지선은 GV 전선을 사용하고 표준굵기[mm²]는 6, 10, 16, 25, 35, 50, 70으로 한다.
- 고장전류는 정격전류의 20배로 본다.
- GV 전선의 허용최고온도는 160[℃]이고 고장전류가 흐르기 전의 접지선의 온도는 30[℃]로 한다.
- 변압기 2차의 과전류 보호차단기는 고장전류에서 0.1초 이내에 차단되는 것이다.
- 도체, 절연물, 그 외 부분의 재질 및 초기온도와 최종온도에 따라 정해지는 계수는 143(구리도체)으로 한다.
- 변압기 2차의 과전류 차단기의 정격전류는 변압기 정격전류의 1.5배로 한다.

[계산과정]

[정답]

(5) 위의 수전설비 단선결선도에서 VCB의 개폐 시 발생하는 이상전압으로부터 TR-1과 TR-2를 보호하기 위한 보완대책을 도면에 직접 그리시오. (단, 변압기는 몰드변압기이며 보호대책은 변압기 별로 각각 시행한다.)

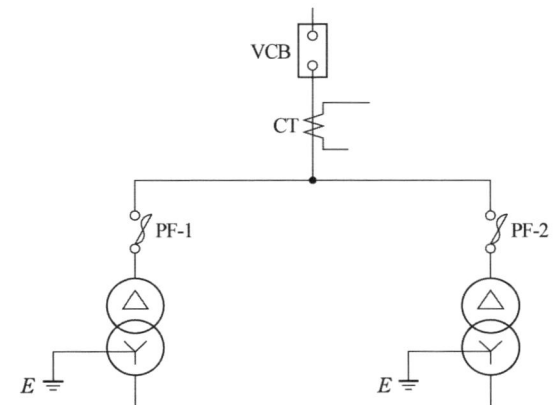

※ 아래 여백은 연습용으로 사용하세요.

11 그림과 같은 송전계통 S점에서 3상 단락사고가 발생하였다. 주어진 도면과 조건을 참고하여 다음의 물음에 답하시오.

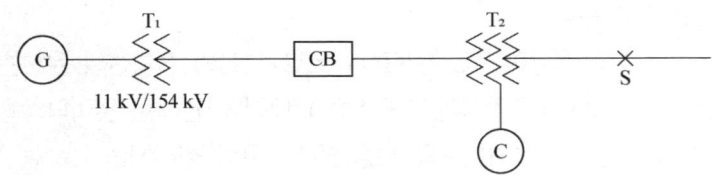

[조건]

번호	기기명	용량	전압	%X[%]
1	G: 발전기	50,000[kVA]	11[kV]	30
2	T_1: 변압기	50,000[kVA]	11/154[kV]	12
3	송전선		154[kV]	10(10,000[kVA])
4	T_2: 변압기	1차 25,000[kVA]	154[kV]	12(25,000[kVA] 1차~2차)
		2차 25,000[kVA]	77[kV]	15(25,000[kVA] 2차~3차)
		3차 10,000[kVA]	11[kV]	10.8(10,000[kVA] 3차~1차)
5	C: 조상기	10,000[kVA]	11[kV]	20(10,000[kVA])

(1) 변압기(T_2)의 각각의 %리액턴스를 100[MVA] 출력으로 환산하여 계산하시오.

계산과정

정답

(2) 변압기(T_2)의 1차(P), 2차(S), 3차(T)의 %리액턴스를 계산하시오.

계산과정

정답

※ 아래 여백은 연습용으로 사용하세요.

12 다음 그림과 같은 3상 3선식 배전선로를 보고 물음에 답하시오. (단, 전선 1가닥의 저항은 0.5[Ω/km]로 한다.)

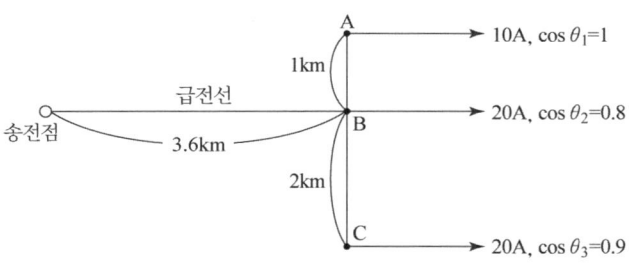

(1) 급전선에 흐르는 전류는 몇 [A]인지 계산하시오.
[계산과정]

[정답]

(2) 전체 선로손실은 몇 [kW]인지 계산하시오.
[계산과정]

[정답]

13 3상 유도전동기를 농형과 권선형으로 구분하여 속도제어 방법을 3가지씩 쓰시오.

[정답]
(1) 농형: ①
　　　　②
　　　　③

(2) 권선형: ①
　　　　　②
　　　　　③

※ 아래 여백은 연습용으로 사용하세요.

14 전력계통에서 단락용량의 경감대책 5가지를 쓰시오.

정답

①
②
③
④
⑤

15 다음은 ⊿-Y 결선방식의 주변압기 보호에 사용되는 비율차동계전기를 간략화한 회로도이다. 주변압기 1차 및 2차 측 변류기(CT)의 미결선된 2차 회로를 접지를 포함하여 회로도를 완성하시오.

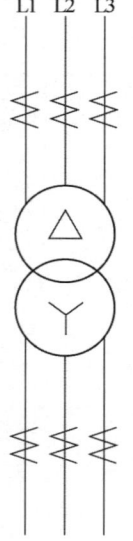

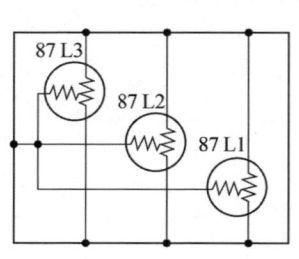

16 교류 동기 발전기에 대한 다음 각 물음에 답하시오.

(1) 10,000[kVA], 6,600[V]의 Y결선 3상 동기 발전기가 있다. 1상의 동기임피던스가 4[Ω]일 때 이 발전기의 단락비를 계산하시오.

계산과정

정답

(2) 다음 ( ) 안에 알맞은 내용을 쓰시오. (단, ①~⑥의 내용은 크다(고), 작다(고), 높다(고), 낮다(고) 등으로 표현한다.)

> 단락비가 큰 교류발전기는 일반적으로 동기 임피던스는 (①), 전압 변동률은 (②), 손실은 (③), 효율은 (④), 전기자 반작용은 (⑤), 선로 충전용량은 (⑥).

정답
① ②
③ ④
⑤ ⑥

(3) 비상용 동기 발전기의 병렬운전 조건을 4가지 쓰시오.

정답
①
②
③
④

※ 아래 여백은 연습용으로 사용하세요.

17 아래와 같은 단상 3선식 회로에 두 전열기 A, B를 연결해서 사용하고 있다. 각 정격이 아래와 같을 때, 각 물음에 답하시오.

A 전열기: 100[V]/100[W], 역률 100[%]
B 전열기: 100[V]/400[W], 역률 100[%]

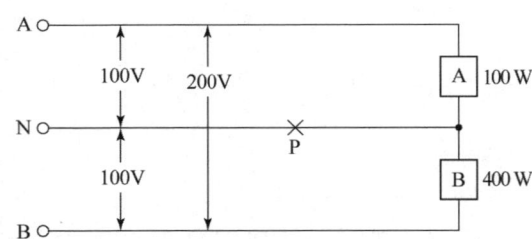

(1) 설비 불평형률[%]을 계산하시오.
[계산과정]

[정답]

(2) 중성선 단선 시 전압불평형이 발생할 때 각 부하에 걸리는 전압[V]을 계산하시오.
[계산과정]

[정답]

(3) 단상 2선식 대비 단상 3선식의 장점을 3가지 쓰시오.
[정답]
①
②
③

※ 아래 여백은 연습용으로 사용하세요.

18 정격출력 500,000[kW]로 운전 중인 화력발전소가 발열량 10,000[kcal/kg]의 석탄을 매시간 107[ton]를 사용하고 있다. 이 발전기의 소내율이 3.5[%]라고 할 때, 아래 그림을 참조하여 다음 물음에 답하시오. (단, P_G: 발전기 출력[kW], P_L: 소내용 전력[kW], 소내율 $\ell = P_L/P_G$ 이다.)

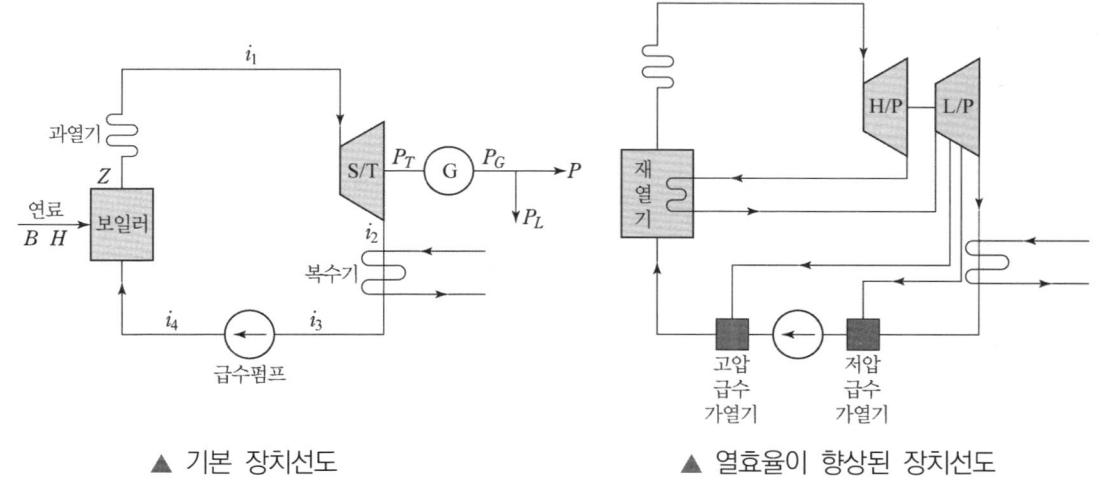

▲ 기본 장치선도　　　　　▲ 열효율이 향상된 장치선도

(1) 발전단 열효율(소내전력을 고려하지 않는 효율)[%]을 계산하시오.
[계산과정]

[정답]

(2) 송전단 효율(소내전력을 고려한 효율)[%]을 계산하시오.
[계산과정]

[정답]

(3) 화력발전소의 열효율을 향상할 수 있는 방법을 3가지 쓰시오.
[정답]
①
②
③

※ 아래 여백은 연습용으로 사용하세요.

시험 직전 +5점   기출변형 문제 대비

01 다음의 유접점 도면을 보고 물음에 답하시오.

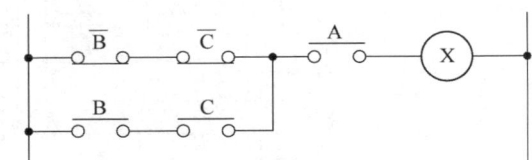

(1) 위의 도면을 논리식으로 나타내시오.
[정답]

(2) 위의 유접점 도면을 무접점 회로로 나타내시오.
[정답]

> 유접점 도면과 무접점 도면은 자유롭게 나타낼 수 있도록 학습해야 합니다.

02 그림과 같은 100/200[V] 단상 3선식 회로에서 중성선에 흐르는 전류[A]를 계산하시오.

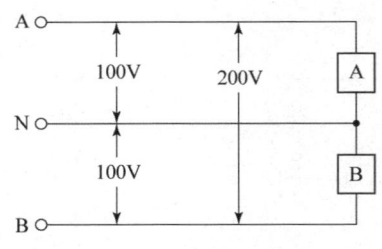

[부하 정격]
A: 소비전력 2[kW], 역률 0.6
B: 소비전력 2[kW], 역률 0.8

[계산과정]

[정답]

> 역률과 같은 조건이 변경되어 출제되는 경향이 많으므로 대비가 필요합니다.

수험번호	
이름	
감독관 확인	

※ 이 모의고사는 전공 교수진과 현직 기술사로 구성된 엔지니어랩 연구소의 연구위원이 총 300만 분의 시간을 연구해서 만들었습니다.

전기기사 실기 조경필 모의고사 2회

종목	시험시간	배점	문제 수
전기기사	2시간 30분	100점	18문제

▮ 수험자 유의사항

※ 아래 수험자 유의사항은 일반적으로 국가기술자격시험에서 적용되는 내용으로, 실제 시험을 볼 때에는 시험지 맨 앞 장에 있는 유의사항을 자세히 읽어본 후 시험에 응시해야 합니다.

1. 시험 문제지를 받는 즉시 응시하고자 하는 종목의 문제지가 맞는지를 확인해야 합니다.
2. 감독관의 지시가 있기 전에 시험문제를 풀지 않아야 합니다.
3. 시험지를 받으면 총 문제 수, 인쇄상태 등을 확인하고 수험번호 및 성명을 기재해야 합니다.
4. 수험번호 및 성명을 기재한 후 감독관 확인을 받아야 합니다. 감독관 확인이 없는 경우 0점 처리됩니다.
5. 답안 작성은 흑색 볼펜을 사용하여 작성해야 합니다. **흑색을 제외한 다른 색 볼펜을 사용하거나 연필, 지워지는 볼펜 등을 사용하여 답안을 작성한 경우 0점 처리됩니다.**
6. 답안에는 문제와 관련없는 불필요한 낙서나 특이한 기록을 기재하면 안 되며, 특히 **개인의 인적사항을 알 수 있는 내용을 기재한 경우 0점 처리됩니다.**
7. 답안을 정정해야 할 경우 정정하는 **부분을 두 줄(=)로 그어 표시하거나 수정테이프를 사용하여 답안을 정정**해야 합니다. (단, 수정테이프의 불량 등으로 답안을 정정한 부분이 떨어졌을 경우에는 전적으로 수험생의 책임입니다.)
8. 계산문제의 경우 반드시 "계산과정"과 "정답" 란에 계산과정과 정답을 정확히 기재해야 정답 처리됩니다. **정답이 맞더라도 계산과정에 오류가 있으면 오답처리 됩니다.**
9. **정답에 단위가 없으면 오답처리 되므로 단위를 정확하게 적어야 합니다.** (단, 문제의 요구사항에 정답에 관한 단위가 주어졌을 경우 정답에 단위를 생략해도 무방합니다.)
10. 계산문제의 최종정답은 **소수 셋째자리에서 반올림하여 소수 둘째자리까지 적어야 합니다.** (단, 개별문제에서 소수 처리에 대한 기준이 있을 경우 해당 문제는 문제에서 제시한 기준을 따라야 합니다.)
11. 계산문제를 풀 때 연습란이 필요한 경우 시험지의 하단의 연습란을 활용하시면 됩니다. 연습란은 채점대상이 아니므로 연습란을 이용하여 자유롭게 계산문제 풀이를 하면 됩니다.
12. 한 문제에서 요구하는 **정답의 개수 이상의 답안을 작성한 경우에는 답란에 기재된 순서대로 문제에서 요구한 개수만 채점**되며, 하나의 정답에 정답과 오답이 섞여 있는 경우에는 오답으로 처리됩니다.
13. 한 문제에 소문항이 있을 경우 부분점수가 적용되나 부분점수 기준은 공개하지 않습니다.
14. 시험 중에 통신기기를 사용하면 즉시 퇴실 조치되므로 주의해야 합니다.

전기기사 실기 조경필 모의고사   2회

※ 다음 물음에 대한 답을 해당 답란에 작성하시오. (배점: 100, 문제 수 18)

01 다음은 저압전로의 절연성능에 관한 표의 빈칸을 완성하시오. [배점 2점]

전로의 사용전압[V]	DC시험전압[V]	절연저항[MΩ]
SELV 및 PELV	①	②
FELV, 500[V] 이하	③	④
500[V] 초과	⑤	⑥

[정답]
① 　　　　　　　　　　　②
③ 　　　　　　　　　　　④
⑤ 　　　　　　　　　　　⑥

02 너비가 30[m]인 도로의 양쪽으로 30[m] 간격으로 지그재그 식으로 등주를 배치하여 평균 조도를 6[lx]가 되도록 하고자 한다. 각 등주에 사용되는 수은등의 용량[W]을 주어진 수은등 규격표에서 찾아 쓰시오. (단, 노면의 광속이용률은 32[%], 유지율은 80[%]로 산정한다.) [배점 4점]

크기[W]	전류[A]	전광속[lm]
100	1.0	3,200~4,000
200	1.9	7,700~8,500
300	2.1	10,000~11,000
400	2.5	13,000~14,000
500	3.7	18,000~20,000

[계산과정]

[정답]

※ 아래 여백은 연습용으로 사용하세요.

03 5,000[kVA]의 변전설비를 가지고 있는 수용가에서 현재 5,000[kVA], 역률 75[%](지상)의 부하를 공급하고 있다. 다음 물음에 답하시오.

(1) 1,000[kVA]의 전력용 콘덴서를 연결했을 경우 개선되는 역률[%]을 계산하시오.
[계산과정]

[정답]

(2) 전력용 콘덴서를 연결한 후 80[%](지상)의 부하를 추가하여 변압기 전용량까지 사용할 경우 증가시킬 수 있는 유효전력은 몇 [kW]인지 계산하시오.
[계산과정]

[정답]

(3) 이 경우 종합역률[%]을 계산하시오.
[계산과정]

[정답]

※ 아래 여백은 연습용으로 사용하세요.

04 각 단상 유도전동기의 역회전 방법을 [보기]에서 찾아 번호를 각각 적으시오.

[보기]
① 역회전이 불가하다.
② 2개의 브러시 위치를 반대로 한다.
③ 전원에 대해 주권선이나 기동권선 중 어느 한 쪽만 반대로 한다.

(1) 분상 기동형: (   )
(2) 반발 기동형: (   )
(3) 셰이딩 코일형: (   )

05 다음 그림과 같이 접지저항을 측정하고자 한다. 다음 각 물음에 답하시오.

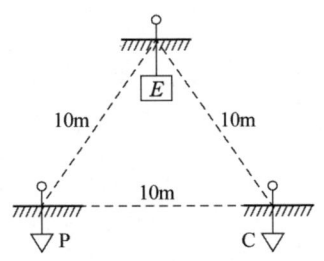

(1) 접지저항을 측정하기 위하여 사용되는 계기 및 측정방법의 명칭을 쓰시오.
 ① 측정계기:
 ② 측정방법의 명칭:

(2) 그림과 같이 본 접지 E에 제1보조접지 P, 제2보조접지 C를 설치하여 본 접지 E의 접지저항값을 측정하려고 한다. 본 접지 E의 접지저항은 몇 [Ω]인지 계산하시오. (단, 본 접지와 P 사이의 저항값은 86[Ω], 본 접지와 C 사이의 접지 저항값은 92[Ω], P와 C 사이의 접지저항값은 160[Ω]이다.)

[계산과정]

[정답]

06 도면은 어느 154[kV] 수용가의 수전설비 단선 결선도의 일부분이다. 주어진 도면과 정격을 이용하여 다음 각 물음에 답하시오.

득점 / 배점 13점

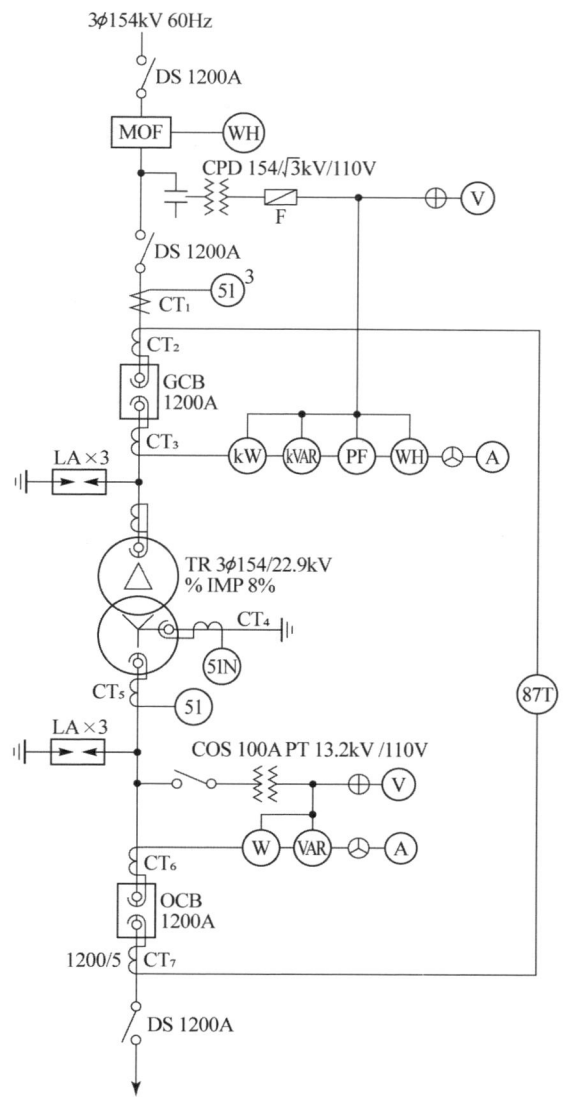

(1) 변압기 2차 부하 설비용량이 51[MW], 수용률이 70[%], 부하역률이 90[%]일 때 도면의 변압기 용량은 몇 [MVA]가 되는지 계산하시오.

계산과정)

정답)

※ 아래 여백은 연습용으로 사용하세요.

(2) 변압기 1차 측 DS의 정격전압은 몇 [kV]인지 쓰시오.
정답

(3) CT_1의 비는 얼마인지를 계산하고 표에서 선정하시오.

CT의 정격[A]

1차 정격전류	200	400	600	800	1,200	1,500
2차 정격전류	5					

계산과정

정답

(4) GCB 내에 사용되는 가스는 주로 어떤 가스가 사용되는지 그 가스의 명칭을 쓰시오.
정답

(5) OCB의 정격 차단전류가 23[kA]일 때, 이 차단기의 차단용량은 몇 [MVA]인지 계산하시오.
계산과정

정답

(6) 과전류 계전기의 정격부담이 9[VA]일 때 이 계전기의 임피던스는 몇 [Ω]인지 계산하시오.
계산과정

정답

(7) CT_7 1차 전류가 600[A]일 때 CT_7의 2차에서 비율 차동계전기의 단자에 흐르는 전류는 몇 [A]인지 계산하시오.
계산과정

정답

※ 아래 여백은 연습용으로 사용하세요.

07 정격출력 500[kW]의 디젤엔진 발전기를 발열량 10,000[kcal/L]인 중유 250[L]를 사용하여 $\frac{1}{2}$ 부하에서 운전하는 경우 몇 시간 동안 운전이 가능한지 구하시오. (단, 발전기의 열효율을 34.4[%]로 한다.)

[계산과정]

[정답]

08 다음과 같이 전류계 3대를 가지고 부하전력 및 역률을 측정하려고 한다. 각 전류계의 눈금이 $A_3 = 10[A]$, $A_2 = 4[A]$, $A_1 = 7[A]$일 때 물음에 답하시오. (단, 저항 $R = 25[\Omega]$이다.)

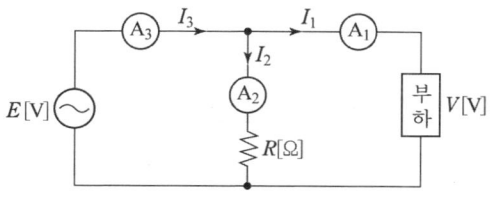

(1) 부하전력[W]를 계산하시오.
[계산과정]

[정답]

(2) 부하역률[%]을 계산하시오.
[계산과정]

[정답]

※ 아래 여백은 연습용으로 사용하세요.

09 송전선로의 거리가 길어지는 경우 송전선로의 전압이 커지기 때문에 단도체 대신 복도체 또는 다도체 방식이 채용되고 있다. 복도체(또는 다도체) 방식을 단도체 방식과 비교할 때 그 장점과 단점을 쓰시오.

(1) 장점을 4가지 쓰시오.
   [정답]
   ①
   ②
   ③
   ④

(2) 단점을 2가지 쓰시오.
   [정답]
   ①
   ②

10 최대 사용전압이 360[kV]인 가공전선이 최대 사용전압이 161[kV]인 가공전선과 교차하여 시설되는 경우 양자 간의 최소 이격거리는 몇 [m]인지 계산하시오.

[계산과정]

[정답]

※ 아래 여백은 연습용으로 사용하세요.

11 어느 수용가에서 자가용 디젤 발전기 설비를 계획하고 있다. 발전기 용량 산출에 필요한 부하의 종류 및 특성이 다음과 같을 때 주어진 조건과 참고자료를 이용하여 전부하 운전을 하는 데 필요한 발전기 용량[kVA]을 표의 빈칸을 채우면서 선정하시오. (단, 수용률을 적용한 용량[kVA]을 구할 때는 유효분과 무효분을 나누어 복소수 형태로 기입한다.)

배점: 6점

[조건]
- 전동기 기동 시에 필요한 용량은 무시한다.
- 수용률 적용(동력): 최대 입력 전동기 1대에 대하여 100[%], 2대는 80[%], 전등 및 기타는 100[%]를 적용한다.
- 전등 및 기타의 역률과 효율은 100[%]를 적용한다.
- 자가용 디젤 발전기 용량[kVA]은 50, 100, 150, 200, 300, 400, 500에서 선정한다.

[참고자료]

정격출력 [kW]	극수	동기속도 [rpm]	전부하 특성		참고값		전부하 슬립 s [%]
			효율 η [%]	역률 pf [%]	무부하 전류 I_0 [A] (각상의 평균치)	전부하 전류 I [A] (각상의 평균치)	
0.75	4	1800	71.5	70.0	2.5	3.8	8.0
1.5			78.0	75.0	3.9	6.6	7.5
2.2			81.0	77.0	5.0	9.1	7.0
3.7			83.0	78.0	8.2	14.6	6.5
5.5			85.0	77.0	11.8	21.8	6.0
7.5			86.0	78.0	14.5	29.1	6.0
11			87.0	79.0	20.9	40.9	6.0
15			88.0	79.5	26.4	55.5	5.5
18.5			88.5	80.0	31.8	67.3	5.5
22			89.0	80.5	36.4	78.2	5.5
30			89.5	81.5	47.3	105.5	5.5
37			90.0	81.5	56.4	129.1	5.5
0.75	6	1200	70.0	63.0	3.1	4.4	8.5
1.5			76.0	96.0	4.7	7.3	8.0
2.2			79.5	71.0	6.2	10.1	7.0
3.7			82.5	73.0	9.1	15.8	6.5
5.5			84.5	72.0	13.6	23.6	6.0
7.5			85.5	73.0	17.3	30.9	6.0
11			86.5	74.5	23.6	43.6	6.0
15			87.5	75.5	30.0	58.2	6.0
18.5			88.0	76.0	37.3	71.8	5.5
22			88.5	77.0	40.0	82.7	5.5
30			89.0	78.0	50.9	111.8	5.5
37			90.0	78.5	60.9	136.4	5.5

※ 아래 여백은 연습용으로 사용하세요.

[부하자료]

부하의 종류	출력[kW]	극수[극]	대수[대]	적용 부하	기동방법
전동기	37	6	1	소화전 램프	리액터 기동
	22	6	2	급수 펌프	리액터 기동
	11	6	2	배풍기	Y-△기동
	5.5	4	1	배수 펌프	직입 기동
전등, 기타	50			비상 조명	

(1) 부하 용량을 계산하여 다음 표의 빈칸을 채우시오.

부하의 종류	출력[kW]	극수	전부하 특성			수용률[%]	수용률 적용 용량[kVA]
			역률[%]	효율[%]	입력[kVA]		
전동기	37×1	6					
	22×2	6					
	11×2	6					
	5.5×1	4					
전등, 기타	50		100	100			
합계	-	-	-	-	-	-	

(2) 위 표의 수용률 적용 용량에서 부하의 유효전력, 무효전력, 피상전력을 계산하고, 발전기 용량을 선정하시오.
[계산과정]

[정답] ① 부하의 유효전력: ② 무효전력: ③ 피상전력:
④ 발전기의 용량 선정:

12 다음과 같은 논리회로를 보고 물음에 답하시오.

득점	배점
	4점

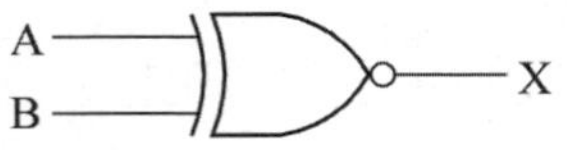

A
B ─▷○─ X

(1) 위의 논리회로의 명칭을 쓰시오.
[정답]

(2) 위의 논리회로의 논리식을 작성하시오.
[정답]

※ 아래 여백은 연습용으로 사용하세요.

13 다음 요구사항을 만족하는 주회로 및 제어회로의 결선도를 직접 그려 완성하시오. (단, 접점 기호와 명칭 등을 정확히 작성해야 정답 처리된다.)

[요구사항]
- 전원스위치 MCCB를 투입하면 주회로 및 제어회로에 전원이 공급된다.
- 누름버튼스위치(PB_1)를 누르면 MC_1이 여자되고 MC_1의 보조접점에 의하여 RL이 점등되며, 전동기는 정회전한다.
- 누름버튼스위치(PB_1)를 누른 후 손을 떼어도 MC_1은 자기 유지되어 전동기는 계속 정회전한다.
- 전동기 운전 중 누름버튼스위치(PB_2)를 누르면 연동에 의하여 MC_1이 소자되어 전동기가 정지되고, RL은 소등된다. 이때 MC_2는 자기 유지되어 전동기는 역회전(역상제동을 함) 하고 타이머가 여자되며, GL이 점등된다.
- 타이머 설정시간 후 역회전 중인 전동기는 정지하고 GL도 소등된다. 또한 MC_1과 MC_2의 보조접점에 의하여 상호 인터록이 되어 동시에 동작되지 않는다.
- 전동기 운전 중 과전류가 감지되어 EOCR이 동작되면, 모든 제어회로의 전원은 차단되고 OL만 점등된다.
- EOCR을 리셋(RESET)하면 초기 상태로 복귀된다.

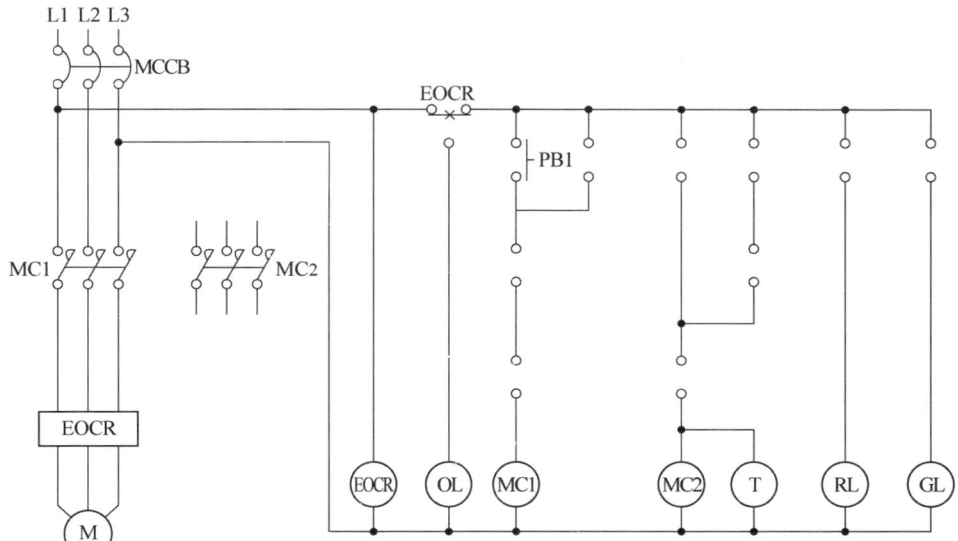

※ 아래 여백은 연습용으로 사용하세요.

14 다음 그림은 1, 2차 권선에 걸리는 전압이 66/22[kV]이고, Y-△ 결선된 전력용 변압기이다. 이 변압기에 1, 2차에 CT를 이용하여 차동계전기를 동작시키려고 할 때 다음 물음에 답하시오.

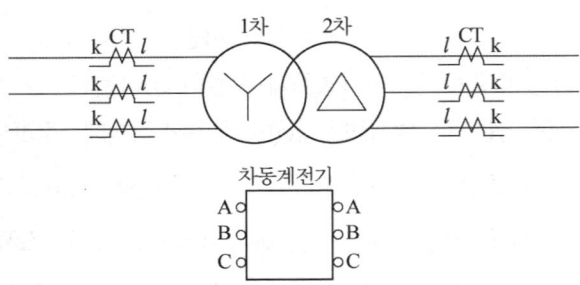

(1) CT와 차동계전기의 결선을 주어진 도면에 직접 그려 완성하시오.

(2) 1차측 CT의 권수비를 200/5로 했을 때 2차 측 CT의 권수비 값을 설정하고, 그 이유는 무엇인지 쓰시오.
① 2차측 CT의 권수비
[정답]

② ①번과 같이 선정한 이유
[정답]

(3) 변압기를 전력 계통에 투입할 때 발생하는 여자 돌입전류에 가장 많이 포함된 고조파는 제 몇 고조파인지 쓰시오.
[정답]

(4) 여자 돌입전류에 의한 차동계전기의 오동작을 방지하기 위하여 이용되는 차동계전기의 종류(또는 방식)를 3가지 쓰시오.
[정답]
①
②
③

(5) 우리나라에서 사용되는 CT의 극성은 일반적으로 어떤 극성의 것을 사용하는지 쓰시오.
[정답]

※ 아래 여백은 연습용으로 사용하세요.

15 부하율과 관련된 다음 물음에 답하시오.

(1) 부하율을 구하는 식을 쓰시오.
[정답]

(2) 부하율이 적다는 것은 무엇을 의미하는지 2가지 쓰시오.
[정답]
①
②

(3) 부하율을 수용률과 부등률의 관계식으로 표현하시오.
[정답]

16 비정현파 $i(t) = 30\sin wt + 10\cos 3wt + 5\sin 5wt \,[\text{A}]$에 대한 다음 물음에 답하시오.

(1) 실효값을 계산하시오.
[계산과정]

[정답]

(2) 왜형률을 계산하시오.
[계산과정]

[정답]

※ 아래 여백은 연습용으로 사용하세요.

17 주파수 60[Hz], 특성 임피던스 Z_0가 $600[\Omega]$, 선로길이 L인 무손실 장거리 송전선로에서 수전단에 부하 Z_0를 접속할 때 다음 물음에 답하시오. (단, 전파속도는 $3 \times 10^5 [\text{km/s}]$이다.)

(1) 송전선로의 인덕턴스[H/km]와 커패시터[F/km]를 각각 계산하시오.

[계산과정]

[정답]
① 인덕턴스:
② 커패시터:

(2) 전파의 파장 길이[km]를 계산하시오.

[계산과정]

[정답] 파장 길이:

(3) 송전단에서 부하측으로 본 합성 임피던스$[\Omega]$를 계산하시오.

[계산과정]

[정답]

※ 아래 여백은 연습용으로 사용하세요.

18 다음은 갭형 피뢰기와 갭리스형 피뢰기의 구조이다. 물음에 답하시오.

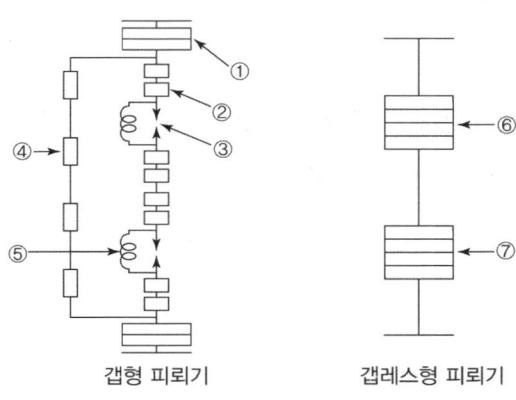

(1) 화살표로 표시된 부분의 명칭을 각각 쓰시오.
  정 답
  ①
  ②
  ③
  ④
  ⑤
  ⑥
  ⑦

(2) 갭리스형 피뢰기의 장점을 2가지 쓰시오.
  정 답
  ①
  ②

(3) 갭리스형 피뢰기의 단점을 2가지 쓰시오.
  정 답
  ①
  ②

※ 아래 여백은 연습용으로 사용하세요.

시험 직전 +5점   기출변형 문제 대비

01 어느 수용가에 역률 80[%](지상)로 60[kW]의 부하를 사용하고 있었는데 새로 역률 60[%](지상)인 40[kW]의 부하를 추가해서 사용하게 되었다. 이때 콘덴서 합성역률을 90[%]로 개선하기 위해 소요되는 콘덴서 용량 Q_c[kVA]을 계산하시오.

[계산과정]

[정답]

> 유효전력이 변하는 경우와 변하지 않는 경우를 잘 구분해서 접근해야 합니다.

02 다음 진리표를 보고 물음에 답하시오.

A	B	X
0	0	0
0	1	1
1	0	1
1	1	0

(1) 위의 진리표를 보고 논리식을 쓰시오.
[정답]

(2) 위의 진리표를 유접점 회로로 작성하시오.
[정답]

> 진리표, 논리식, 무접점 회로, 유접점 회로는 상호 변환할 수 있어야 합니다.

(3) 위의 진리표를 보고 다음 타임차트를 완성하시오.

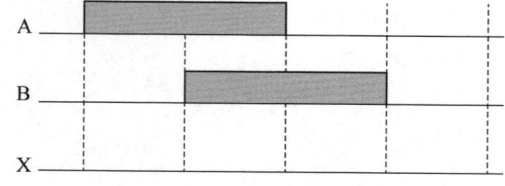

수험번호	
이름	
감독관 확인	

※ 이 모의고사는 전공 교수진과 현직 기술사로 구성된 엔지니어랩 연구소의 연구위원이 총 300만 분의 시간을 연구해서 만들었습니다.

전기기사 실기 조경필 모의고사 3회

종목	시험시간	배점	문제 수
전기기사	2시간 30분	100점	18문제

수험자 유의사항

※ 아래 수험자 유의사항은 일반적으로 국가기술자격시험에서 적용되는 내용으로, 실제 시험을 볼 때에는 시험지 맨 앞 장에 있는 유의사항을 자세히 읽어본 후 시험에 응시해야 합니다.

1. 시험 문제지를 받는 즉시 응시하고자 하는 종목의 문제지가 맞는지를 확인해야 합니다.
2. 감독관의 지시가 있기 전에 시험문제를 풀지 않아야 합니다.
3. 시험지를 받으면 총 문제 수, 인쇄상태 등을 확인하고 수험번호 및 성명을 기재해야 합니다.
4. 수험번호 및 성명을 기재한 후 감독관 확인을 받아야 합니다. 감독관 확인이 없는 경우 0점 처리됩니다.
5. 답안 작성은 흑색 볼펜을 사용하여 작성해야 합니다. **흑색을 제외한 다른 색 볼펜을 사용하거나 연필, 지워지는 볼펜 등을 사용하여 답안을 작성한 경우 0점 처리**됩니다.
6. 답안에는 문제와 관련없는 불필요한 낙서나 특이한 기록을 기재하면 안 되며, 특히 **개인의 인적사항을 알 수 있는 내용을 기재한 경우 0점 처리**됩니다.
7. 답안을 정정해야 할 경우 정정하는 **부분을 두 줄(=)로 그어 표시하거나 수정테이프를 사용하여 답안을 정정**해야 합니다. (단, 수정테이프의 불량 등으로 답안을 정정한 부분이 떨어졌을 경우에는 전적으로 수험생의 책임입니다.)
8. 계산문제의 경우 반드시 "계산과정"과 "정답" 란에 계산과정과 정답을 정확히 기재해야 정답 처리됩니다. **정답이 맞더라도 계산과정에 오류가 있으면 오답처리** 됩니다.
9. **정답에 단위가 없으면 오답처리 되므로 단위를 정확하게 적어야 합니다.** (단, 문제의 요구사항에 정답에 관한 단위가 주어졌을 경우 정답에 단위를 생략해도 무방합니다.)
10. 계산문제의 최종정답은 **소수 셋째자리에서 반올림하여 소수 둘째자리까지 적어야 합니다.** (단, 개별문제에서 소수 처리에 대한 기준이 있을 경우 해당 문제는 문제에서 제시한 기준을 따라야 합니다.)
11. 계산문제를 풀 때 연습란이 필요한 경우 시험지의 하단의 연습란을 활용하시면 됩니다. 연습란은 채점대상이 아니므로 연습란을 이용하여 자유롭게 계산문제 풀이를 하면 됩니다.
12. 한 문제에서 요구하는 **정답의 개수 이상의 답안을 작성한 경우에는 답란에 기재된 순서대로 문제에서 요구한 개수만 채점**되며, 하나의 정답에 정답과 오답이 섞여 있는 경우에는 오답으로 처리됩니다.
13. 한 문제에 소문항이 있을 경우 부분점수가 적용되나 부분점수 기준은 공개하지 않습니다.
14. 시험 중에 통신기기를 사용하면 즉시 퇴실 조치되므로 주의해야 합니다.

전기기사 실기 조경필 모의고사 3회

※ 다음 물음에 대한 답을 해당 답란에 작성하시오. (배점: 100, 문제 수 18)

01 폭이 15[m]인 도로의 양쪽에 20[m] 간격을 두고 대칭 배열로 가로등이 점등되어 있다. 한 등의 전광속은 8,000[lm], 조명률은 45[%]일 경우 도로의 조도를 계산하시오.

[계산과정]

[정답]

02 단상 2선식 220[V] 옥내 배선에서 소비전력이 60[W]이고, 역률이 90[%]인 형광등 50개와 소비전력 100[W]인 백열등 60개를 설치하려고 한다. 이때 최소 분기회로 수는 몇 회로인지 계산하시오. (단, 16[A] 분기회로로 한다.)

[계산과정]

[정답]

03 다음 각 계전기의 이름을 각각 작성하시오.
   (1) OCR: (   )
   (2) OVR: (   )
   (3) UVR: (   )
   (4) GR: (   )

※ 아래 여백은 연습용으로 사용하세요.

04 정격전압이 같은 두 변압기가 병렬로 운전 중이다. A 변압기의 정격용량은 20[kVA], %임피던스는 4[%]이고 B 변압기의 정격용량은 75[kVA], %임피던스는 5[%]일 때 다음 각 물음에 답하시오. (단, 변압기 A, B의 내부저항과 누설리액턴스비는 다음과 같다.)

$$\left(\frac{R_a}{X_a} = \frac{R_b}{X_b}\right)$$

(1) 2차 측의 부하용량이 60[kVA]일 때 각 변압기가 분담하는 전력은 얼마인지 계산하시오.
[계산과정]

[정답]

(2) 2차 측의 부하용량이 120[kVA]일 때 각 변압기가 분담하는 전력은 얼마인지 계산하시오.
[계산과정]

[정답]

(3) 변압기가 과부하되지 않는 범위 내에서 2차측 최대 부하용량은 얼마인지 계산하시오.
[계산과정]

[정답]

※ 아래 여백은 연습용으로 사용하세요.

05 정격전압 1차 6,600[V], 2차 210[V], 10[kVA]의 단상 변압기 2대를 V결선하여 6,300[V]의 3상 전원에 접속하였다. 다음 물음에 답하시오.

(1) 승압된 전압은 몇 [V]인지 계산하시오.

[계산과정]

[정답]

(2) 3상 V결선 승압기의 결선도를 완성하시오.

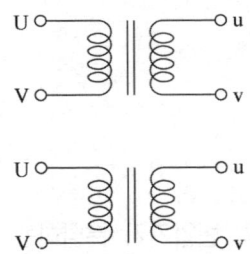

06 대지 고유 저항률이 400[Ω·m]일 때 직경 19[mm], 길이 2,400[mm]인 접지봉을 전부 매입했다. 이 경우 접지저항(대지저항) 값은 얼마인지 계산하시오.

[계산과정]

[정답]

※ 아래 여백은 연습용으로 사용하세요.

07 다음 결선도는 3상 4선식 전력량계를 나타낸 것이다. PT와 CT를 사용하여 미완성 부분의 결선도를 완성하시오.

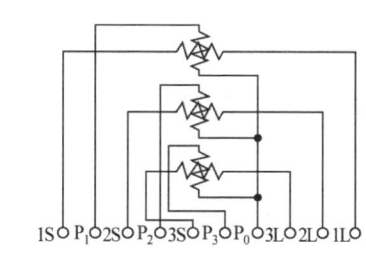

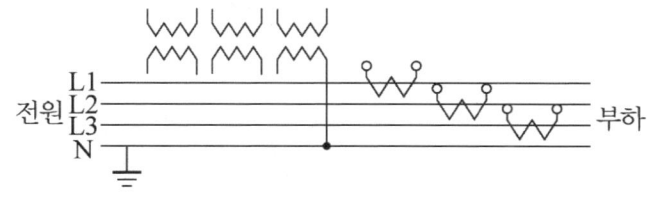

08 다음 빈칸에 알맞은 답을 쓰시오.

단락전류 보호장치는 분기점(O)에 설치해야 한다. 다만, 아래 그림과 같이 분기회로의 단락보호장치 설치점(B)과 분기점(O) 사이에 다른 분기회로 또는 콘센트의 접속이 없고 (①), (②) 및 인체에 대한 위험이 최소화될 경우, 분기회로의 단락 보호장치 P_2는 분기점(O)으로 부터 (③)m까지 이동하여 설치할 수 있다.

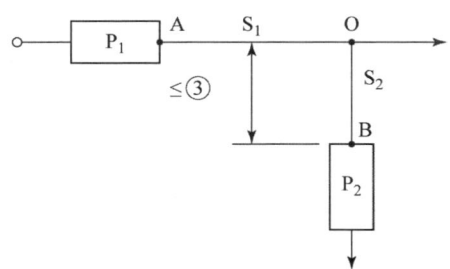

정답

①
②
③

※ 아래 여백은 연습용으로 사용하세요.

09 가로가 32[m], 세로가 20[m]인 건물의 직접조명에서 LED 형광등 160[W], 효율 123[lm/W]의 평균조도로 500[lx]를 얻으려고 한다. 주어진 조건과 참고자료를 기준으로 하여 다음 각 물음에 답하시오.

[조건]
- 천장의 반사율은 75[%], 벽면의 반사율은 50[%]이다.
- 작업면으로부터 광원의 높이는 6[m]이다.
- 감광보상률의 보수상태는 양호하다.
- 배광은 직접 조명으로 한다.
- 조명기구는 금속 반사갓 직부형이다.
- 벽을 이용하지 않는 경우 등과 벽 사이의 간격(S_0) ≤ 0.5H

[참고자료1] 실지수 분류 기호

기호	A	B	C	D	E	F	G	H	I	J
실지수	5	4	3	2.5	2	1.5	1.25	1	0.8	0.6
범위	4.5 이상	4.5~3.5	3.5~2.75	2.75~2.25	2.25~1.75	1.75~1.38	1.38~1.12	1.12~0.9	0.9~0.7	0.7 이하

[참고자료2] 조명률표

배광 설치간격	조명기구	감광보상률(D) 보수상태 양	중	부	반사율 ρ 실지수	천장 0.75 벽 0.5	0.3	0.1	0.50 0.5	0.3	0.1	0.30 0.3	0.1
반직접 S≤H	전구	1.3	1.4	1.5	J 0.6	23	22	19	24	21	18	19	17
					I 0.8	33	28	26	30	26	24	25	23
					H 1.0	36	32	30	33	30	28	28	26
					G 1.3	40	36	33	36	33	30	30	29
					F 1.5	43	39	35	39	35	33	33	31
	형광등	1.6	1.7	1.8	E 2.0	47	44	40	43	39	36	36	34
					D 2.5	51	47	43	46	42	40	39	37
					C 3.0	54	49	45	48	44	42	42	38
					B 4.0	57	53	50	51	47	45	43	41
					A 5.0	59	55	52	53	49	47	47	43
직접 S≤1.3H	전구	1.3	1.4	1.5	J 0.6	34	29	26	32	29	27	29	27
					I 0.8	43	38	35	39	36	35	36	34
					H 1.0	47	43	40	41	40	38	40	38
					G 1.3	50	47	44	44	43	41	42	41
					F 1.5	52	50	47	46	44	43	44	43
	형광등	1.4	1.7	2	E 2.0	63	58	56	52	51	49	50	49
					D 2.5	64	61	58	54	52	51	51	50
					C 3.0	67	64	62	55	53	52	52	52
					B 4.0	67	64	62	55	53	52	52	52
					A 5.0	68	66	64	56	54	53	54	52

[참고자료3] 실지수 도표

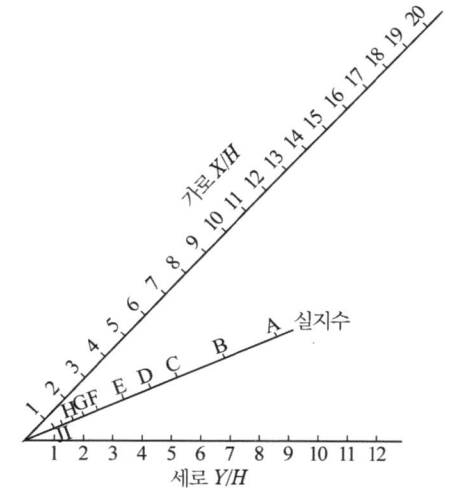

(1) 실지수를 계산하고 [참고자료1]에서 실지수 분류기호를 선정하시오.
　계산과정

　정 답

(2) 실지수 그림을 이용하여 실지수 분류기호를 선정하시오.
　정 답

(3) 조명률 표를 이용하여 조명률을 구하시오.
　정 답

(4) 필요한 등수를 계산하시오.
　계산과정

　정 답

※ 아래 여백은 연습용으로 사용하세요.

(5) 16[A] 분기회로 수는 몇 회로인지 계산하시오. (단, 전압은 220[V]이다.)
[계산과정]

[정답]

(6) ①등과 등 사이의 최대 거리와 ②등과 벽 사이의 최대 거리는 얼마인지 각각 쓰시오. (단, 벽면을 사용하지 않는 것으로 한다.)
[정답]

(7) 다음 그림의 명칭을 쓰시오.

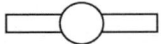

[정답]

10 퓨즈의 정격사항과 관련된 다음 표의 빈칸을 채우시오.

계통전압[kV]	퓨즈 정격전압[kV]	퓨즈 최대 설계전압[kV]
6.6	①	8.25
13.2	15	②
22 또는 22.9	③	25.8
66	69	④
154	⑤	169

[정답]
①
②
③
④
⑤

※ 아래 여백은 연습용으로 사용하세요.

11 다음과 같은 PLC 프로그램을 보고 물음에 답하시오.

① LOAD : 입력 A접점 (신호)
② LOAD NOT : 입력 B접점 (신호)
③ AND : AND A접점
④ AND NOT : AND B접점
⑤ OR : OR A접점
⑥ OR NOT : OR B접점
⑦ OB : 병렬접속점
⑧ OUT : 출력

STEP	명령	번지
0	LOAD	P000
1	OR	P010
2	AND NOT	P001
3	AND NOT	P002
4	OUT	P010

(1) 미완성 PLC 래더 다이어그램을 직접 완성하시오.

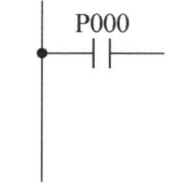 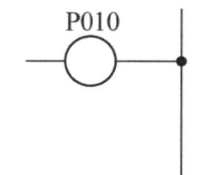

(2) 무접점 논리회로로 바꾸어 그리시오.

정답

12 고압 수전의 수용가에서 3상 4선식 교류 380[V], 50[kVA] 부하가 수용가 설비의 인입구로부터 기기까지 270[m] 떨어져 설치되어 있다. 바람직한 허용 전압강하는 얼마이며 이 경우 배전용 케이블의 최소 굵기는 얼마로 하여야 하는지 계산하시오. (단, 케이블은 IEC 규격 6, 10, 16, 25, 35, 50 [mm^2]에 의한다.)

득점	배점
	4점

(1) 허용 전압강하[V]를 계산하시오.

계산과정

정 답

(2) 케이블의 굵기[mm^2]를 계산하여 선정하시오.

계산과정

정 답

※ 아래 여백은 연습용으로 사용하세요.

13 3상 송전선로 5[km] 지점에 1,000[kW], 역률 0.8인 부하가 있다. 이때 전력용 콘덴서를 설치하여 역률을 95[%]로 개선하였다. 이때 역률 개선 후의 전압강하와 전력손실은 역률 개선 전의 몇 [%]인지 계산하시오. (단, 1상당 임피던스는 $0.3+j0.4[\Omega/\text{km}]$, 부하의 전압은 6,000[V]로 일정하다.)

(1) 전압강하
  계산과정

  정답

(2) 전력손실
  계산과정

  정답

14 3.7[kW]와 7.5[kW]의 직입기동 3상 농형 유도전동기 및 22[kW]의 기동기 사용 3상 권선형 유도전동기 등 3대를 다음과 같이 접속하였을 때 물음에 답하시오. (단, 공사방법은 B1, XLPE 절연전선을 사용했고, 정격전압은 200[V]이고 간선 및 분기회로에 사용되는 전선 도체의 재질 및 종류는 같다.)

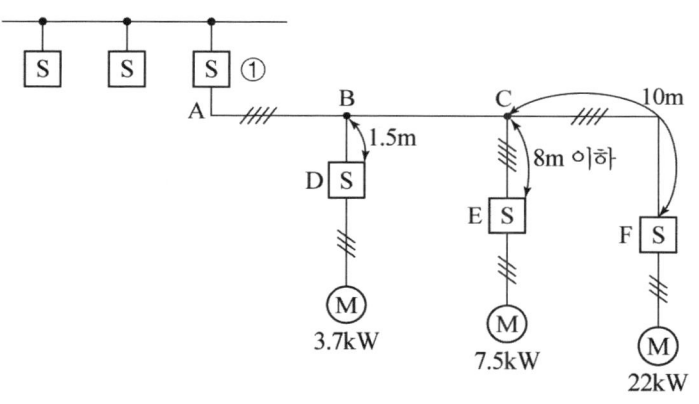

[표] 200[V] 3상 유도전동기의 간선의 굵기 및 기구의 용량

전동기 [kW] 수의 총계 [kW] 이하	최대 사용 전류 [A] 이하	배선종류에 의한 간선의 최소 굵기[mm²]						직입기동 전동기 중 최대 용량의 것										
		공사방법 A1 (3개선)		공사방법 B1 (3개선)		공사방법 C (3개선)		0.75 이하	1.5	2.2	3.7	5.5	7.5	11	15	18.5	22	30	37~55
								기동기 사용 전동기 중 최대 용량의 것											
								–	–	–	5.5	7.5	11 15	18.5 22	–	30	37	–	45	55
		PVC	XLPE EPR	PVC	XLPE EPR	PVC	XLPE EPR	과전류 차단기[A] (칸 위 숫자) 개폐기 용량[A] (칸 아래 숫자)											
3	15	2.5	2.5	2.5	2.5	2.5	2.5	15 30	20 30	30 30	–	–	–	–	–	–	–	–	–
4.5	20	4	2.5	2.5	2.5	2.5	2.5	20 30	20 30	30 30	50 60	–	–	–	–	–	–	–	–
6.3	30	6	4	6	4	4	2.5	30 30	30 30	50 60	50 60	75 100	–	–	–	–	–	–	–
8.2	40	10	6	10	6	6	4	50 60	50 60	50 60	75 100	75 100	100 100	–	–	–	–	–	–
12	50	16	10	10	10	10	6	50 60	50 60	50 60	75 100	75 100	100 100	150 200	–	–	–	–	–
15.7	75	35	25	25	16	16	16	75 100	75 100	75 100	75 100	100 100	100 200	150 200	150 200	–	–	–	–
19.5	90	50	25	35	25	25	16	100 100	100 100	100 100	100 100	100 200	150 200	150 200	200 200	200 200	–	–	–
23.2	100	50	35	35	25	35	25	100 100	100 100	100 100	100 100	150 200	150 200	200 200	200 200	200 200	–	–	–
30	125	70	50	50	35	50	35	150 200	150 200	150 200	150 200	150 200	150 200	150 200	200 200	200 200	200 200	–	–
37.5	150	95	70	70	50	70	50	150 200	150 200	150 200	150 200	150 200	150 200	150 300	200 300	300 300	300 300	300 300	–
45	175	120	70	95	50	70	50	200 200	200 200	200 200	200 200	200 200	200 200	300 300	300 300	300 300	300 300	300 300	300 300
52.5	200	150	95	95	70	95	70	200 200	200 200	200 200	200 200	200 200	200 200	200 200	300 300	300 300	400 400	400 400	400 400
63.7	250	240	150	–	95	120	95	300 300	300 300	300 300	300 300	300 300	300 300	300 300	300 300	400 400	400 400	500 600	–
75	300	300	185	–	120	185	120	300 300	300 300	300 300	300 300	300 300	300 300	300 300	300 300	400 400	400 400	500 600	–
86.2	360	–	240	–	–	240	150	400 400	400 400	400 400	400 400	400 400	400 400	400 400	400 400	400 400	400 400	600 600	–

[주] 1. 최소 전선 굵기는 1회선에 대한 것이다.
    2. 공사방법 A1은 벽 내의 전선관에 공사한 절연전선 또는 단심케이블, B1은 벽면의 전선관에 공사한 절연전선 또는 단심케이블, 공사방법 C는 벽면에 공사한 단심 또는 다심케이블을 시설하는 경우의 전선 굵기를 표시하였다.
    3. 「전동기 중 최대의 것」에는 동시 기동하는 경우를 포함한다.
    4. 배선용차단기의 용량은 해당 조항에 규정되어 있는 범위에서 실용상 거의 최대값을 표시한다.
    5. 배선용차단기의 선정은 최대용량의 정격전류의 3배에 다른 전동기의 정격전류의 합계를 가산한 값 이하를 표시한다.
    6. 배선용차단기를 배·분전반, 제어반 등의 내부에 시설하는 경우는 그 반 내의 온도상승에 주의한다.

※ 아래 여백은 연습용으로 사용하세요.

(1) 간선에 사용되는 과전류 차단기의 최소 용량과 개폐기(①)의 최소 용량은 몇 [A]인지 계산하시오.
계산과정

정답

(2) 간선의 최소 굵기는 몇 [mm^2]인지 계산하시오.
계산과정

정답

※ 아래 여백은 연습용으로 사용하세요.

15 다음 그림과 같은 수전설비 계통도의 미완성 도면을 보고 물음에 답하시오.

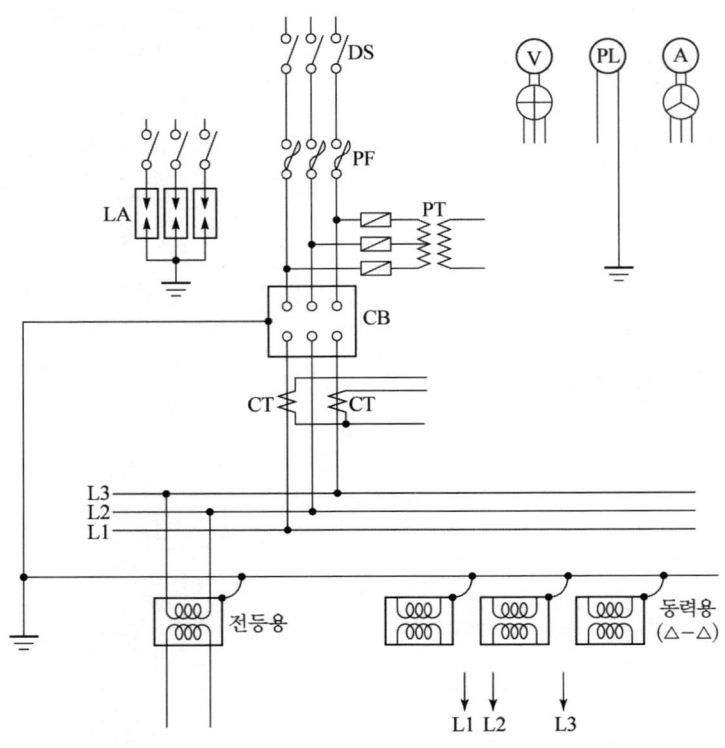

(1) 위의 계통도를 직접 완성하시오.

(2) 통전 중에 있는 변류기 2차측 기기를 교체하고자 할 때 가장 먼저 취하여야 할 조치를 그 이유와 함께 작성하시오.
   정답

(3) 전류계의 측정값이 2.5[A], CT의 변류비가 60/5[A]일 때 CT 1차 전류의 값은 몇 [A]인지 계산하시오.
   계산과정

   정답

※ 아래 여백은 연습용으로 사용하세요.

(4) 인입구 개폐기로서 DS 대신 사용 가능한 것의 명칭과 약호를 쓰시오.
[정답] 명칭: 약호:

(5) 차단기를 VCB로 설치하고 몰드 변압기를 사용할 때 보호기기의 명칭과 설치 위치를 쓰시오.
[정답] 명칭: 설치 위치:

(6) PF의 명칭과 용도를 쓰시오.
[정답] 명칭: 용도:

16 55[mm²](0.3195)[Ω/km]), 전장 3.6[km]인 3심 전력 케이블의 어떤 중간지점에서 1선 지락사고가 발생했다. 전기적 사고점 탐지법의 하나인 머레이 루프법으로 측정한 결과, 그림과 같은 상태에서 평형이 되었다. 아래 물음에 답하시오.

득점	배점
	4점

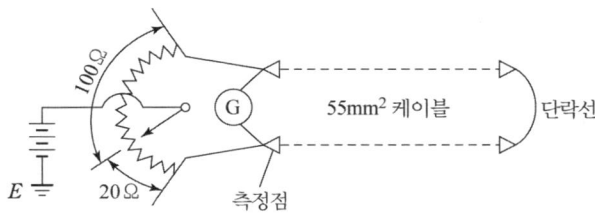

(1) 측정점에서 사고지점까지의 거리[km]를 계산하시오.
[계산과정]

[정답]

(2) 머레이 루프법의 특징을 2가지 쓰시오.
[정답]
①
②

※ 아래 여백은 연습용으로 사용하세요.

17 다음 도면과 같이 345[kV] 변전소의 단선도와 변전소에 사용되는 주요 제원을 보고 물음에 답하시오.

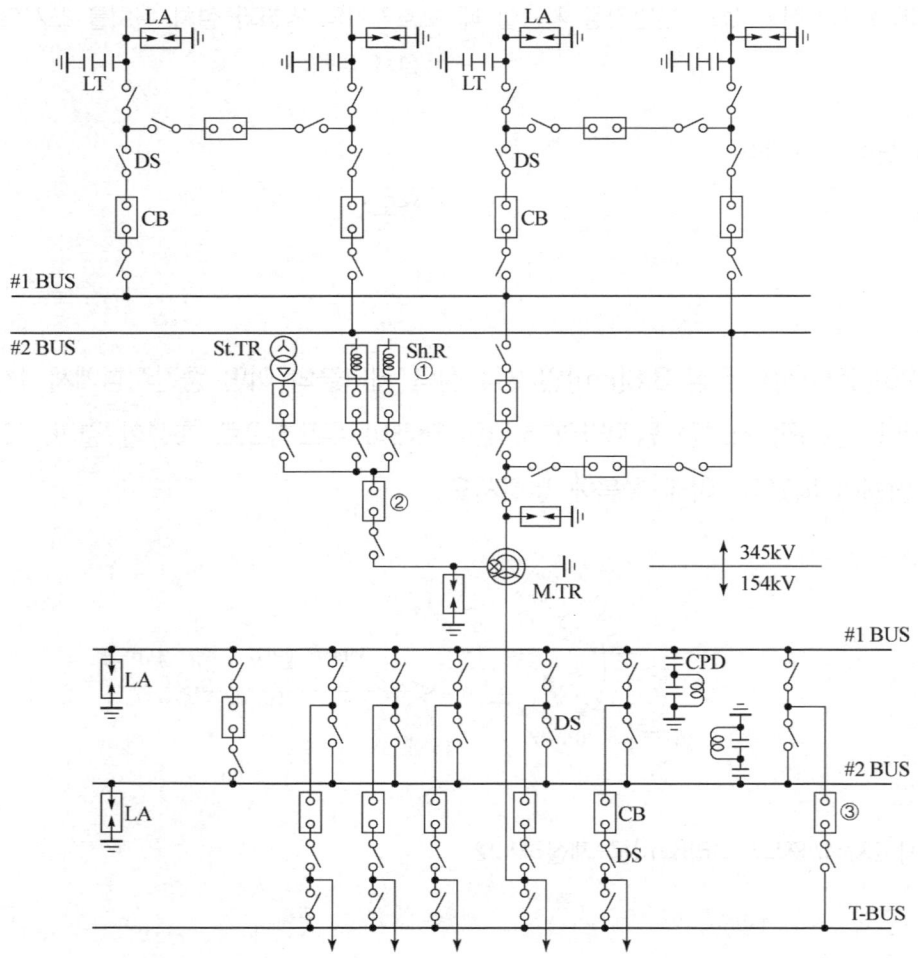

[주변압기]

단권 변압기 345[kV]/154[kV]/23[kV] (Y-Y-⊿)

166.7[MVA]×3대≒500[MVA]

OLTC부 %임피던스(500[MVA] 기준): 1차~2차: 10[%]
- 1차~3차: 78[%]
- 2차~3차: 67[%]

※ 아래 여백은 연습용으로 사용하세요.

[차단기]
362[kV] GCB 25[GVA] 4,000[A]~2,000[A]
170[kV] GCB 15[GVA] 4,000[A]~2,000[A]
25.8[kV] VCB ( )[MVA] 2,500[A]~1,200[A]

[단로기]
362[kV] DS 4,000[A]~2,000[A]
170[kV] DS 4,000[A]~2,000[A]
25.8[kV] DS 2,500[A]~1,200[A]

[피뢰기]
288[kV] LA 10[kA]
144[kV] LA 10[kA]
21[kV] LA 10[kA]

[분로 리액터]
23[kV] Sh.R 30[MVAR]

[주모선]
Al-Tube200ϕ

(1) 도면의 345[kV] 측 모선 방식은 어떤 모선 방식인지 쓰시오.
　정답　

(2) 도면에서 ①번 기기의 설치 목적은 무엇인지 쓰시오.
　정답　

(3) 345[kV] 주변압기 3차측 △결선의 용도를 2가지 쓰시오.
　정답　
①
②

※ 아래 여백은 연습용으로 사용하세요.

(4) 도면에 주어진 제원을 참조하여 주변압기에 대한 등가 %임피던스(Z_H, Z_M, Z_L)와 ②번 23[kV] VCB의 차단용량을 계산하시오. (단, 그림과 같은 임피던스 회로는 100[MVA] 기준이다.)

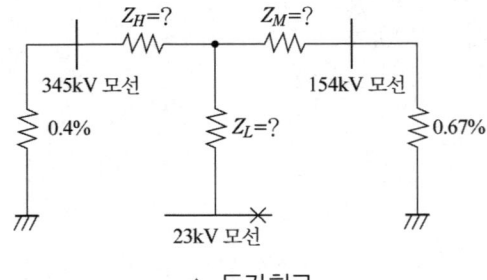

▲ 등가회로

① 등가 %임피던스 (Z_H, Z_M, Z_L)
[계산과정]

[정답] $Z_H =$
       $Z_M =$
       $Z_L =$

② VCB의 차단용량
[계산과정]

[정답] $P_s =$

(5) VCB의 장점과 단점을 2가지씩 쓰시오.
[정답] (장점) ①
              ②
        (단점) ①
              ②

(6) 도면의 ③번 차단기의 설치 목적은 무엇인지 쓰시오.
[정답]

※ 아래 여백은 연습용으로 사용하세요.

18 현장에서 시험용 변압기가 없을 경우 그림과 같이 주상 변압기 2대와 수저항기를 사용하여 변압기의 절연내력 시험을 할 수 있다. 이때 다음 각 물음에 답하시오. (단, 최대 사용전압 $6,900[V]$의 변압기의 권선을 시험할 경우이며, $E_2/E_1 = 105/6,300[V]$이다.)

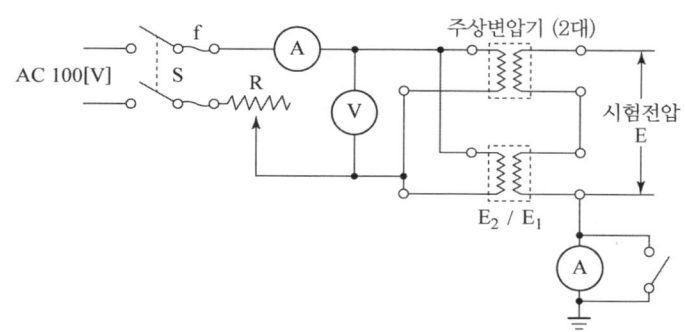

(1) 절연내력 시험전압은 몇 [V]인지 계산하고, 이 시험전압을 몇 분간 가하여 이에 견디어야 하는지 작성하시오.
① 절연내력 시험전압[V]
[계산과정]

[정답]

② 가하는 시간

[정답]

(2) 시험시 전압계 Ⓥ로 측정되는 전압은 몇 [V]인지 계산하시오.
[계산과정]

[정답]

(3) 도면에서 오른쪽 하단에 접지되어 있는 전류계는 어떤 용도로 사용되는지 쓰시오.
[정답]

※ 아래 여백은 연습용으로 사용하세요.

시험 직전 +5점   기출변형 문제 대비

01 1차 정격전압과 2차 정격전압이 동일한 2대의 변압기가 있다. 정격용량 및 %임피던스 강하가 A 변압기는 150[kVA], 5[%], B변압기는 300[kVA], 3[%]일 때 다음 물음에 답하시오.

(1) 전력용 3상 변압기의 병렬운전 조건을 4가지 쓰시오.
  [정답]
  ①
  ②
  ③
  ④

(2) 두 대의 변압기를 병렬운전할 때 두 대의 변압기에 접속할 수 있는 최대 합성 부하용량[kVA]을 계산하시오. (단, 변압기는 과부하가 일어나서는 안 된다.)
  [계산과정]

  [정답]

> 정격용량과 %임피던스 수치가 변경되어 출제되는 것에 대비해야 합니다.

02 수변전 설비에 설치하고자 하는 전력퓨즈(Power Fuse)에 대한 물음에 답하시오.

(1) 퓨즈의 단점을 보완할 수 있는 대책을 3가지 쓰시오.
  [정답]
  ①
  ②
  ③

(2) 전력퓨즈의 성능 특성을 3가지 쓰시오.
  [정답]
  ①
  ②
  ③

> 전력퓨즈에 대한 개념을 이해해야 변형 문제에 대비할 수 있습니다.

수험번호	
이름	
감독관 확인	

※ 이 모의고사는 전공 교수진과 현직 기술사로 구성된 엔지니어랩 연구소의 연구위원이 총 300만 분의 시간을 연구해서 만들었습니다.

전기기사 실기 조경필 모의고사 4회

종목	시험시간	배점	문제 수
전기기사	2시간 30분	100점	18문제

수험자 유의사항

※ 아래 수험자 유의사항은 일반적으로 국가기술자격시험에서 적용되는 내용으로, 실제 시험을 볼 때에는 시험지 맨 앞 장에 있는 유의사항을 자세히 읽어본 후 시험에 응시해야 합니다.

1. 시험 문제지를 받는 즉시 응시하고자 하는 종목의 문제지가 맞는지를 확인해야 합니다.
2. 감독관의 지시가 있기 전에 시험문제를 풀지 않아야 합니다.
3. 시험지를 받으면 총 문제 수, 인쇄상태 등을 확인하고 수험번호 및 성명을 기재해야 합니다.
4. 수험번호 및 성명을 기재한 후 감독관 확인을 받아야 합니다. 감독관 확인이 없는 경우 0점 처리됩니다.
5. 답안 작성은 흑색 볼펜을 사용하여 작성해야 합니다. **흑색을 제외한 다른 색 볼펜을 사용하거나 연필, 지워지는 볼펜 등을 사용하여 답안을 작성한 경우 0점 처리됩니다.**
6. 답안에는 문제와 관련없는 불필요한 낙서나 특이한 기록을 기재하면 안 되며, 특히 **개인의 인적사항을 알 수 있는 내용을 기재한 경우 0점 처리됩니다.**
7. 답안을 정정해야 할 경우 정정하는 **부분을 두 줄(=)로 그어 표시하거나 수정테이프를 사용하여 답안을 정정**해야 합니다. (단, 수정테이프의 불량 등으로 답안을 정정한 부분이 떨어졌을 경우에는 전적으로 수험생의 책임입니다.)
8. 계산문제의 경우 반드시 "계산과정"과 "정답" 란에 계산과정과 정답을 정확히 기재해야 정답 처리됩니다. **정답이 맞더라도 계산과정에 오류가 있으면 오답처리** 됩니다.
9. **정답에 단위가 없으면 오답처리 되므로 단위를 정확하게 적어야 합니다.** (단, 문제의 요구사항에 정답에 관한 단위가 주어졌을 경우 정답에 단위를 생략해도 무방합니다.)
10. 계산문제의 최종정답은 **소수 셋째자리에서 반올림하여 소수 둘째자리까지 적어야 합니다.** (단, 개별문제에서 소수 처리에 대한 기준이 있을 경우 해당 문제는 문제에서 제시한 기준을 따라야 합니다.)
11. 계산문제를 풀 때 연습란이 필요한 경우 시험지의 하단의 연습란을 활용하시면 됩니다. 연습란은 채점대상이 아니므로 연습란을 이용하여 자유롭게 계산문제 풀이를 하면 됩니다.
12. 한 문제에서 요구하는 **정답의 개수 이상의 답안을 작성한 경우에는 답란에 기재된 순서대로 문제에서 요구한 개수만 채점**되며, 하나의 정답에 정답과 오답이 섞여 있는 경우에는 오답으로 처리됩니다.
13. 한 문제에 소문항이 있을 경우 부분점수가 적용되나 부분점수 기준은 공개하지 않습니다.
14. 시험 중에 통신기기를 사용하면 즉시 퇴실 조치되므로 주의해야 합니다.

전기기사 실기 조경필 모의고사 4회

※ 다음 물음에 대한 답을 해당 답란에 작성하시오. (배점: 100, 문제 수 18)

01 다음의 논리식을 간단히 하시오.

(1) $Z = (A+B+C)A$

[계산과정]

[정답]

(2) $Z = \overline{A}C + BC + AB + \overline{B}C$

[계산과정]

[정답]

02 3상 4선식에서 역률 100[%]의 부하가 각 상과 중성선 간에 연결되어 있다. 각 상에 흐르는 전류 I_a, I_b, I_c가 각각 10[A], 8[A], 9[A]이다. 이때 중성선에 흐르는 전류의 절댓값을 계산하시오. (단, 각 상 전류의 위상차는 120°이다.)

[계산과정]

[정답]

※ 아래 여백은 연습용으로 사용하세요.

03 다음 논리식을 조건에 따라 유접점 회로도로 그리시오.

득점	배점
	3점

[논리식]

$$L = (X + \overline{Y} + Z) \cdot (\overline{X} + Y)$$

[조건]

- 각 접점에 식별 문자를 표기할 것
- 접속점, 비접속점 표기는 오른쪽 표와 같을 것

접속점 표기 방식	
접속	비접속
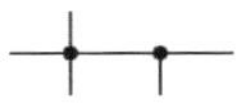	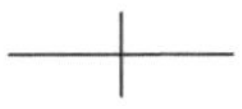

정 답

04 가공 전선로와 비교한 지중 전선로의 장점과 단점을 각각 4가지씩 쓰시오.

득점	배점
	4점

(1) 지중 전선로의 장점

정 답

①

②

③

④

(2) 지중 전선로의 단점

정 답

①

②

③

④

※ 아래 여백은 연습용으로 사용하세요.

05 다음 물음에 답하시오.

(1) 다음과 같은 송전철탑에서 등가 선간거리[m]를 계산하시오. (단, 송전철탑 안의 수치의 단위는 [mm]이다.)

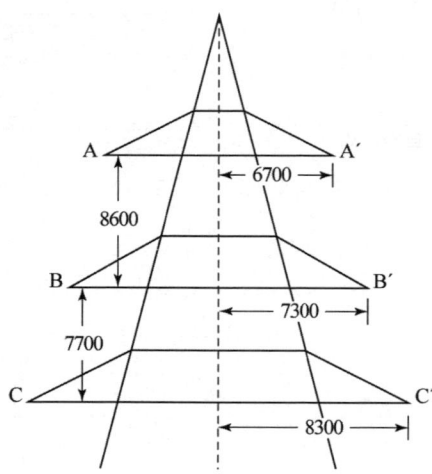

[계산과정]

[정답]

(2) 간격 500[mm]인 정사각형 배치의 4도체에서 소선 상호 간의 기하학적 평균거리[m]를 계산하시오.

[계산과정]

[정답]

※ 아래 여백은 연습용으로 사용하세요.

06 154[kV], 60[Hz]의 3상 송전선이 전선으로서 37/2.6[mm] 강심알루미늄전선(지름 1.6[cm])을 쓰고, 등가 선간거리 $D = 400$[cm]의 정삼각 배치로 되어있다. 기온 $t = 30$[℃]일 때 코로나 임계전압[kV] 및 코로나 손실[kW/km/선]을 Peek 식에 의해 구하시오. (단, 날씨계수 1, 표면계수 0.85, 기압은 760[mmHg], 25[℃]일 때 상대공기밀도는 1이다.)

(1) 코로나 임계전압[kV/phase]을 계산하시오.
[계산과정]

[정답]

(2) 코로나 손실[kW/km/선]을 계산하시오. (단, 소수 셋째자리까지 구하시오.)
[계산과정]

[정답]

07 다음과 같은 회로에 교류전압을 인가하여 전류 I가 최소로 될 때, 리액턴스 X_c의 값은 약 몇 [Ω]인지 계산하시오.

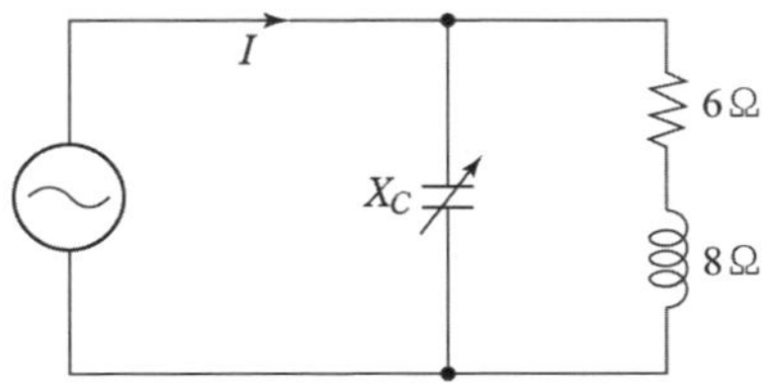

[계산과정]

[정답]

※ 아래 여백은 연습용으로 사용하세요.

08 부동 충전방식의 충전기 2차 충전전류[A]를 연축전지와 알칼리 축전지에 대해 각각 구하시오. (단, 축전지의 용량은 200[Ah]이고, 상시 부하가 10[kW], 표준전압이 100[V]이다.)

득점	배점
	2점

(1) 연축전지

계산과정

정 답

(2) 알칼리 축전지

계산과정

정 답

※ 아래 여백은 연습용으로 사용하세요.

09 다음과 같은 평형 3상 회로로 운전하는 유도전동기가 있다. 이 회로에 다음과 같이 2개의 전력계 W_1, W_2, 전압계 ⓥ, 전류계 Ⓐ를 접속하였을 때 다음 조건에서 지시값을 계산하시오.

$$W_1 = 2.9[\text{kW}],\ W_2 = 6[\text{kW}],\ V = 200[\text{V}],\ I = 30[A]$$

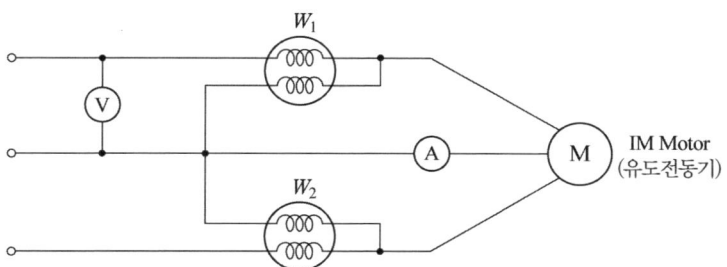

(1) 이 유도전동기의 역률은 몇 [%]인지 계산하시오.
[계산과정]

유효전력 $P = W_1 + W_2 = 2.9 + 6 = 8.9[\text{kW}]$
피상전력 $P_a = \sqrt{3}\,VI = \sqrt{3} \times 200 \times 30 = 10392.3[\text{VA}] = 10.39[\text{kVA}]$
역률 $\cos\theta = \dfrac{P}{P_a} = \dfrac{8.9}{10.39} \times 100 = 85.66[\%]$

[정답] 85.66[%]

(2) 역률을 90[%]로 개선시키려면 전력용 콘덴서는 몇 [kVA]가 필요한지 계산하시오.
[계산과정]

$Q_C = P\left(\dfrac{\sin\theta_1}{\cos\theta_1} - \dfrac{\sin\theta_2}{\cos\theta_2}\right)$
$= 8.9\left(\dfrac{\sqrt{1-0.8566^2}}{0.8566} - \dfrac{\sqrt{1-0.9^2}}{0.9}\right)$
$= 8.9 \times (0.5977 - 0.4843) = 1.06[\text{kVA}]$

[정답] 1.06[kVA]

(3) 이 유도전동기로 매분 20[m]의 속도로 물체를 권상한다면 몇 [ton]까지 가능한지 계산하시오. (단, 종합효율은 80[%]로 한다.)
[계산과정]

$P = \dfrac{W \cdot V}{6.12 \cdot \eta}$[kW] 에서
$W = \dfrac{6.12 \cdot \eta \cdot P}{V} = \dfrac{6.12 \times 0.8 \times 8.9}{20} = 2.18[\text{ton}]$

[정답] 2.18[ton]

※ 아래 여백은 연습용으로 사용하세요.

10 다음과 같은 수전설비 계통도의 미완성 도면을 보고 다음 각 물음에 답하시오.

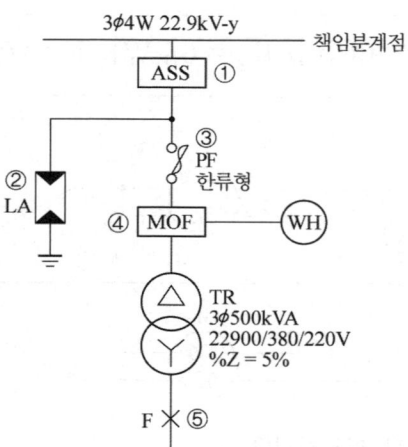

(1) 도면에 표시된 ① ASS의 최대 LOCK 전류값과 그 의미를 적으시오.
【정답】
최대 LOCK 전류값:
의미:

(2) 도면에 표시된 ② 피뢰기의 정격전압과 제1보호대상을 적으시오.
【정답】
정격전압:
제1보호대상:

(3) 도면에 표시된 ③ 한류형 퓨즈의 단점 2가지를 작성하시오.
【정답】
①
②

(4) 도면에 표시된 ④ MOF 과전류강도 기준에 대한 아래 설명에서 빈 칸을 채우시오.

> 단, MOF의 과전류강도는 기기 설치점에서 단락전류에 의하여 계산 적용하되, 22.9[kV] 급으로서 60[A] 이하의 MOF 최소 과전류강도는 전기사업자규격에 의한 (①)배로 하고, 계산한 값이 75배 이상인 경우에는 (②)배를 적용하며, 60[A] 초과 시 MOF의 과전류강도는 (③)배로 적용한다.)

【정답】
①
②
③

(5) 도면에 표시된 ⑤ 변압기 2차 F점에서의 3상 단락전류와 선간(2상) 단락전류를 계산하시오. (단, 변압기 임피던스만 고려하고 기타 정수는 무시한다.)

계산과정

정답

11 다음과 같이 접속된 3상 3선식 고압 수전설비의 변류기 2차 전류가 언제나 4.2[A]이었다. 이 때, 수전전력[kW]을 계산하시오. (단, 수전전압은 6,600[V], 변류비는 50/5[A], 역률은 100[%]이다.)

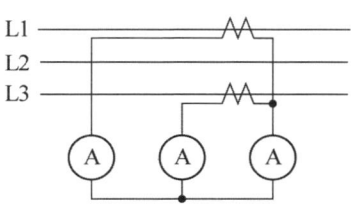

계산과정

정답

※ 아래 여백은 연습용으로 사용하세요.

12 다음 조건과 같은 사무실이 있다. 이 사무실의 평균 조도를 $200[\text{lx}]$로 하고자 할 때 다음 물음에 각각 답하시오.

[조건]
- 형광등은 $40[\text{W}] - 2{,}500[\text{lm}]$을 사용한다.
- 조명률은 0.6, 감광보상률은 1.2로 한다.
- 기둥은 없는 것으로 한다.
- 간격은 등기구 센터를 기준으로 한다.
- 등기구는 ○으로 표현한다.

(1) 여기에 필요한 형광등 개수를 계산하시오.

계산과정

정답

(2) 등기구를 아래 답안지에 직접 배치하시오.

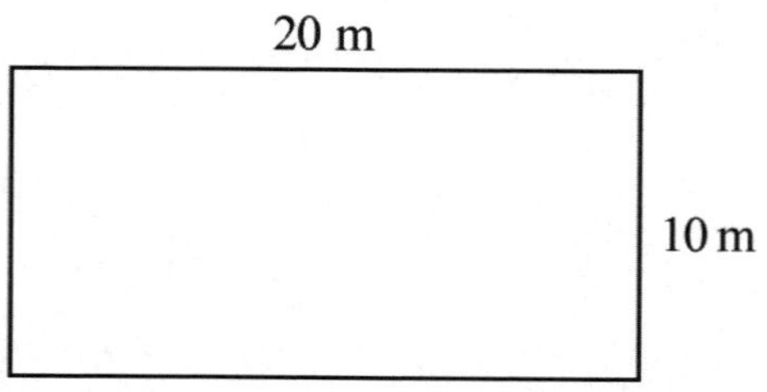

20 m

10 m

※ 아래 여백은 연습용으로 사용하세요.

(3) 다음 그림과 같이 등간의 간격과 최외각에 설치된 등기구와 건물 벽 간의 간격(A, B, C, D)은 몇 [m]인지 계산하시오.

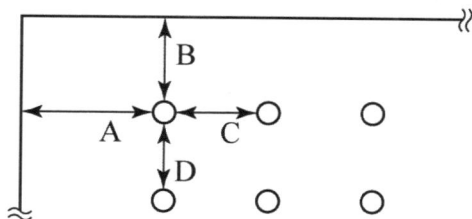

계산과정

정답

(4) 만일 주파수 60[Hz]에 사용하는 형광방전등을 50[Hz]에서 사용한다면 광속과 점등시간은 어떻게 되는지 쓰시오.
 (단, 증가, 감소, 빠름, 늦음 등으로 표현한다.)
정답

(5) 양호한 전반 조명이라면 등 간격은 등 높이의 몇 배 이하로 해야 하는지 작성하시오.
정답

※ 아래 여백은 연습용으로 사용하세요.

13 다음은 콘덴서 기동형 단상 유도전동기의 정·역회전 회로도이다. 다음 각 물음에 답하시오.
(단, 푸시버튼 start1을 누르면 정회전, start2를 누르면 역회전한다.)

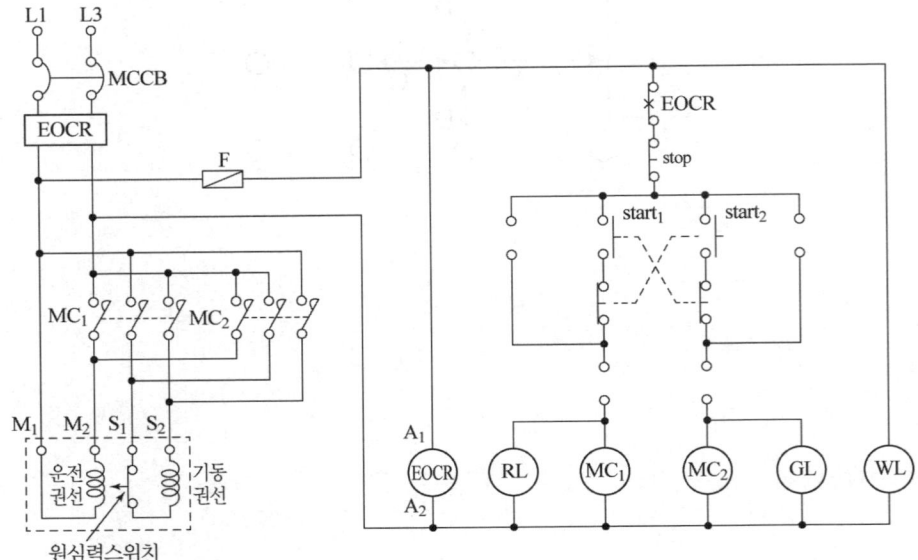

(1) 위의 미완성 결선도를 직접 완성하시오.

(2) 콘덴서 기동형 단상 유도전동기의 기동원리를 작성하시오.
[정답]

(3) WL, RL, GL은 어떤 표시등인지 쓰시오.
[정답]

(4) 위 회로도에서 인터록의 역할을 하는 접점 2개를 쓰시오.
[정답]
①
②

※ 아래 여백은 연습용으로 사용하세요.

(5) EOCR의 명칭과 사용 목적을 쓰시오.
[정답]
명칭:
사용 목적:

(6) 콘덴서 기동형의 특징을 3가지 쓰시오.
[정답]
①
②
③

14 다음 그림은 선로에 변류기 3대를 접속시키고 그 잔류회로에 지락계전기(DG)를 삽입시킨 것이다. 변압기 2차측의 선로전압은 66[kV]이고, 중성점에 300[Ω]의 저항접지로 하였으며, 변류기의 변류비는 300/5이다. 송전전력 20,000[kW], 역률 0.8(지상)이고, a상에 완전 지락 사고가 발생하였다고 할 때 다음 각 물음에 답하시오.

득점 배점
8점

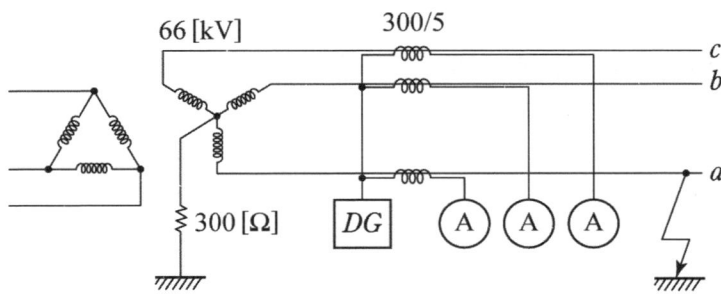

(1) 지락계전기(DG)에 흐르는 전류는 몇 [A]인지 계산하시오.
[계산과정]

[정답]

(2) a상 전류계 Ⓐ에 흐르는 전류는 몇 [A]인지 계산하시오.
[계산과정]

[정답]

※ 아래 여백은 연습용으로 사용하세요.

(3) b상 전류계 ⒜에 흐르는 전류는 몇 [A]인지 계산하시오.
[계산과정]

[정답]

(4) c상 전류계 ⒜에 흐르는 전류는 몇 [A]인지 계산하시오.
[계산과정]

[정답]

15 변압기 손실과 효율에 대한 다음 물음에 각각 답하시오.

배점 6점

(1) 변압기 손실에 대하여 설명하시오.
[정답]
① 무부하손:

② 부하손:

(2) 변압기 효율을 구하는 공식을 쓰시오.
[정답]

(3) 최대 효율 조건을 쓰시오.
[정답]

※ 아래 여백은 연습용으로 사용하세요.

16 다음은 누전차단기를 적용하는 것으로 CVCF 출력단의 접지용 콘덴서 $C_0 = 5[\mu F]$이고, 부하 측 라인필터의 대지 정전용량 $C_1 = C_2 = 0.1[\mu F]$, 누전차단기 ELB_1에서 부하 1까지의 케이블의 대지 정전용량 $C_{L1} = 0.2[\mu F]$, ELB_2에서 부하 2까지의 케이블 대지 정전용량 $C_{L2} = 0.2[\mu F]$이다. 다음 각 질문에 답하시오. (단, 지락저항은 무시하며, 사용전압은 $220[V]$, 주파수는 $60[Hz]$인 경우이다.)

[도면]

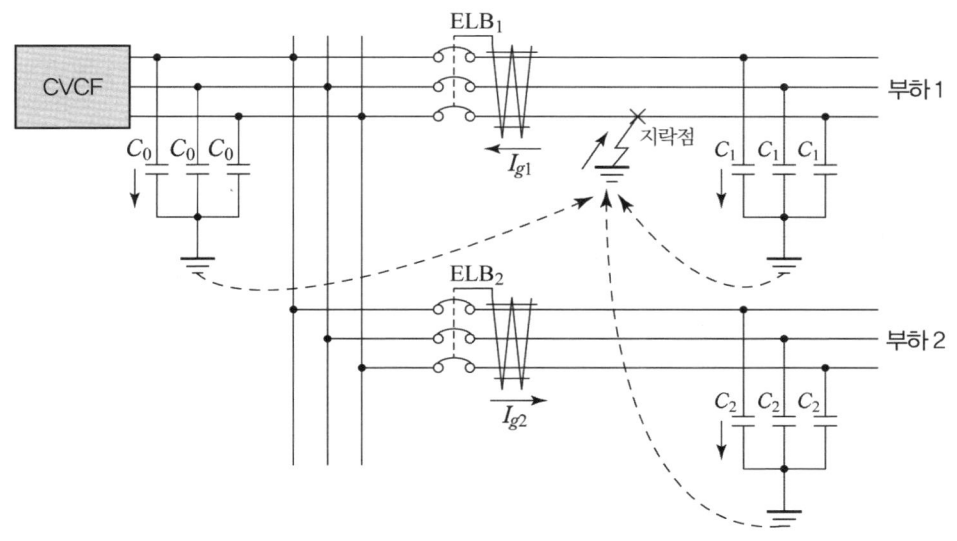

[조건]

1. ELB_1에 흐르는 지락전류 $I_{g1} = 3 \times 2\pi f C E$ 에 의하여 계산한다.
2. 누전차단기는 지락 시 지락전류의 $\frac{1}{3}$에 동작 가능하여야 하며, 부동작 전류는 건전피더에 흐르는 지락전류의 2배 이상의 것으로 한다.
3. 누전차단기의 시설 구분에 대한 표시기호는 다음과 같다.
   ○: 누전차단기를 시설할 것
   △: 주택에 기계 기구를 시설하는 경우에는 누전차단기를 시설할 것
   □: 주택 내 또는 도로에 접한 면에 룸 에어컨디셔너, 아이스박스, 진열장, 자동판매기 등 전동기를 부품으로 한 기계 기구를 시설하는 경우에는 누전차단기를 시설하는 것이 바람직하다.
   ※ 사람이 조작하고자 하는 기계 기구를 시설한 장소보다 전기적인 조건이 나쁜 장소에서 접촉할 우려가 있는 경우에는 전기적 조건이 나쁜 장소에 시설된 것으로 취급한다.

※ 아래 여백은 연습용으로 사용하세요.

(1) 도면의 CVCF는 무엇인지 우리말로 그 명칭을 쓰시오.
[정답]

(2) 건전피더(Feeder) ELB_2에 흐르는 지락전류 I_{g2}는 몇 [mA]인지 계산하시오.
[계산과정]

[정답]

(3) 누전차단기가 불필요한 동작을 하지 않기 위한 정격 감도전류의 범위를 계산하시오.
[계산과정]

[정답]

(4) 누전차단기의 시설 예에 대한 표의 빈칸에 ○, △, □로 표현하시오.

전로의 대지 전압	기계 기구 시설 장소	옥내		옥측		옥외	물기가 있는 장소
		건조한 장소	습기가 많은 장소	건조한 장소	습기가 많은 장소		
150[V] 이하		-	-	-			
150[V] 초과 300[V] 이하					-		

※ 아래 여백은 연습용으로 사용하세요.

17 부하전력이 800[kW], 역률 80[%]인 부하에 전력용 콘덴서 200[kVA]를 설치한 경우 다음 각 물음에 답하시오.

(1) 역률은 몇 [%]로 개선되었는지 계산하시오.
  계산과정

  정답

(2) 부하설비의 역률이 90[%] 이하일 경우(즉 낮은 경우) 수용가 측면에서 어떤 손해가 있는지 3가지 쓰시오.
  정답
  ①
  ②
  ③

(3) 전력용 콘덴서와 함께 설치되는 방전코일과 직렬 리액터의 용도를 간단히 설명하시오.
  정답
  ① 방전 코일:
  ② 직렬 리액터:

(4) 역률 개선용 커패시터를 부하와 병렬로 연결하고자 한다. △결선 방식과 Y결선 방식을 비교하면 △결선은 Y결선 대비 커패시터의 정전용량[μF]이 몇 배인지 계산하시오. (단, 충전용량, 선간전압은 동일하다고 가정한다.)
  계산과정

  정답

※ 아래 여백은 연습용으로 사용하세요.

18 다음은 피뢰기를 설치하여야 하는 장소를 나열한 것이다. 다음의 빈칸에 들어갈 알맞은 말을 쓰시오.

> 고압 및 특고압의 전로 중 다음에 열거하는 곳 또는 이에 근접한 곳에는 피뢰기를 시설하여야 한다.
> 가. (①)의 가공전선 인입구 및 인출구
> 나. (②) 가공전선로에 접속하는 (③) 변압기의 고압측 및 특고압측
> 다. 고압 및 특고압 가공 전선로로부터 공급을 받는 (④)의 인입구
> 라. 가공 전선로와 (⑤)가 만나는 곳

[정답]

①
②
③
④
⑤

※ 아래 여백은 연습용으로 사용하세요.

시험 직전 +5점 | 기출변형 문제 대비

01 다음 논리식을 보고 물음에 답하시오.

(1) 다음 논리식을 카르노도를 사용하여 간소화하시오.

$$F = \overline{A}BC + A\overline{B}\overline{C} + ABC + AB\overline{C}$$

[계산과정]

[정답]

(2) 다음 논리식을 부울대수를 이용하여 간소화하시오.

$$Y = A + AC + A\overline{C} + \overline{A}B + ABC + \overline{A}BC$$

[계산과정]

[정답]

> 다양한 논리식을 간소화하는 문제가 출제될 수 있으니 논리식을 간소화하는 방법을 이해해야 합니다.

02 코로나 임계전압이 무엇인지 대해 설명하고, 임계전압에 영향을 미치는 요소에 대해 설명하시오.

(1) 코로나 임계전압이 무엇인지 식과 함께 설명하시오.
[정답]
① 식:
② 의미:

(2) 코로나 임계전압에 영향을 미치는 요소를 4가지 쓰시오.
[정답]
①
②
③
④

> 코로나 임계전압과 관련된 문제는 계산문제로도 출제될 수 있지만 개념을 작성하는 문제로도 출제될 수 있습니다.

MEMO

수험번호	
이름	
감독관 확인	

※ 이 모의고사는 전공 교수진과 현직 기술사로 구성된 엔지니어랩 연구소의 연구위원이 총 300만 분의 시간을 연구해서 만들었습니다.

전기기사 실기 조경필 모의고사 5회

종목	시험시간	배점	문제 수
전기기사	2시간 30분	100점	18문제

수험자 유의사항

※ 아래 수험자 유의사항은 일반적으로 국가기술자격시험에서 적용되는 내용으로, 실제 시험을 볼 때에는 시험지 맨 앞 장에 있는 유의사항을 자세히 읽어본 후 시험에 응시해야 합니다.

1. 시험 문제지를 받는 즉시 응시하고자 하는 종목의 문제지가 맞는지를 확인해야 합니다.
2. 감독관의 지시가 있기 전에 시험문제를 풀지 않아야 합니다.
3. 시험지를 받으면 총 문제 수, 인쇄상태 등을 확인하고 수험번호 및 성명을 기재해야 합니다.
4. 수험번호 및 성명을 기재한 후 감독관 확인을 받아야 합니다. 감독관 확인이 없는 경우 0점 처리됩니다.
5. 답안 작성은 흑색 볼펜을 사용하여 작성해야 합니다. **흑색을 제외한 다른 색 볼펜을 사용하거나 연필, 지워지는 볼펜 등을 사용하여 답안을 작성한 경우 0점 처리**됩니다.
6. 답안에는 문제와 관련없는 불필요한 낙서나 특이한 기록을 기재하면 안 되며, 특히 **개인의 인적사항을 알 수 있는 내용을 기재한 경우 0점** 처리됩니다.
7. 답안을 정정해야 할 경우 정정하는 **부분을 두 줄(=)로 그어 표시하거나 수정테이프를 사용하여 답안을 정정**해야 합니다. (단, 수정테이프의 불량 등으로 답안을 정정한 부분이 떨어졌을 경우에는 전적으로 수험생의 책임입니다.)
8. 계산문제의 경우 반드시 "계산과정"과 "정답"란에 계산과정과 정답을 정확히 기재해야 정답 처리됩니다. **정답이 맞더라도 계산과정에 오류가 있으면 오답처리** 됩니다.
9. **정답에 단위가 없으면 오답처리 되므로 단위를 정확하게 적어야 합니다.** (단, 문제의 요구사항에 정답에 관한 단위가 주어졌을 경우 정답에 단위를 생략해도 무방합니다.)
10. 계산문제의 최종정답은 **소수 셋째자리에서 반올림하여 소수 둘째자리까지 적어야 합니다.** (단, 개별문제에서 소수 처리에 대한 기준이 있을 경우 해당 문제는 문제에서 제시한 기준을 따라야 합니다.)
11. 계산문제를 풀 때 연습란이 필요한 경우 시험지의 하단의 연습란을 활용하시면 됩니다. 연습란은 채점대상이 아니므로 연습란을 이용하여 자유롭게 계산문제 풀이를 하면 됩니다.
12. 한 문제에서 요구하는 **정답의 개수 이상의 답안을 작성한 경우에는 답란에 기재된 순서대로 문제에서 요구한 개수만 채점**되며, 하나의 정답에 정답과 오답이 섞여 있는 경우에는 오답으로 처리됩니다.
13. 한 문제에 소문항이 있을 경우 부분점수가 적용되나 부분점수 기준은 공개하지 않습니다.
14. 시험 중에 통신기기를 사용하면 즉시 퇴실 조치되므로 주의해야 합니다.

전기기사 실기 조경필 모의고사 5회

※ 다음 물음에 대한 답을 해당 답란에 작성하시오. (배점: 100, 문제 수 18)

01 최대 수요전력이 $5,000[\text{kW}]$, 부하역률이 0.9, 네트워크(Network) 수전 회선수가 4회선, 네트워크 변압기의 과부하율이 $130[\%]$인 경우 네트워크 변압기 용량은 몇 $[\text{kVA}]$ 이상이어야 하는지 계산하시오.

득점 / 배점 3점

[계산과정]

[정답]

02 어느 변전소에서 다음과 같은 일 부하곡선을 가진 3개의 부하 A, B, C의 수용가에 있다. 다음 물음에 대하여 답하시오. (단, 부하 A, B, C의 평균전력은 각각 $4,500[\text{kW}]$, $2,400[\text{kW}]$, $900[\text{kW}]$이고, 역률은 각각 $100[\%]$, $80[\%]$, $60[\%]$이다.)

득점 / 배점 8점

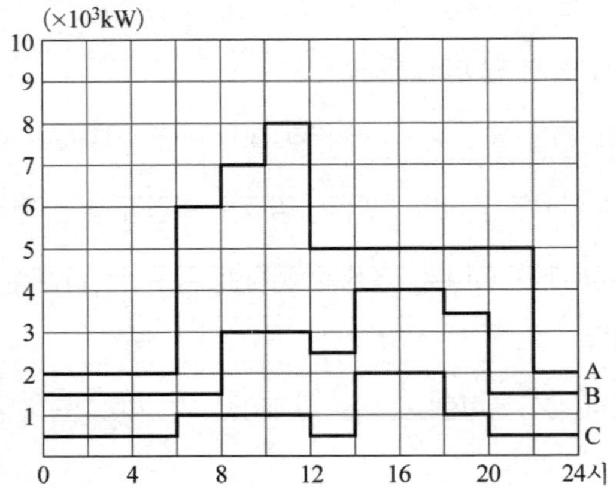

(1) 합성 최대전력$[\text{kW}]$을 계산하시오.
[계산과정]

[정답]

※ 아래 여백은 연습용으로 사용하세요.

(2) 종합 부하율[%]을 계산하시오.
[계산과정]

[정답]

(3) 부등률을 계산하시오.
[계산과정]

[정답]

(4) 최대 부하 시의 종합 역률[%]을 계산하시오.
[계산과정]

[정답]

(5) A수용가에 관한 다음 물음에 답하시오.
① 첨두부하는 몇 [kW]인지 쓰시오.
[정답]

② 첨두부하가 지속되는 시간은 몇 시부터 몇 시까지인지 쓰시오.
[정답]

03 선로나 간선에 고조파 전류를 발생시키는 발생기기가 있을 경우에는 그 대책을 적절하게 세워야 한다. 이 고조파 억제대책을 5가지 쓰시오.

[배점 5점]

[정답]
①
②
③
④
⑤

※ 아래 여백은 연습용으로 사용하세요.

04 단상 3선식 $110/220[V]$을 채용하고 있는 건물이 있다. 변압기가 설치된 수전실로부터 $100[m]$되는 곳에 부하 집계표와 같은 분전반을 시설하고자 한다. 다음 조건과 전선의 허용 전류표를 이용하여 물음에 답하시오. (단, 전압변동률 및 전압강하율은 $2[\%]$ 이하가 되도록 하며 중성선의 전압 강하는 무시한다.)

득점	배점
	6점

[조건]

- 후강 전선관 공사로 한다.
- 3선 모두 같은 선으로 한다.
- 부하의 수용률은 $100[\%]$로 적용한다.
- 후강 전선관 내 전선의 점유율을 $48[\%]$ 이내로 유지한다.

[표1. 전선의 허용전류]

단면적$[mm^2]$	허용전류$[A]$	전선관 3본 이하 수용시$[A]$	피복 포함 단면적$[mm^2]$
5.5	34	31	28
14	61	55	66
22	80	72	88
38	113	102	121
50	133	119	161

[표2. 부하 집계표]

회로번호	부하명칭	부하[VA]	부하 분담[VA]		MCCB 크기		
			A	B	극수	AF	AT
1	전등	2,400	1,200	1,200	2	50	16
2	전등	1,400	700	700	2	50	16
3	콘센트	1,000	1,000		2	50	20
4	콘센트	1,400	1,400		2	50	20
5	콘센트	600		600	2	50	20
6	콘센트	1,000		1,000	2	50	20
7	팬코일	700	700		2	30	16
8	팬코일	700		700	2	30	16
합계		9,200	5,000	4,200			

[표3. 후강전선관 규격]

$G16$	$G22$	$G28$	$G36$	$G42$	$G54$

※ 아래 여백은 연습용으로 사용하세요.

(1) 간선의 공칭단면적[mm²]을 선정하시오.
계산과정

정답

(2) 후강 전선관의 호칭을 표에서 선정하시오.
계산과정

정답

(3) 설비 불평형률은 몇 [%]인지 계산하시오.
계산과정

정답

05 다음에서 B점의 차단기 용량을 100[MVA]로 제한하기 위한 한류 리액터의 리액턴스는 몇 [%]인지 계산하시오. (단, 기준용량은 10[MVA]이다.)

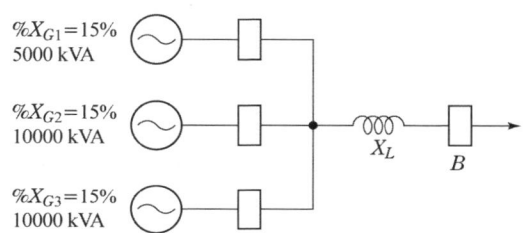

계산과정

정답

※ 아래 여백은 연습용으로 사용하세요.

06 전력용 퓨즈에서 퓨즈에 대한 다음 물음에 답하시오.

득점	배점
	6점

(1) 퓨즈의 역할을 2가지로 구별하여 간단하게 설명하시오.

정 답

①

②

(2) 표와 같은 각종 기구의 능력 비교표에서 관계(동작)되는 해당란에 O표로 표시하시오.

능력 / 기구	회로 분리		사고 차단	
	무부하시	부하시	과부하시	단락시
퓨즈				
차단기				
개폐기				
단로기				
전자 접촉기				

(3) 퓨즈의 성능(특성)을 3가지 쓰시오.

정 답

①

②

③

※ 아래 여백은 연습용으로 사용하세요.

07 다음은 전력시설물 공사감리업무 수행지침에 따른 착공신고서 검토와 보고에 대한 내용이다. ( ) 안에 들어갈 내용을 답란에 적으시오. (단, 반드시 전력시설물 공사감리업무 수행지침에 표현된 문구를 활용하여 적으시오.)

[책임감리현장참여자 업무지침서] 제11조 (착공신고서 검토 및 보고)
감리원은 건설공사가 착공된 경우에는 시공자로부터 다음 각호의 서류가 포함된 착공신고서를 제출받아 적정성 여부를 검토하여 7일 이내에 발주청에 보고하여야 한다.
1. 현장기술자 지정신고서(현장관리조직, 현장대리인, 안전관리자, 품질관리자)
2. (①)
3. (②) 또는 품질시험계획서
4. 공사도급 계약서 사본 및 산출내역서
5. 착공 전 사진
6. 현장기술자 경력사항 확인서 및 자격증 사본
7. (③)
8. 노무동원 및 장비투입 계획서
9. 기타 발주청이 지정한 사항

[정답]
①
②
③

08 어느 회로의 전압을 전압계로 측정해서 $103[V]$를 얻었다. %보정이 $-0.8[\%]$인 경우 회로의 전압$[V]$을 구하시오.

[계산과정]

[정답]

09 수전단 전압이 3,000[V]인 3상 3선식 배전선로의 수전단에 역률이 0.8(지상) 되는 520[kW]의 부하가 접속되어 있다. 이 부하에 동일 역률의 부하 80[kW]를 추가하여 600[kW]로 증가시키되 부하와 병렬로 콘덴서를 설치하여 수전단 전압 및 선로 전류를 일정하게 불변으로 유지하고자 한다. 이때 필요한 소요 콘덴서 용량 및 부하 증가 전후의 송전단 전압을 계산하시오. (단, 전선의 1선당 저항 및 리액턴스는 각각 1.78[Ω], 1.17[Ω]이다.)

(1) 이 경우 필요한 전력용 콘덴서 용량은 몇 [kVA]인지 계산하시오.
[계산과정]

[정답]

(2) 부하 증가 전의 송전단 전압은 몇 [V]인지 계산하시오.
[계산과정]

[정답]

(3) 부하 증가 후의 송전단 전압은 몇 [V]인지 계산하시오.
[계산과정]

[정답]

※ 아래 여백은 연습용으로 사용하세요.

10 3층 사무실용 건물에 3상 3선식의 $6,000[V]$를 $200[V]$로 강압하여 수전하는 설비가 있다. 각종 부하 설비가 표와 같을 때 참고자료를 이용하여 다음 질문에 답하시오.

[배점 12점]

[표1] 동력 부하 설비

사용 목적	용량 [kW]	대수	상용 동력 [kW]	하계 동력 [kW]	동계 동력 [kW]
난방 관계					
• 보일러 펌프	6.0	1			6.0
• 오일 기어 펌프	0.4	1			0.4
• 온수 순환 펌프	3.0	1			3.0
공기 조화 관계					
• 1, 2, 3층 패키지 콤프레셔	7.5	6		45.0	
• 콤프레셔 팬	5.5	3	16.5		
• 냉각수 펌프	5.5	1		5.5	
• 쿨링 타워	1.5	1		1.5	
급수 / 배수 관계					
• 양수 펌프	3.0	1	3.0		
기타					
• 소화 펌프	5.5	1	5.5		
• 셔터	0.4	2	0.8		
합계			25.8	52.0	9.4

[표2] 조명 및 콘센트 부하 설비

사용 목적	와트 수 [W]	설치 수량	환산 용량 [VA]	총 용량 [VA]	비고
전등관계					
• 수은등 A	200	4	260	1,040	200[V] 고역률
• 수은등 B	100	8	140	1,120	200[V] 고역률
• 형광등	40	820	55	45,100	200[V] 고역률
• 백열전등	60	10	60	600	
콘센트 관계					
• 일반 콘센트		80	150	12,000	2P 15[A]
• 환기팬용 콘센트		8	55	440	
• 히터용 콘센트	1,500	2		3,000	
• 복사기용 콘센트		4		3,600	
• 텔레타이프용 콘센트		2		2,400	
• 룸 쿨러용 콘센트		6		7,200	
기타					
• 전화 교환용 정류기		1		800	
계				77,300	

※ 아래 여백은 연습용으로 사용하세요.

[참고자료 1] 변압기 보호용 전력퓨즈의 정격전류

상수	단상				3상			
공칭전압	3.3[kV]		6.6[kV]		3.3[kV]		6.6[kV]	
변압기 용량[kVA]	변압기 정격전류 [A]	정격전류 [A]	변압기 정격전류 [A]	정격전류 [A]	변압기 정격전류 [A]	정격전류 [A]	변압기 정격전류 [A]	정격전류 [A]
5	1.52	3	0.76	1.5	0.88	1.5	-	-
10	3.03	7.5	1.52	3	1.75	3	0.88	1.5
15	4.55	7.5	2.28	3	2.63	3	1.3	1.5
20	6.06	7.5	3.03	7.5	-	-	-	-
30	9.1	15	4.56	7.5	5.26	7.5	2.63	3
50	15.2	20	7.6	15	8.45	15	4.38	7.5
75	22.7	30	11.4	15	13.1	15	6.55	7.5
100	30.3	50	15.2	20	17.5	20	8.75	15
150	45.5	50	22.7	30	26.3	30	13.1	15
200	60.7	75	30.3	50	35	50	17.5	20
300	91	100	45.5	50	52	75	26.3	30
400	121.4	150	60.7	75	70	75	35	50
500	152	200	75.8	100	87.5	100	43.8	50

(1) 동계 난방 때 온수 순환 펌프는 상시 운전하고, 보일러용과 오일 기어펌프의 수용률이 60[%]일 때 난방동력 수용부하는 몇 [kW]인지 계산하시오.

[계산과정]

[정답]

(2) 동력부하의 역률이 전부 80[%]라고 한다면 피상전력은 각각 몇 [kVA]인지 계산하시오. (단, 상용동력, 하계동력, 동계동력별로 각각 계산하시오.)

[계산과정]

[정답]

※ 아래 여백은 연습용으로 사용하세요.

(3) 총 전기설비 용량은 몇 $[kVA]$를 기준으로 하여야 하는지 계산하시오.

[계산과정]

[정답]

[참고자료2] 배전용 변압기의 정격

항목			소형 6[kV] 유입 변압기								중형 6[kV] 유입 변압기					
정격 용량 [kVA]			3	5	7.5	10	15	20	30	50	75	100	150	200	300	500
정격 2차 전류[A]	단상	105[V]	28.6	47.6	71.4	95.2	143	190	286	476	714	852	1430	1904	2857	4762
		210[V]	14.3	23.8	35.7	47.6	71.4	95.2	143	238	357	476	714	952	1429	2381
	3상	210[V]	8	13.7	20.6	27.5	41.2	55	82.5	137	206	275	412	550	825	1376
정격 전압	정격 2차 전압		6300[V] 6/3[kV] 공용: 6300[V]/3150[V]								6300[V] 6/3[kV] 공용: 6300[V]/3150[V]					
	정격 2차 전압	단상	210[V] 및 105[V]								200[kVA] 이하의 것: 210[V] 및 105[V] 200[kVA] 이하의 것: 210[V]					
		3상	210[V]								210[V]					
탭전압	전용량 탭전압	단상	6900[V], 6600[V] 6/3[kV] 공용: 6300[V]/3150[V], 6600[V]/3300[V]								6900[V], 6600[V]					
		3상	6600[V] 6/3[kV] 공용: 6600[V]/3300[V]								6/3[kV] 공용: 6300[V]/3150[V], 6600[V]/3300[V]					
	저감용량 탭전압	단상	6000[V], 5700[V] 6/3[kV] 공용: 6000[V]/3000[V], 5700[V]/2850[V]								6000[V], 5700[V]					
		3상	6600[V] 6/3[kV] 공용: 6000[V]/3000[V]								6/3[kV] 공용: 6000[V]/3000[V], 5700[V]/2850[V]					
변압기의 결선	단상		2차 권선: 분할 결선								3상	1차 권선: 성형 권선 2차 권선: △권선				
	3상		1차 권선: 성형 권선, 2차 권선: 성형 권선													

※ 아래 여백은 연습용으로 사용하세요.

[참고자료3] 역률 개선용 콘덴서의 용량 계산표[%]

구분	개선 후의 역률																	
	1.00	0.99	0.98	0.97	0.96	0.95	0.94	0.93	0.92	0.91	0.90	0.89	0.88	0.87	0.86	0.85	0.83	0.80
0.50	173	159	153	148	144	140	137	134	131	128	125	122	119	117	114	111	106	98
0.55	152	138	132	127	123	119	116	112	108	106	103	101	98	95	92	90	85	77
0.60	133	119	113	108	104	100	97	94	91	88	85	82	79	77	74	71	66	58
0.62	127	112	106	102	97	94	90	87	84	81	78	75	73	70	67	65	59	52
0.64	120	106	100	95	91	87	84	81	78	75	72	69	66	63	61	58	53	45
0.66	114	100	94	89	85	81	78	74	71	68	65	63	60	57	55	52	47	39
0.68	108	94	88	83	79	75	72	68	65	62	59	57	54	51	49	46	41	33
0.70	102	88	82	77	73	69	66	63	59	56	54	51	48	45	43	40	35	27
0.72	96	87	76	71	67	64	60	57	54	51	48	46	42	40	37	34	29	21
0.74	91	77	71	68	62	58	55	51	48	45	43	40	37	34	32	29	24	16
0.76	86	71	65	60	58	53	49	46	43	40	37	34	32	29	26	24	18	11
0.78	80	66	60	55	51	47	44	41	35	35	32	29	26	24	21	18	13	5
0.79	78	63	57	53	48	45	41	38	35	32	29	26	24	21	18	16	10	2.6
0.80	75	61	55	50	46	42	39	36	32	29	27	24	21	18	16	13	8	
0.81	72	58	52	47	43	40	36	33	30	27	24	21	18	16	13	10	5	
0.82	70	56	50	45	41	37	34	30	27	24	21	18	16	13	10	8	2.6	
0.83	67	53	47	42	38	34	31	28	25	22	19	16	13	11	8	5		
0.84	65	50	44	40	35	32	28	25	22	19	16	13	11	8	5	2.5		
0.85	62	48	42	37	33	29	25	23	19	16	14	11	8	5	2.7			
0.86	59	45	39	34	30	28	23	20	17	14	11	8	5	2.6				
0.87	57	42	36	32	28	24	20	17	14	11	8	6	2.7					
0.88	54	40	34	29	25	21	18	15	11	8	6	2.8						
0.89	51	37	31	26	22	18	15	12	9	6	2.8							
0.90	48	34	28	23	19	16	12	9	6	2.8								
0.91	46	31	25	21	16	13	9	8	3									
0.92	43	28	22	18	13	10	8	3.1										
0.93	40	25	19	14	10	7	3.2											
0.94	36	22	16	11	7	3.4												
0.95	33	19	13	8	3.7													
0.96	29	15	9	4.1														
0.97	25	11	4.8															
0.98	20	8																
0.99	14																	

(개선 전의 역률)

(4) 전등의 수용률은 70[%], 콘센트 설비의 수용률은 50[%]일 때 몇 [kVA]의 단상 변압기에 연결하여야 하는지 계산하시오. (단, 교환용 정류기는 100[%] 수용률로서 계산한 결과에 포함시키며 변압기 예비율은 무시한다.)

[계산과정]

[정답]

※ 아래 여백은 연습용으로 사용하세요.

(5) 동력설비 부하의 수용률이 모두 60[%]라면 동력 부하용 3상 변압기의 용량은 몇 [kVA]인지 계산하시오. (단, 동력 부하의 역률은 80[%]로 하며 변압기의 예비율은 무시한다.)

[계산과정]

[정답]

(6) 상기 건물에 시설된 변압기 총 용량은 몇 [kVA]인지 계산하시오.

[계산과정]

[정답]

(7) 단상 변압기와 3상 변압기의 1차 측의 전력퓨즈의 정격전류는 몇 [A]의 것을 선택하여야 하는지 계산하시오.

[계산과정]

[정답]

(8) 선정된 동력용 변압기 용량에서 역률을 95[%]로 개선하려면 콘덴서 용량은 몇 [kVA]인지 계산하시오.

[계산과정]

[정답]

※ 아래 여백은 연습용으로 사용하세요.

11 다음 그림은 리액터 기동 정지 조작회로의 미완성 도면이다. 이 도면에 대하여 다음 물음에 답하시오.

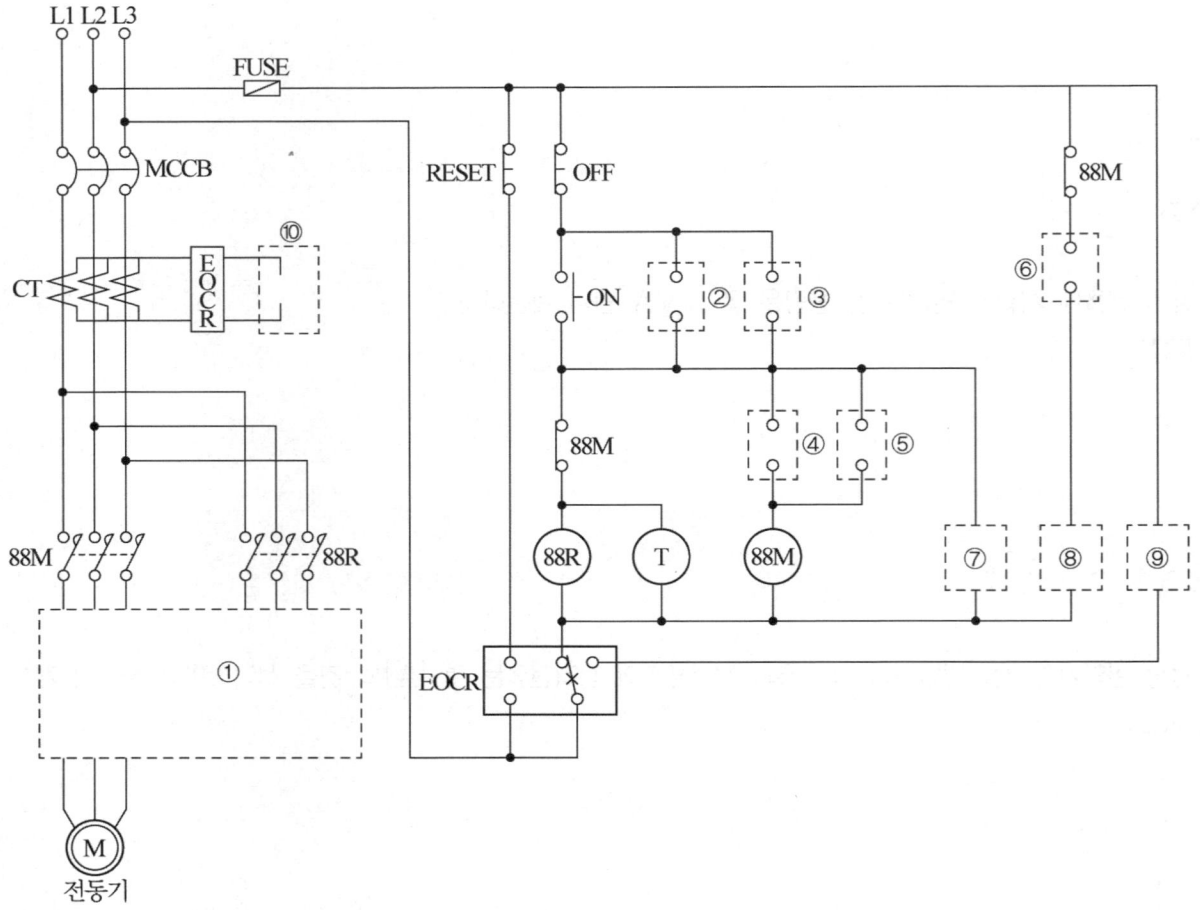

(1) ①부분의 미완성 주회로를 회로도에 직접 그리시오.

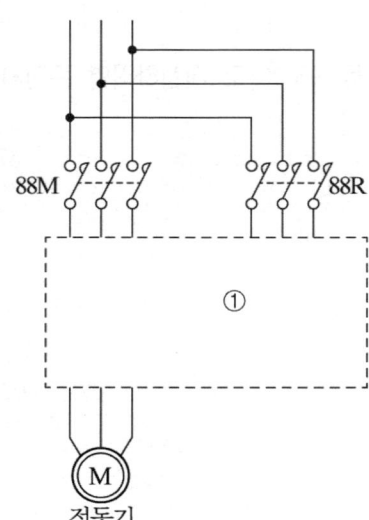

※ 아래 여백은 연습용으로 사용하세요.

(2) 제어회로에서 ②, ③, ④, ⑤, ⑥ 부분의 접점을 완성하고 그 기호를 쓰시오.

구분	②	③	④	⑤	⑥
접점 및 기호					

(3) ⑦, ⑧, ⑨, ⑩ 부분에 들어갈 LAMP와 계기의 그림기호를 그리시오.

구분	⑦	⑧	⑨	⑩
그림기호				

(예: Ⓖ 정지, Ⓡ 기동 및 운전, Ⓨ 과부하로 인한 정지)

(4) 직입 기동 시 기동전류가 정격전류의 6배가 되는 전동기를 65[%] 탭에서 리액터 기동한 경우 기동전류는 약 몇 배 정도가 되는지 계산하시오.

계산과정

정답

(5) 직입 기동 시 기동토크가 정격토크의 2배였다고 하면 65[%]탭에서 리액터 기동한 경우 기동토크는 약 몇 배 정도가 되는지 계산하시오.

계산과정

정답

※ 아래 여백은 연습용으로 사용하세요.

12 다음 도면은 어느 154[kV] 수용가의 수전설비 결선도의 일부분이다. 주어진 표와 도면을 이용하여 다음 물음에 답하시오.

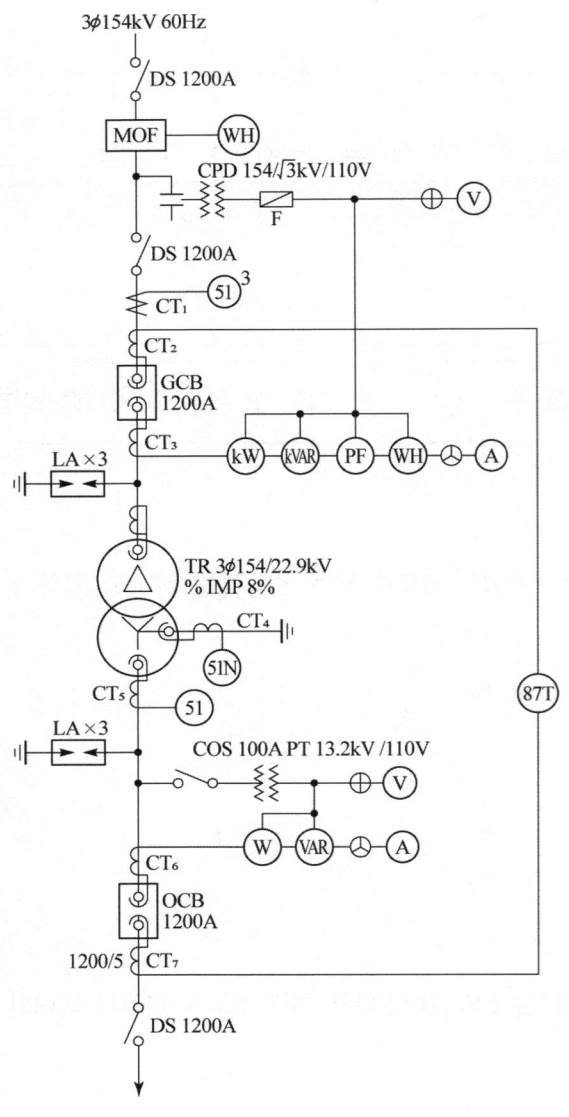

CT 정격

1차 정격전류[A]	200	400	600	800	1,200
2차 정격전류[A]	5				

(1) 변압기 2차 부하 설비용량이 51[MW], 수용률이 70[%], 부하역률이 90[%]일 때 도면의 변압기 용량은 몇 [MVA]가 되는지 계산하시오.

[계산과정]

[정답]

(2) 변압기 2차측 LA의 정격전압은 얼마인지 쓰시오.
[정답]

(3) CT1의 변류비는 얼마인지를 계산하고 표에서 선정하시오.
[계산과정]

[정답]

(4) ① 1대의 전압계로 3상 전압을 측정하기 위한 개폐기를 약호로 쓰시오.
[정답]

② 1대의 전류계로 3상 전류를 측정하기 위한 개폐기를 약호로 쓰시오.
[정답]

(5) OCB의 정격 차단전류가 23[kA]일 때, 이 차단기의 차단용량은 몇 [MVA]인지 계산하시오.
[계산과정]

[정답]

(6) 과전류 계전기의 정격 부담이 9[VA]일 때 이 계전기의 임피던스는 몇 [Ω]인지 계산하시오.
[계산과정]

[정답]

(7) CT7의 1차 전류가 600[A]일 때 CT7의 2차에서 비율 차동 계전기의 단자에 흐르는 전류는 몇 [A]인지 계산하시오.
[계산과정]

[정답]

(8) 87T 비율 차동계전기의 동작원리를 쓰시오.
[정답]

※ 아래 여백은 연습용으로 사용하세요.

13 부하전력 및 역률을 일정하게 유지하고 전압을 154[kV]에서 345[kV]로 승압하면 전압강하, 전압 강하율, 선로 손실 및 선로 손실률, 전선 단면적은 승압 전에 비교하여 각각 몇 배가 되는지 계산하시오.

득점	배점
	5점

(1) 전압강하

계산과정

정 답

(2) 전압 강하율

계산과정

정 답

(3) 선로 손실

계산과정

정 답

(4) 선로 손실률

계산과정

정 답

(5) 전선 단면적

계산과정

정 답

※ 아래 여백은 연습용으로 사용하세요.

14 500[kVA]의 변압기가 다음과 같은 부하로 운전되고 있다. 오전에는 역률 80[%]로 오후에는 100[%]로 운전된다고 할 때 전일 효율은 몇 [%]가 되는지 계산하시오. (단, 이 변압기의 철손은 6[kW], 전부하 시 동손은 10[kW]이다.)

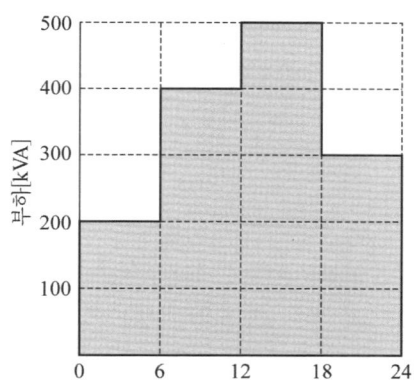

계산과정

정답

15 다음 변류기의 용어에 대하여 답하시오.

(1) 정격 과전류강도(S_n), 통전시간(t)일 때, 열적 과전류강도(S)를 표시하는 식을 쓰시오.

정답

(2) 공칭 변류비가 $\dfrac{100}{5}$인 변류기(CT)의 1차에 250[A]가 흘렀을 경우 2차 전류가 10[A]였다면 이때의 비오차[%]를 계산하시오.

계산과정

정답

※ 아래 여백은 연습용으로 사용하세요.

16 선로의 전원의 질을 떨어뜨리고 과열 및 이상 상태를 발생시키는 원인이 되는 고조파 전류를 방지하기 위한 대책을 계통 측과 수용가 측으로 나눠서 2가지씩 쓰시오.

(1) 계통 측 대책
[정답]
①
②

(2) 수용가 측 대책
[정답]
①
②

※ 아래 여백은 연습용으로 사용하세요.

17 그림과 같이 Y결선된 평형 부하에 전압을 측정할 때 전압계의 지시값이 V_p=150[V], V_l=220[V]로 나타났다. 다음 각 물음에 답하시오. (단, 부하 측에 인가된 전압은 각 상평형 전압이고 기본파와 제3고조파분 전압만이 포함되어 있다.)

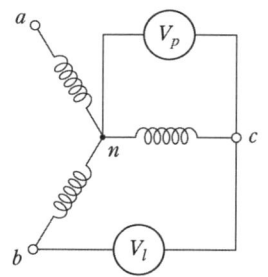

(1) 제3고조파 전압[V]을 계산하시오.

계산과정

정답

(2) 전압의 왜형률[%]을 계산하시오.

계산과정

정답

※ 아래 여백은 연습용으로 사용하세요.

18 2입력 XOR gate의 기호와 진리표는 아래와 같다. 진리표를 참조하여 3입력 XOR gate에 대한 물음에 답하시오.

2입력 XOR gate 논리식: $X \oplus Y = X\overline{Y} + \overline{X}Y$

[진리표]

X	Y	F
0	0	0
0	1	1
1	0	1
1	1	0

(1) 다음 3입력 논리식을 전개하여 간단히 나타내시오.

$$F = X \oplus Y \oplus Z$$

〔계산과정〕

〔정답〕

(2) 다음 진리표를 작성하시오.

X	Y	Z	F
0	0	0	
0	0	1	
0	1	0	
0	1	1	
1	0	0	
1	0	1	
1	1	0	
1	1	1	

※ 아래 여백은 연습용으로 사용하세요.

시험 직전 +5점   기출변형 문제 대비

01 어떤 변전실에서 그림과 같은 일 부하곡선 A, B, C인 부하에 전기를 공급하고 있다. 조건을 참조하여 합성 최대전력[kW]를 계산하시오.

[조건]
- A, B, C의 역률은 시간에 관계 없이 각각 80[%], 100[%] 및 60[%]이다.
- 그림에서 부하전력은 부하곡선의 수치에 10^3을 한다는 의미이다.
- 수직 측의 5는 5×10^3라는 의미이다.

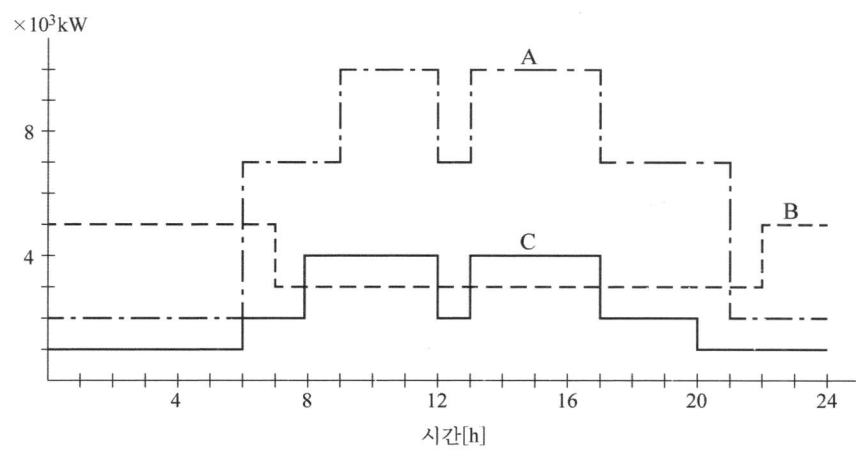

[계산과정]

[정답]

02 220[V], 15[kW], 6극 3상 유도전동기의 기동전류가 380[A], 기동토크는 150[%]이다. 지금 이 전동기에 전 전압의 50[%]의 탭을 가진 기동보상기를 사용했다면 이 때의 기동전류[A]를 계산하시오.

[계산과정]

[정답]

일부하 곡선은 다양하게 제시될 수 있으므로 대비가 필요합니다.

기동전류, 기동토크를 구하는 문제는 수치가 변경되어 출제되는 경우가 많습니다.

MEMO

수험번호	
이름	
감독관 확인	

※ 이 모의고사는 전공 교수진과 현직 기술사로 구성된 엔지니어랩 연구소의 연구위원이 총 300만 분의 시간을 연구해서 만들었습니다.

전기기사 실기 조경필 모의고사 6회

종목	시험시간	배점	문제 수
전기기사	2시간 30분	100점	18문제

▮ 수험자 유의사항

※ 아래 수험자 유의사항은 일반적으로 국가기술자격시험에서 적용되는 내용으로, 실제 시험을 볼 때에는 시험지 맨 앞 장에 있는 유의사항을 자세히 읽어본 후 시험에 응시해야 합니다.

1. 시험 문제지를 받는 즉시 응시하고자 하는 종목의 문제지가 맞는지를 확인해야 합니다.
2. 감독관의 지시가 있기 전에 시험문제를 풀지 않아야 합니다.
3. 시험지를 받으면 총 문제 수, 인쇄상태 등을 확인하고 수험번호 및 성명을 기재해야 합니다.
4. 수험번호 및 성명을 기재한 후 감독관 확인을 받아야 합니다. 감독관 확인이 없는 경우 0점 처리됩니다.
5. 답안 작성은 흑색 볼펜을 사용하여 작성해야 합니다. **흑색을 제외한 다른 색 볼펜을 사용하거나 연필, 지워지는 볼펜 등을 사용하여 답안을 작성한 경우 0점** 처리됩니다.
6. 답안에는 문제와 관련없는 불필요한 낙서나 특이한 기록을 기재하면 안 되며, 특히 **개인의 인적사항을 알 수 있는 내용을 기재한 경우 0점** 처리됩니다.
7. 답안을 정정해야 할 경우 정정하는 **부분을 두 줄(=)로 그어 표시하거나 수정테이프를 사용하여 답안을 정정**해야 합니다. (단, 수정테이프의 불량 등으로 답안을 정정한 부분이 떨어졌을 경우에는 전적으로 수험생의 책임입니다.)
8. 계산문제의 경우 반드시 "계산과정"과 "정답" 란에 계산과정과 정답을 정확히 기재해야 정답 처리됩니다. **정답이 맞더라도 계산과정에 오류가 있으면 오답처리** 됩니다.
9. **정답에 단위가 없으면 오답처리 되므로 단위를 정확하게 적어야 합니다.** (단, 문제의 요구사항에 정답에 관한 단위가 주어졌을 경우 정답에 단위를 생략해도 무방합니다.)
10. 계산문제의 최종정답은 **소수 셋째자리에서 반올림하여 소수 둘째자리까지 적어야 합니다.** (단, 개별문제에서 소수 처리에 대한 기준이 있을 경우 해당 문제는 문제에서 제시한 기준을 따라야 합니다.)
11. 계산문제를 풀 때 연습란이 필요한 경우 시험지의 하단의 연습란을 활용하시면 됩니다. 연습란은 채점대상이 아니므로 연습란을 이용하여 자유롭게 계산문제 풀이를 하면 됩니다.
12. 한 문제에서 요구하는 **정답의 개수 이상의 답안을 작성한 경우에는 답란에 기재된 순서대로 문제에서 요구한 개수만 채점**되며, 하나의 정답에 정답과 오답이 섞여 있는 경우에는 오답으로 처리됩니다.
13. 한 문제에 소문항이 있을 경우 부분점수가 적용되나 부분점수 기준은 공개하지 않습니다.
14. 시험 중에 통신기기를 사용하면 즉시 퇴실 조치되므로 주의해야 합니다.

전기기사 실기 조경필 모의고사 6회

※ 다음 물음에 대한 답을 해당 답란에 작성하시오. (배점: 100, 문제 수 18)

01 수전전압 6,600[V], 가공전선의 %임피던스가 74.98[%]이고, 수전점의 기준용량이 60[MVA]일 때, 수전점에서의 단락전류는 몇 [kA]인지 계산하시오.

[계산과정]

[정답]

02 3상 3선식 380[V] 전원에 그림과 같이 전동기 용량이 3.75[kW], 2.2[kW], 7.5[kW]의 전동기 3대와 정격전류가 20[A]인 전열기 1대가 접속되어 있다. 이 회로의 동력 간선 A점에는 몇 [A] 이상의 허용전류를 갖는 전선을 사용해야 하는지 계산하시오. (단, 전동기 역률은 3.75[kW]는 88[%], 2.2[kW]는 85[%], 7.5[kW]는 90%이다.)

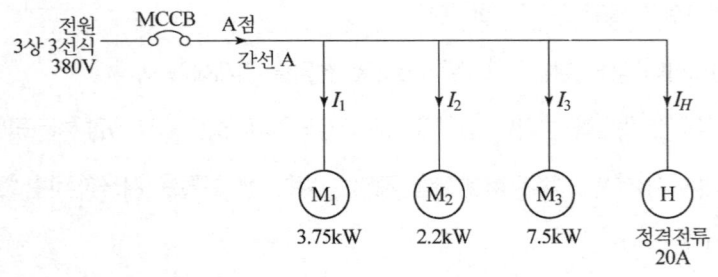

[계산과정]

[정답]

※ 아래 여백은 연습용으로 사용하세요.

03 인텔리전트 빌딩에 대한 등급별 추정 전원 용량에 대한 다음 표를 이용하여 각 물음에 답하시오.

[등급별 추정 전원 용량 $[VA/m^2]$]

내용 \ 등급별	0등급	1등급	2등급	3등급
조명	32	22	22	29
콘센트	-	13	5	5
사무자동화 기기	-	-	34	36
일반동력	38	45	45	45
냉방동력	40	43	43	43
사무자동화 동력	-	2	8	8
합계	110	125	157	166

(1) 연면적 $10,000[m^2]$인 인텔리전트 2등급인 사무실 빌딩의 전력설비 용량을 상기 [등급별 추정 전원 용량 $[VA/m^2]$]을 이용하여 빈칸에 계산과정과 답을 쓰시오.

부하내용	면적을 적용한 부하용량 $[kVA]$	
조명	* 계산:	* 답:
콘센트	* 계산:	* 답:
사무자동화 기기	* 계산:	* 답:
일반동력	* 계산:	* 답:
냉방동력	* 계산:	* 답:
사무자동화 동력	* 계산:	* 답:
합계	* 계산:	* 답:

(2) 위의 (1)에서 조명, 콘센트, 사무자동화 기기의 적정 수용률은 0.7, 일반동력 및 사무자동화 동력의 적정 수용률은 0.5, 냉방동력의 적정 수용률은 0.8이고, 주변압기 부등률은 1.2로 적용한다. 이때 전압방식을 2단 강압방식으로 채택할 경우 변압기의 용량에 따른 변전설비의 용량을 계산하시오. (단, 조명, 콘센트, 사무자동화 기기를 3상 변압기 1대로, 일반동력 및 사무자동화 동력을 3상 변압기 1대로, 냉방동력을 3상 변압기 1대로 구성하고 상기 부하에 대한 주변압기 1대를 사용하도록 하며, 변압기 용량은 다음 표에서 정한다.)

[3상 변압기 용량표$[kVA]$]

75	100	150	200	250	300	400	500	750	1,000

① 조명, 콘센트, 사무자동화 기기에 필요한 변압기 용량$[kVA]$ 계산

[계산과정]

[정답]

※ 아래 여백은 연습용으로 사용하세요.

② 일반동력, 사무자동화 동력에 필요한 변압기 용량[kVA] 계산
[계산과정]

[정답]

③ 냉방동력에 필요한 변압기 용량[kVA] 계산
[계산과정]

[정답]

④ 주변압기 용량[kVA] 계산
[계산과정]

[정답]

(3) 주변압기부터 각 부하에 이르는 변전설비의 단선 계통도를 간단하게 그리시오.
[정답]

※ 아래 여백은 연습용으로 사용하세요.

04 어떤 건축물의 변전설비가 $22.9[kV-Y]$, 용량 $500[kVA]$이다. 변압기 2차측 모선에 연결되어 있는 배선용차단기(MCCB)에 대하여 다음 각 물음에 답하시오. (단, 변압기의 $\%Z=5[\%]$, 2차 전압은 $380[V]$이고, 선로의 임피던스는 무시한다.)

(1) 변압기 2차측 정격전류[A]를 계산하시오.
[계산과정]

[정답]

(2) 변압기 2차측 단락전류[A] 및 배선용차단기의 최소 차단전류[kA]를 계산하시오.
① 변압기 2차측 단락전류[A]
[계산과정]

[정답]

② 배선용 차단기의 최소 차단전류[kA]
[정답]

(3) 차단용량[MVA]을 계산하시오.
[계산과정]

[정답]

※ 아래 여백은 연습용으로 사용하세요.

05 변압기 용량 1,000[kVA]인 변전소에서 200[kW], 500[kVar]의 부하와 400[kW], 역률 0.8(지상)의 부하에 전력을 공급하고 있다. 여기에 350[kVar]의 커패시터를 설치할 때 물음에 답하시오.

득점	배점
	6점

(1) 커패시터 설치 전 부하의 합성역률[%]을 계산하시오.
[계산과정]

[정답]

(2) 커패시터 설치 후 변압기가 과부하 되지 않으면서 200[kW] 전동기 부하를 추가할 때 전동기의 역률[%]은 얼마 이상이 되어야 하는지 계산하시오.
[계산과정]

[정답]

(3) 새로운 부하 추가 시 종합역률[%]은 얼마인지 계산하시오.
[계산과정]

[정답]

06 설계자가 크기, 형상 등 전체적인 조화를 생각하여 형광등 기구를 벽면 상방 모서리에 숨겨서 설치하는 방식으로, 기구로부터 빛이 직접 벽면을 조명하는 건축화 조명방식의 이름을 쓰시오.

득점	배점
	3점

[정답]

※ 아래 여백은 연습용으로 사용하세요.

07 동기발전기를 병렬로 접속하여 운전할 때 발생하는 횡류의 종류 3가지를 쓰고, 각각의 작용에 대하여 설명하시오.

정답

①
②
③

08 전력시설물 공사감리업무 수행지침에서 정하는 발주자는 외부적 사업환경의 변동, 사업추진 기본계획의 조정, 민원에 따른 노선변경, 공법변경, 그 밖의 시설물 추가 등으로 인하여 설계변경이 필요한 경우에 다음의 서류를 서면으로 첨부하여 책임 감리원에게 설계변경을 하도록 지시하여야 한다. 이 경우 첨부하여야 하는 서류를 5가지 쓰시오. (단, 그 밖에 필요한 서류는 제외한다.)

정답

①
②
③
④
⑤

※ 아래 여백은 연습용으로 사용하세요.

09 CT 및 PT에 대한 다음 각 물음에 답하시오.

득점	배점
	5점

(1) CT는 운전 중에 개방해서는 안 되는 이유를 쓰시오.

정 답

(2) PT의 2차 측 정격전압과 CT의 2차 측 정격전류는 일반적으로 얼마로 하여야 하는지 쓰시오.

정 답

(3) 고압 3상 간선의 전압 및 전류를 측정하기 위하여 PT와 CT를 설치할 때, 다음 그림의 결선도를 답안지에 완성하시오. (단, 접지가 필요한 곳에는 접지표시를 하시오.)

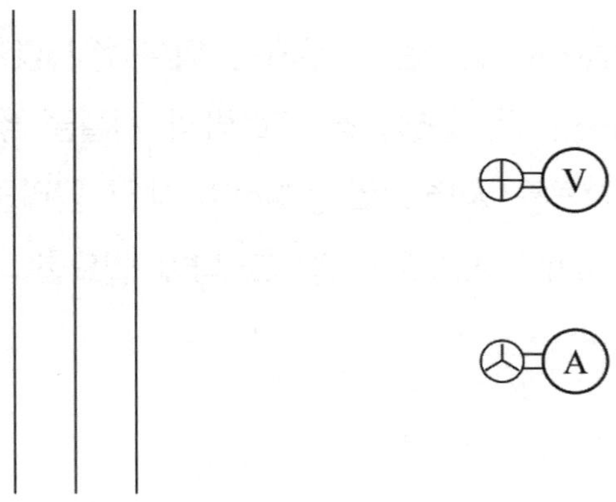

10 콘덴서 회로에 제5고조파의 유입으로 인한 사고를 방지하기 위하여 콘덴서 용량의 6[%]인 직렬 리액터를 설치하고자 한다. 이 경우 투입 시의 전류는 콘덴서의 정격전류(정상 시 전류)의 몇 배의 전류가 흐르게 되는지 쓰시오.

득점	배점
	4점

계산과정

정 답

※ 아래 여백은 연습용으로 사용하세세요.

11 다음은 통상적인 단락, 지락 보호에 쓰이는 방식으로서 주보호와 후비보호의 기능을 지니고 있는 도면이다. 다음 물음에 답하시오.

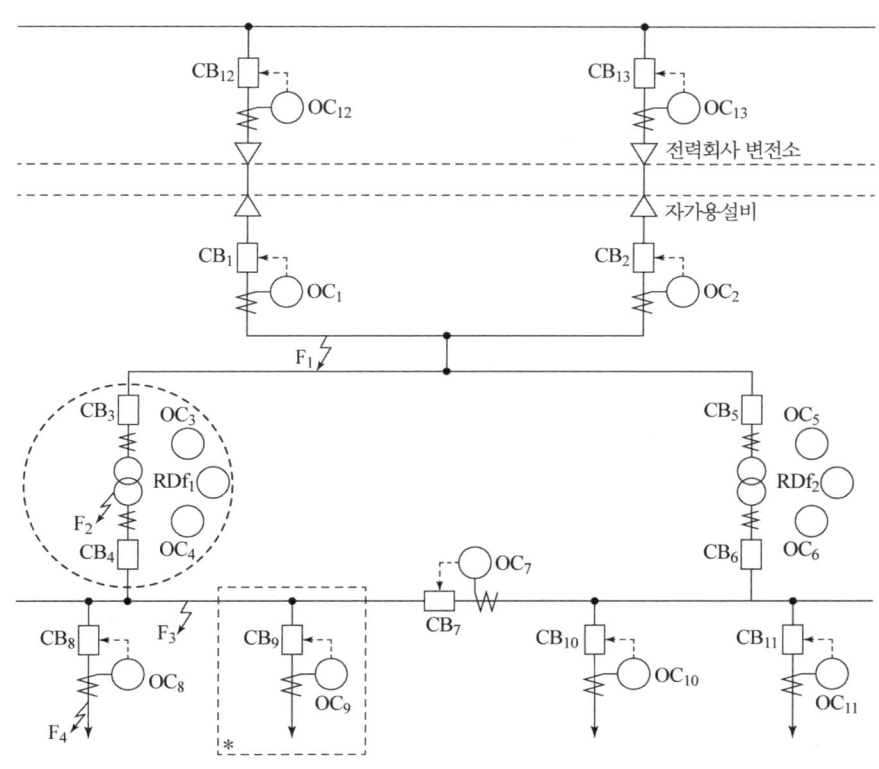

(1) 사고점이 F_1, F_2, F_3, F_4라고 할 때 주보호와 후비보호에 대한 다음 표의 ( ) 안을 채우시오.

사고점	주보호	후비보호
F_1	$OC_1 + CB_1 \,\&\, OC_2 + CB_2$	(①)
F_2	(②)	$OC_1 + CB_1 \,\&\, OC_2 + CB_2$
F_3	$OC_4 + CB_4 \,\&\, OC_7 + CB_7$	$OC_3 + CB_3 \,\&\, OC_6 + CB_6$
F_4	$OC_8 + CB_8$	$OC_4 + CB_4 \,\&\, OC_7 + CB_7$

정답

①
②

※ 아래 여백은 연습용으로 사용하세요.

(2) 그림은 도면의 *표 부분을 좀 더 상세하게 나타낸 도면이다. 각 부분 ①~④에 대한 명칭을 쓰고, 보호 기능 구성상 ⑤~⑦의 부분을 검출부, 판정부, 동작부로 나누어 표현하시오.

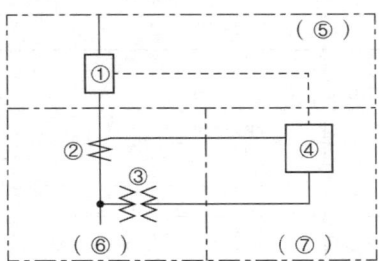

정답

①   ②
③   ④
⑤   ⑥
⑦

(3) 답란의 그림 F_2 사고와 관련된 검출부, 판정부, 동작부의 도면을 완성하시오. (단, 질문 "(2)"의 도면을 참고하시오.)

정답

(4) 자가용 전기설비에 발전시설이 구비된 경우 자가용 수용가에 설치되어야 할 계전기를 세 가지 쓰시오.

정답

①
②
③

※ 아래 여백은 연습용으로 사용하세요.

12 Y-△ 기동 방식에 대한 다음 각 물음에 답하시오. (단, 전자 접촉기 MC1은 Y용, MC2는 △용이다.)

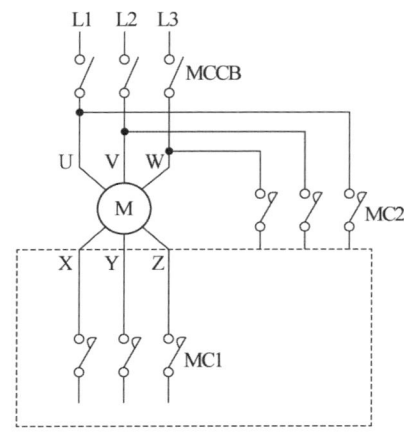

(1) 그림과 같은 주 회로 부분에 대한 미완성 부분의 결선도를 완성하시오.
[정답]

(2) 전전압 직입기동과 비교하여 Y-△ 기동에서의 기동전류는 (①)배, 기동전압은 (②)배, 기동토크는 (③)배로 된다.
[정답]
①
②
③

(3) 전동기를 운전할 때 실제로 Y-△기동·운전한다면 다음 빈 칸에 들어갈 내용을 보기에서 찾아 쓰시오.

보기: MC 1, MC 2, Y결선, △결선, 인터록(Inter-lock)

Y-△기동 방식의 운전은 기동 스위치를 누르면 (①)이(가) 여자되어 (②)으로 기동한다. 타이머의 설정 시간 후 (③)이(가) 소자되고 (④)이(가) 여자되어 (⑤)으로 운전한다. 여기서, Y와 △는 서로 (⑥)이(가) 설치되어 동시 투입이 되지 않는다.

[정답]
①   ②   ③
④   ⑤   ⑥

※ 아래 여백은 연습용으로 사용하세요.

13 그림과 같은 교류 100[V] 단상 2선식 분기회로에서 전선의 부하 중심까지의 거리[m]를 계산하시오.

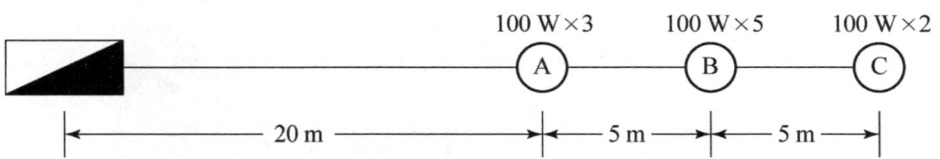

[계산과정]

[정답]

14 그림과 같이 전류계 A_1, A_2를 접속할 경우 A_1은 25[A], A_2는 5[A]를 지시하였다. 전류계 A_2의 내부저항은 몇 [Ω]인지 계산하시오.

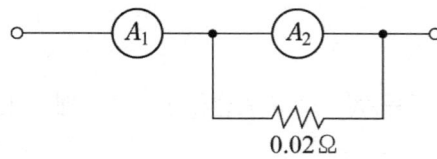

[계산과정]

[정답]

※ 아래 여백은 연습용으로 사용하세요.

15 그림과 같은 단상 3선식 회로에서 중성선이 X점에서 단선되었다면 부하 A 및 부하 B의 단자전압은 몇 [V]인지 계산하시오.

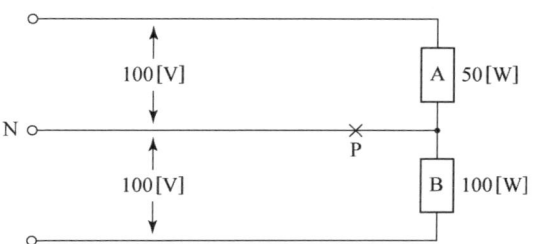

(1) 부하 A의 단자전압
계산과정

정답

(2) 부하 B의 단자전압
계산과정

정답

16 피뢰기에 대한 다음 각 물음에 답하시오.

(1) 피뢰기의 기능상 필요한 구비조건을 4가지만 쓰시오.
정답
①
②
③
④

(2) 피뢰기의 설치장소를 4개소 쓰시오.
정답
①
②
③
④

※ 아래 여백은 연습용으로 사용하세요.

17 3상 380[V], 7.5[kW]의 유도전동기가 역률 80[%]로 운전하고 있다. 여기에 전력용 커패시터를 병렬로 설치하여 역률을 90[%]로 개선하고자 한다. 다음 물음에 답하시오.

(1) 역률 개선용 3상 전력용 콘덴서의 용량을 계산하시오.

계산과정

정답

(2) 1상당 전력용 커패시터의 정전용량[μF]를 계산하시오. (단, 콘덴서는 Δ결선으로 연결되고, 전원의 주파수는 60[Hz]이다.)

계산과정

정답

※ 아래 여백은 연습용으로 사용하세요.

18 다음 그림의 변압기의 1차측 과전류 계전기를 정정하시오.

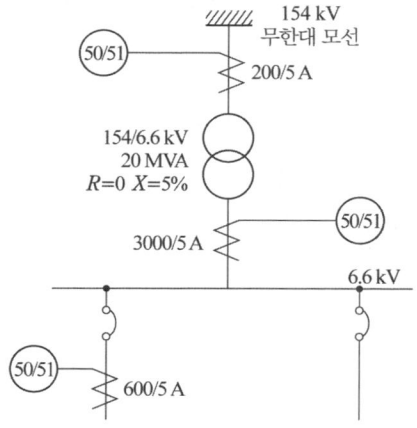

[조건]
- 한시전류 tap은 최대 부하전류의 150[%]를 적용한다.
- 순시전류 tap은 2차측 3상 단락전류의 150[%]를 정정한다.
- 한시 tap[A]: 2, 3, 4, 5, 6, 7, 8, 10, 12
- 순시 tap[A]: 60, 70, 80, 90
- 단락보호만 고려하고 조건에 없는 다른 요소는 무시한다.

(1) 한시 tap을 계산하시오.
계산과정

정답

(2) 순시 tap을 계산하시오.
계산과정

정답

시험 직전 +5점 — 기출변형 문제 대비

01 1차 전압 4,000[V], 2차 전압 200[V], 정격 20[kVA]인 배전용 변압기의 %임피던스 강하가 2.5[%]이다. 이 변압기의 2차를 단락하고 1차에 정격전압을 가하였을 때 1차, 2차의 단락전류(I_{1s}, I_{2s})를 각각 계산하시오.

(1) 1차 단락전류를 계산하시오.
[계산과정]

[정답]

(2) 2차 단락전류를 계산하시오.
[계산과정]

[정답]

전압과 관련된 수치가 변경되어 출제되는 것에 대비해야 합니다.

02 역률 0.6(지상), 용량 50[kVA]의 부하가 연결되어 있는 배전선로의 말단에 용량이 20[kVA]의 콘덴서를 병렬로 연결할 때 선로의 손실은 몇[%]가 감소되는지 계산하시오. (단, 부하전압은 일정하다고 가정한다.)
[계산과정]

[정답]

역률과 관련된 수치가 자주 변경되어 출제되는 것에 대비해야 합니다.